U0162968

上海科普教育发展基金会资助项目

深海探秘

换一个角度看地球

张建松 著

上海辞书出版社

序

这是一本海上的“《徐霞客游记》”

汪品先

近十年来，向海洋进军的浪潮席卷神州大地。

探索海洋，尤其是探索深海远洋的壮举，唤起了全社会男女老少的兴趣，赢得了全国上下共同的关注。几千年来第一次，中华文明点燃起了探索海洋的火炬，一批批华夏儿女劈波斩浪，奋战在深海大洋的前线，传来了科学探索的一个又一个捷报。张建松的这本《深海探秘——换一个角度看地球》，正是这场深海“战役”的写真。

不同于大多数的新闻报道或者科普作品，这本书记录的是一位“战地记者”在深海探索前线的亲身经历。近年来有关海洋的出版物数量猛增，罕见的是文化人亲身背着相机、顶着海浪，和科学家们一起进入深海第一线，根据长期考察经历所书写的作品。《深海探秘——换一个角度看地球》的作者张建松，以女记者的身份冒着惊涛骇浪，多番探索南北两极，12 年里出海近 20 次，有 700 多天航行在海上，足迹遍及太平洋、印度洋与南大洋，经常是连续几个月的海上生涯，在大洋深处度过春节。这种巾帼风采与战斗精神，令海洋科学界的行家们也愧叹不如。

正因为是“闯龙潭、入虎穴”的果实，张建松的作品不同凡响，字里行间渗透着深海探索中科学家们的喜怒哀乐。她两次参加国际大洋钻探，能让你体会到当岩芯从几千米深处提上甲板时，全船科学家们焦急的心态；她多次参加深潜航次，能让你感受到在漆黑的海山上，突然发现深水珊瑚林时惊艳的喜悦。

令人惊讶的是这位文科出身的记者，居然能够用自己的语言，表达地质学家对岩石圈演化进程的疑问，描述生物学家对底栖动物群生态特征的追踪。读着《深海探秘——换一个角度看地球》这本书，既让你感受海洋学家在科学前线的生活情趣，又向你转述深海探索所追求的科学内容。从这个意义上说，张建松这本书也可以当作海上的“《徐霞客游记》”来读。

汉语文库里有不少游记，但是都限于陆地。“仁者乐山，智者乐水”，这里的“水”并不是海洋。郦道元《水经注》记述了一千多条河，徐霞客遍游名山大川 17 个省，可惜都不包括海洋。汉语传说里的海洋似乎也以负面为主，无论史前的精卫填海，还是北宋的妈祖佑民，主题都脱不了海难。我们国画里的水面，也很难看到《神奈川巨浪》的气魄。所以说华夏文明里隐含的海洋基因，有待我们当代人的努力来加以激活。我们希望，张建松笔下 21 世纪探索深海的“战场记述”，将会有助于弘扬华夏文明里的海洋成分。

同时，《深海探秘——换一个角度看地球》也将为科学与文化的融合作出贡献。“文”“理”间的断层，是阻挡我国科学创新的路障，亟需科学界和文化界的有识之士，以身作则、齐心协力，通过双方的努力加以弥合。当下科学新闻十分走红，可惜在任务压力下的记者们，往往满足于“电话采访”，而没有功夫去弄明白科学的实际内容。在这方面，张建松的文章有着示范作用，希望媒体的同仁都能够对科学发生兴趣，努力去理解所报道的科学内容，都能够多说自己融会贯通的话，而不再是人云亦云。

科学与文化的结合，海洋在各门学科中得天独厚。尤其是深海远洋，生活在陆地上的人所知太少，科学探索的见闻极具新闻价值。再说辽阔无涯的大洋，本身就是诗情的源头。若说“俯察品类之盛”以陆地为佳，那么“仰观宇宙之大”绝对是海上最好。君不见百余年前正是乘着甲板上的海风，梁启超咏赋《二十世纪太平洋歌》，周恩来吟唱“大江歌罢掉头东”，留下了传世不朽的诗句。说到这里，让我们来祝愿本书的读者能够和作者一起，分享海洋勇士的豪情壮志，共同促进华夏文化中海洋成分的增长。

中国科学院院士

同济大学海洋与地球科学学院教授

2020 年 4 月 26 日

目录

序　这是一本海上的“《徐霞客游记》”　汪品先

010 印度洋篇

012 开篇的话

016 西南印度洋　打穿地球莫霍面的科学梦想

科考探秘

017 引子

019 “决心”号如何开展海上钻探？

028 科普 打穿莫霍面的 SLOMO 计划

029 一波三折的艰难钻探

036 科普 神秘的亚特兰蒂斯浅滩

038 追寻“蛇绿岩”的踪迹

040 科普 复杂的西南印度洋中脊

041 探寻生命的极限

043 科普 地幔的未解之谜

046 品读“辉长岩”的故事

052 科普 大洋钻探有多牛？

科考手记

054 “决心”号上的生活

061 钻探是一种文化

068 海底留名

071 中国何时拥有大洋钻探船？

076 北印度洋　美丽神秘的莫克兰海沟

科考探秘

077 引子

078 “误入银河”与“海上生花”
084 “CT 扫描”莫克兰海沟
087 科普 “不安分”的莫克兰俯冲带
089 “海中森林”和“夜光海”的梦幻奇景
096 科普 寻找神秘的古菌
098 直面大洋下的深渊海沟
科考手记
101 海上老兵，壮心不已
108 以海为伴，与浪共舞
114 中巴携手，共探海洋
122 太平洋篇
124 开篇的话
126 南太平洋 与“彩虹鱼”一起追梦
科考探秘
127 引子
129 巴布亚新几内亚“玻璃海”里的世界
140 第一次爬上热气蒸腾的活火山
146 遨游在新不列颠海沟的“彩虹鱼”
154 科普 科学家为何执着探秘深渊？
158 深渊抓鱼记
161 在新不列颠海沟现场直播
165 科普 “冥界之王”哈迪斯统治的深渊世界
科考手记
169 一群追梦的海洋人
173 张謇、张謇精神、“张謇”号首任船长

180 年轻能干的“彩虹鱼”技术团队

184 西太平洋 海山如此多娇

科考探秘

185 引子

186 在麦哲伦海山的上方“犁田”

190 海山上的“奇花异草”知多少?

194 科普 海山是海底的大花园

195 “艳遇”海底珊瑚林

199 鲜为人知的海底宝藏

202 科普 “追捕”趋磁细菌

204 海底“平顶山”

206 来！给海山起一个“中国名”

科考手记

209 蓝色大海上的“红色风景线”

214 这是你的船!

222 南海篇

224 开篇的话

228 南海深钻 研读南海天书

科考探秘

229 引子

232 维多利亚海湾的月圆之夜

236 科普 解析南海基底岩石的“构造密码”

238 南海的“历史档案”是怎样的?

242 科普 南海收藏了台湾自然灾害的“历史档案”

244 南海的春天印象
249 科普 南海，请问你的“芳龄”几何？
252 南海海底：“海雪”飞扬
255 科普 有机质在海洋沉积物中长期保存的“奥秘”
257 南海海底惊现“大洋红层”
260 科普 追溯南海的“岁月之歌”
262 镶嵌在“大洋红层”里的“花蕊”
266 科普 探寻南海古环境“蛛丝马迹”
268 邂逅南海的美丽有孔虫
273 科普 在南海基底岩石里寻找“时间胶囊”
276 读懂“超微世界”的语言
281 科普 在海陆变迁“经典地区”探索科学前沿

科考手记

283 追梦南海，巾帼不让须眉
288 在大海挥洒青春的中国“80后”
290 最新鲜的科普课
295 南海“探海神针”深度达到全球第七

298 *南海深潜* *八旬院士三潜南海*

科考探秘

299 引子
301 “深海勇士”号上年龄最大的乘客
305 海阔凭“鱼”跃
308 目击南海“夜潜”
312 藏在海底的生命绿洲
315 首次发现冷水珊瑚林
317 走进饱经沧桑的“探索一号”

科考手记

322 科学大家的赤子之心

326 “南海之谜”揭开神秘面纱

334 东海篇

336 开篇的话

338 给东海“体检”有多难？

科考探秘

339 监测“污染因子”

343 “号脉”长江口“贫氧区”

346 海面上惊现“红褐色幽灵”

352 东海区“体检报告”是怎样写成的?

356 海岛故事知多少？

科考手记

357 花鸟岛：大海的眼睛

363 北麂岛：最浪漫的志愿者

367 佘山岛：“上海第一哨”

372 崇明岛：保护生态艰辛知多少?

381 后记 我们都是地球的“岛民”

印度洋篇

我曾经两次前往印度洋采访。2015 年 12 月至 2016 年 1 月，我乘坐美国“决心”号大洋钻探船，前往西南印度洋中脊的一个“构造窗”，报道中外科学家在那里进行的、旨在打穿地球莫霍面的大洋钻探。2017 年 12 月至 2018 年 1 月，我乘坐中国社会科学院第三海洋研究所的“实验 3”号科考船，前往北印度洋莫克兰海沟，参加中国和巴基斯坦首次北印度洋联合科学考察。

开篇的话

遥远而神秘的印度洋，是世界第三大洋。

在古代，中国人将印度洋称为“西洋”。15世纪初，明朝著名航海家郑和率领船队七下西洋，指的就是现在的印度洋。

印度洋的全部水域都在东半球，联结着亚洲、南极洲、非洲和大洋洲，自古以来就是海上的交通要道，具有重要的战略地位和丰富的科学研究价值。

根据板块构造理论，印度洋是在大约1.8亿年前南半球冈瓦纳大陆解体时，随着印度板块“北漂”而形成，是世界地球科学研究的热点地区，也是我国大洋科考的前沿阵地。

印度洋不仅“年轻”，还很“富有”。在地质年代上，印度洋是地球上最年轻的大洋。其地质构造之复杂，无论对认识现今青藏高原的构造，还是地球历史上的板块演化，乃至地幔柱活动，都具有重要的科学研究意义。

印度洋是研究“慢速－超慢速扩张洋中脊热液成矿”的关键区域，发掘有锰结核、钴结壳、天然气水合物、稀土元素、磷块岩等多种资源，家底厚实、海底矿产丰富。在西南印度洋中脊，广泛分布着暴露下地壳的“构造窗”。

我曾经两次前往印度洋采访。2015年12月至2016年1月，我乘坐美国“决心”号大洋钻探船，前往西南印度洋中脊的一个“构造窗”，报道中外科学家在那里进行的、旨在打穿地球莫霍面的大洋钻探。2017年12月至2018年1月，我乘坐中国社会科学院第三海洋研究所的“实验3”号科考船，前往北印度洋莫克兰海沟，参加中国和巴基斯坦首次北印度洋联合科学考察。

印象中的西南印度洋寂寞无边。整整两个月，只有我们乘坐的“决心”号孤寂地停泊在钻探海域。除了船边偶尔飞来的几只信天翁，一望无际的海面上从未看见过鲸鱼，也没有海豚的身影，甚至连一条飞鱼都没有看到。每天最值得欣赏的景色，是海天尽头的黄昏落日，以及澄澈天空中的“白昼月亮”。

而印象中的北印度洋却恰恰相反，莫克兰海沟美丽而神秘。海面上无数的小海蜇、大规模的藻华现象、神奇的荧光海、近一人高的大魷鱼、浮游在海面的大海龟、如离弦之箭般的成群飞鱼、鲯鳅跃出海面追捕飞鱼的景象，都深深印刻在我的脑海里。

北印度洋不愧是海上的交通要道。那次考察中，时常可见一艘又一艘庞大的轮船，在远方的海面上驶过，我喜欢在驾驶台上拿望远镜观察。有一天，在靠近霍尔木兹海峡的阿曼湾海域，我在望远镜里看到了一艘军舰。移动着望远镜在海面上继续搜索，赫然看到了一排军舰，有 10 多艘，整齐地横列在阿曼湾。阳光下，每一艘军舰身上都泛着银灰色、冷冷的金属光泽。

那一幕，也令我至今难忘。

成群飞鱼如离弦之箭，在海面上弹奏出一曲生命之歌

浩瀚无际，灰云低垂，巨浪恣肆的印度洋

西南印度洋

打穿地球莫霍面的科学梦想

引子

2015 年深秋。

一个周末的傍晚，落日的余晖尚未完全消退，粉红的晚霞装饰了小区楼宇间的天空。阳台上，一棵养了多年枝丫纵横的三角梅，鲜艳地开满了红色和紫色的花；婆娑茂盛的金银花和夜来香，在肥料的滋养下，虽然已过时节，也还在努力地开着花，空气中飘来淡淡的花香。

时光悠闲，岁月静美。我们一家三口在阳台上吃着晚饭，炒几个小菜，喝几杯小酒，我和先生边吃边聊古今中外的天下大事。

手机铃声忽然响了，原来是同济大学海洋地质国家重点实验室周怀阳教授打来的。没有太多的寒暄，他直接问我，愿不愿意去美国“决心”号船，参加国际大洋发现计划（英文缩写“IODP”）360 航次？这个航次的长远科学目标，就是要打穿地球的莫霍面。

哇，这真是一件很酷的事！

对于记者来说，还有什么可犹豫的？只是做了这么多年记者，我还从未到外国的船上采访。一时间，心里还真有些忐忑。先生曾经在美国工作过，鼓励我说：“即使不做报道，有机会到国外的船上见见世面也好，那可是国际一流的海洋科学研究。”

遥远的西南印度洋

海天一色，中外科学家联手探秘

有了先生的支持和鼓励，我不再犹豫，很快答应了下来。

1909 年，生于克罗地亚的地震学家莫霍洛维契奇首次发现地球内部存在一个不连续界面，穿过这一界面，地震波的纵波和横波传播速度跳跃性增加，人们将这一界面称为“莫霍面”。莫霍面是地壳与地幔的分界面。莫霍面出现的深度，在大陆之下 30—40 千米，在大洋之下 6—7 千米。

莫霍面是什么性质的界面？原位的地幔真面目又是什么？

1957 年，美国地质学家哈雷 · 海斯提出一个科学梦想：如果能打一口深井，直接打到莫霍面，钻取一些岩芯样品，不就一目了然了吗？1960 年，美国国家科学基金会资助了雄心勃勃的“莫霍钻”计划。但 6 年后，这项计划由于费用太高而夭折。

如今，60 年过去了，科学家几经努力，至今仍然没有实现打穿地球莫霍面的梦想，但他们从未放弃。

2015 年 12 月至 2016 年 1 月，在国际大洋发现计划中国办公室的支持下，我登上了美国“决心”号大洋钻探船，前往西南印度洋中脊海域，亲历了中外科学家再一次向地球莫霍面发起的大洋钻探。

“决心”号如何开展海上钻探？

科考探秘

“决心”号大洋钻探船从斯里兰卡科伦坡码头起航以后，经过11天、近3 000海里的航行，终于抵达了西南印度洋中脊的目标海域——“亚特兰蒂斯浅滩”。

经过多年持之以恒的不懈研究，科学家确信那里是研究地壳与地幔转化的理想“构造窗口”。计划通过“决心”号三个航次的钻探，从这个“构造窗口”钻入下地壳，对下地壳进行岩芯取样；并钻过地壳与地幔的过渡带，最终钻到莫霍面。

这真是一个雄心勃勃的钻探计划。我参加的IODP360航次是“决心”号第一个钻探航次。第一次上大洋钻探船，我最感兴趣的问题是“决

“决心”号上的钻探工作区日夜轰鸣

“决心”号上的钻探工人们正在紧张工作

心”号如何开展钻探的。

很难想象，从漂浮于茫茫大海的船上，放下几千米长的钻杆，穿过海水，找到确定的洋底位置，向下钻进千余米的孔，再把孔里的岩芯取到船上。大洋钻探的难度有多大？

深海不能抛锚，如何将船只固定在同一钻孔的上方？当一个钻头磨坏后必须更换，如何保证新的钻头重返钻孔准确位置？海浪频繁颠簸，如何保证几千米长的钻杆不被折断？

此后几天，通过观察和采访，我逐渐解开了心中的疑惑。

原来，“决心”号开展大洋钻探离不开三大关键技术：动力定位系统、钻孔重返系统与升降补偿装置。

船上安装了两个 4 500 马力的主推进器和 12 个 750 马力的伸缩式推进器，由船上的计算机动力定位系统统一管理。当抵达预定钻探地点后，船上将一个声呐信号装置投入海底。该装置不断从海底发出声波信号，船上的接收装置将接收的信号输入计算机。

当船从固定的孔位上方漂移时，计算机就能根据声波信号，测出漂移的方向和距离，并将数据传给船上的动力定位推进器。推进器立即开始工作，自动校正调整船的位置。这一系统可保证“决心”号在浪高 7.5 米的海况下，将船位控制在水深的 2% 范围内。

钻孔重返系统包括高分辨率的声呐扫描系统和返孔锥装置。在首次钻探时，将漏斗状的返孔锥安放在钻孔位置，钻杆通过返孔锥钻入海底。钻头磨损后，要将钻杆取出更换，返孔锥则留在海底。更换钻头后，将带有水下摄像机的钻杆放到海里。船上通过海底观察摄像机，

“决心”号的后甲板

“决心”号的升降补偿系统

让钻头落入返孔锥中。

在大海中钻探，船时刻都会随着海浪上下颠簸。“决心”号的钻塔上，安装了400吨的升降补偿装置，以随时避免船体随波起伏给钻探带来的不利影响。

“决心”号上使用的钻杆也与陆地上用的不一样，是一种可以吸收上下振动的“缓冲钻杆”。这种钻杆就像汽车的传动轴，由两层钢管组成，外管可以稍作上下运动，内管可以吸收上下运动。一旦齿槽咬合在一起，就能传递动力进行钻探。

为了提高钻探效率、减少起下钻和钻头重入钻孔的次数，“决心”号采用了绳索取芯系统。取芯管放在钻杆内，通过钢丝绳与钻塔的牵引器连接，当取芯管装满岩芯后，牵引器就将其提升上来。

由于每次钻探的任务不同，“决心”号上开发了多种型号的取芯管。IODP360航次采用“回转取芯管”。这是一种旋转的取芯工具，每次

穿过这条存放钻杆的狭窄长廊，就可以从船头走到船尾

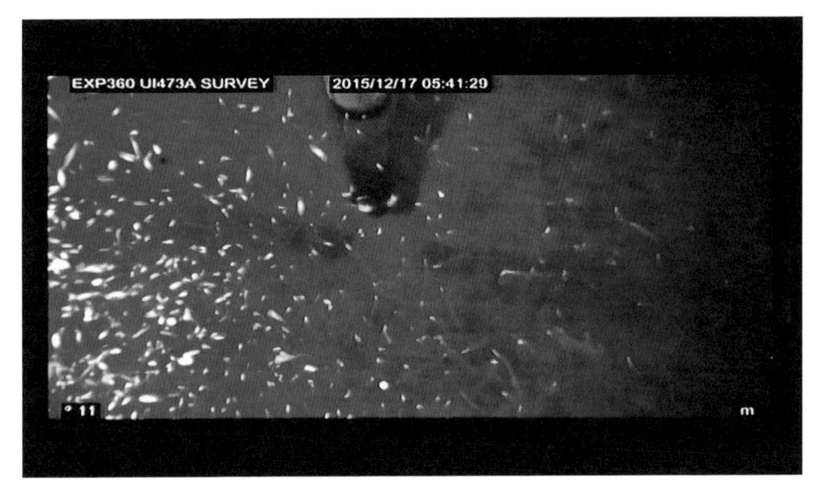

亚特兰蒂斯浅滩成群结队的小鱼，像飞舞的雪花一样掠过电视屏幕

亚特兰蒂斯浅滩白色的“沙滩”是石灰岩，黑色岩石是辉长岩

能在坚硬的岩石中钻取 9.5 米长的岩芯。

在海底钻探，钻孔中的岩屑如果不及时处理，可能就会像“蚁冢”一样堆积在孔口周围。这种“蚁冢”超过一定高度势必垮塌，如果垮落的岩屑重新落入钻孔，就会妨碍钻具的旋转，甚至卡钻。

为了解决这个问题，“决心”号还专门设计了一个工作系统，通过海水和泥浆的循环作用将岩屑从孔口排出，并清扫掉孔口周围的“蚁冢”。

“决心”号上的水下电视摄像系统很先进，能将水下看到的一切，现场直播到船上的电视屏幕上。我们在船上的办公室、会议室、走廊、食堂里，都能观看到电视直播。

只见“决心”号将巨大的水下电视摄像系统和钻杆一起，通过船底与海水相连通的月池，缓缓放入海底。

在灯光的照射下，亚特兰蒂斯浅滩神秘的面纱被小心翼翼揭开。这真是一片生机勃勃的海底世界。

成群结队的小鱼被灯光吸引，像飞舞的雪花一样掠过电视屏幕；有时还能看见一只生活在海底的螃蟹，似乎刚刚被“不速之客”惊醒；甚至还发现了一条路过的小鲨鱼，它的影子倒映在海底。

随着摄像机缓缓移动，亚特兰蒂斯浅滩上白色的“沙滩”与黑色的岩石相互交错的地形地貌一览无余。

首席科学家克里斯托夫·马克－里德教授告诉我，由于这片海域洋流很大，海底沉积物大多被冲走。这些白色的“沙滩”其实是石灰岩，黑色岩石就是下地壳的代表性岩石——辉长岩，正是这次钻探的目标。

水下摄像机要搜寻一片平坦开阔的区域，以安装钻孔重返装置。次日，经过近 10 个小时搜寻，终于找到一块合适的平坦区域。

“决心”号钻探人员连夜进行钻孔重返装置的安装工作。他们将钻杆、返孔锥下部导管和底座，以及一个扩孔器套在一起，缓缓放入

巨大的海底摄像系统和钻杆一起，通过月池被缓缓放入海底

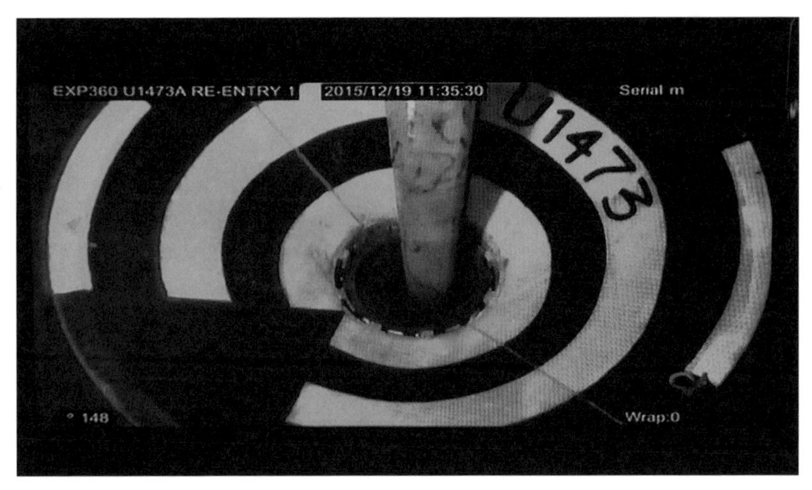

嵌入亚特兰蒂斯浅滩海底的 U1473A 钻孔，“决心”号一直在这个孔里钻取岩芯

海底。钻杆抵达海底后，钻头开始钻孔。随着钻孔一点点深入，返孔锥下部导管和扩孔器就会一点点嵌入钻孔。

整整一天，船上都回荡着钻探轰鸣声。

第二天傍晚时分，10 多米长的导管和扩孔器已全部嵌入钻孔，返孔锥底座也安装在钻孔口。通过月池，工人们将漏斗状的返孔锥套在钻杆上，让它顺着钻杆落到海底的底座上，反转钻杆，扩孔器收缩，直径变小，牢牢地固定住返孔锥。

这些安装工作完成后，船上就可收回“打底孔”的钻杆，换上专门钻取岩芯的钻杆。700 多米长的钻杆是一节一节地接起来的，直到次日下午，水下摄像机的“现场直播”显示岩芯钻杆顺利进入了钻孔。科学家将这个钻孔编号为 U1473A。

在此后的一个多月内，“决心”号就一直在这个孔里钻取岩芯。

微信扫码看视频

“决心”号大洋钻探船

H
Resolution
20

科普

打穿莫霍面的 SLOMO 计划

IODP360 航次执行的是慢速扩张脊下地壳和莫霍面的性质（SLOMO）计划，由美国伍兹霍尔海洋研究所的亨利·迪克教授（Henry J.B.Dick）和英国卡迪夫大学的克里斯托夫·马克 - 里德教授（Christopher J.Mac-leod）共同提出，他们担任了本航次的首席科学家。

SLOMO 计划致力于通过三个航次的大洋钻探，在西南印度洋中脊，在人类历史上首次钻穿地壳和地幔边界，以检验“在慢速 - 超慢速扩张脊下方的莫霍面代表了地幔的蚀变边界”的假说。

传统的理论认为：大洋下地壳（即根据地震波反射识别的洋壳最下方第三层）由辉长岩组成，与地幔之间被莫霍面分开。

但科学家最新的假说认为：在慢速 - 超慢速扩张洋脊下方，地震波很难准确反映出下洋壳内部的岩性变化。

因为，海水渗入到地幔后，与橄榄岩发生反应，使得橄榄岩产生蛇纹石化，蛇纹石化过程降低了橄榄岩的地震波速，从而使得蛇纹石化的橄榄岩变得和下洋壳辉长岩的地震波速相近。

因此，莫霍面也可能是蚀变的橄榄岩和未蚀变的橄榄岩之间的界面，而不是壳幔边界。

这就是科学家想通过大洋钻探验证的结果。

首席科学家克里斯托夫·马克 - 里德教授正在讲解 SLOMO 计划

一波三折的艰难钻探

科考探秘

入夜的西南印度洋，月晦星稀，万顷波涛淹没在无边的静寂中。

唯有“决心”号大洋钻探船上灯火通明，上千米长的钻杆不停地旋转下探。悬挂在钻塔中间的升降补偿器，随着起伏的波涛缓缓移动，发出巨大轰鸣声。

在海底安装好返孔锥以后，“决心”号就从 U1473A 孔钻顺利钻取出第一管岩芯，大家都非常兴奋。

此后，每钻取一管岩芯，工作人员都在黑板上注明时间、岩芯的深度和长度。船上的科学家也不分昼夜地忙碌起来。他们按专业分成岩芯描述组、地球化学组、岩石物理组、古地磁组和微生物组，日夜

“决心”号上灯火通明，中外科学家不分昼夜地忙碌起来

轮流值守在岩芯的周围，描述、分析与研究。

69 岁的美国科学家吉姆 · 纳特兰教授（Jim Natland）已是第 7 次登上“决心”号。虽然是船上年龄最大的人，但依然与年轻人一样忙碌。“我总是不停地出海，经常有人问我为什么，难道是为了钱吗？当然不是。人生有很多东西比钱更重要，比如说探寻科学的真相。”吉姆说。

为了追求科学梦想，20 年前，克里斯托夫 · 马克 – 里德教授就和西南印度洋中脊亚特兰蒂斯浅滩结下了不解之缘。他曾经利用当年最先进的海洋调查技术，对亚特兰蒂斯浅滩进行过区域构造地质调查。也是从那时起，他与亨利 · 迪克教授成为志同道合的好朋友。

如今，他们共同提出的 SLOMO 计划正在付诸实施。“地球是我们人类生活的家园，海洋面积占地球的三分之二。但我们在探索海洋上投入的资金非常少，甚至我们对月球的了解，比我们对海洋的了解还要多。这是非常令人诧异的，也是亟待改变的。”亨利 · 迪克说：“海洋如此之大，科学研究必须有国际视野，要联合全世界的科学家一起探索。中国科学家是这个团队的重要组成部分，我经常去上海，和同济大学周怀阳教授合作研究西南印度洋中脊。”

在“决心”号岩芯甲板，长达 10 米的透明岩芯管从钻杆里取出后，里面几乎装满了大大小小、形状不一的灰黑色岩芯。技术人员首先要将透明的岩芯管切成 1.5 米的小段。两端盖上不同颜色的盖子，蓝色盖子表示上方，透明盖子表示下方。技术人员右手拿着管子上方，左手拿着下方，方向也不能弄错。

钻取出来的岩芯，为防止人为的污染，首先要由船上的微生物学

“决心”号技术人员处理岩芯

新钻取的岩芯编号

IODP360 航次科学家们正在观察岩芯

家采样。然后，由船上经验丰富的技术人员将岩芯按顺序进行拼装和清洗，不完整的部分放上分隔片，紧接着送到物理实验室的各种仪器上进行“体检”。

技术人员使用不同功能的全岩芯记录仪器，首先为它们拍下 360 度的“全身像”，然后进行快速、非破坏性的密度、磁性、辐射等指标检测。完成“体检”后的岩芯，被切割成相等的两半，一半用于研究，一半用于存档。无论大小，每块岩芯都贴上“身份证编码”，包括航次、钻孔、岩芯段等编号。

用于研究的岩芯样品，在“决心”号上现场切割、磨片，供科学家第一时间在船上研究。同时还在本航次结束后，邮寄给船上的各国科学家。用于存档的岩芯，船上科学家则将对它们进行详细的特征描述，以及更加深入的“专项体检”，各类数据都将与岩芯一起存入岩芯库。

同济大学马强博士

国际大洋发现计划共设有三个岩芯库，美国得克萨斯农工大学的海湾岩芯库、德国不莱梅大学的不莱梅岩芯库和日本高知大学的高知岩芯中心。自 1968 年开展科学大洋钻探以来，这些岩芯库里存储的岩芯总长度已超过 360 千米。

就在大家日复一日，昼夜忙碌的时候，好景不常。“决心”号钻进到海底下410米左右的时候，遭遇到了断层带，钻探工作很不顺利。

当第44管岩芯取上来后，钻杆就在钻孔里被卡住。据推测，可能是由于什么物体从钻头上方落下来，并堵塞了钻孔。船上的钻探工人经过3个小时的艰苦努力，终于将钻杆从钻孔里拔了出来。

但随后一检查，发现原本有4个球状牙轮的钻头，只剩下了1个球状牙轮。其余的3个可能被拧坏，滞留在钻孔里。必须将它们打捞上来，否则钻孔就要作废了。

第二天，钻探工人们决定采用磁铁“钓鱼”的方法，把3个滞留的球状牙轮从钻孔里“钓”出来。一个与钻杆一般粗细的巨大超强磁铁，被安装在钻杆最底端，在水底摄像机的引导下，通过返孔锥伸进钻孔。但直到晚上，还是没有“钓”到这几个球状牙轮。

就在大家都感到焦头烂额之际，屋漏偏逢连夜雨。

12月31日晚，是2015年的最后一天。我们忽然接到通知，船上一位工作人员眼睛出现了问题，虽然没有生命危险，但船上医生无法确诊和治疗。最安全的方法，是前往最近的国家毛里求斯附近海域，安排直升机把病人接走，然后再返回目标钻探海域。

如果一切顺利，来回至少需要五六天时间。

“决心”号的每个航次固定为两个月时间，千里迢迢赶来执行SLOMO计划。两位首席科学家从提交科学报告到最终成行，前后更

毛里求斯直升机抵达“决心”号接走船上病人

西南印度洋的巨大浪涌，每一朵飞溅的浪花，都像是大海中跳跃的音符

是花费了 10 多年时间，可见两个月的船时有多么的宝贵。

但人命关天，他们没有丝毫犹豫，当机立断，救人要紧！

于是，“决心”号连夜从南纬 32° 42´、东经 57° 17´ 的钻探海域紧急启航，直奔毛里求斯。在心急如焚的风雨兼程中，2016 年就这样悄悄地到来了。全船上下也静悄悄，大家都没有任何心思迎接新年。

经过近 3 天航行，“决心”号抵达了南纬 21° 49´、东经 56° 41´ 海域，这是毛里求斯的直升机可以飞行的最远距离。停船后不久，我们就看到一架直升机从远处飞来，悬停在后甲板，一位捂着眼睛的工作人员，从后甲板登上了直升机。由于需要保护隐私，我没有打听他的眼睛到底出了什么问题。

直升机飞离后，“决心”号立即折返，全速赶回亚特兰蒂斯浅滩。

一路上，虽是碧海蓝天，但遭遇西南印度洋的巨大涌浪，颠簸不已。一朵朵撞飞的浪花，不时打到船舷，扬起一块块白色的泡沫。3 天后，终于重返亚特兰蒂斯浅滩，船上的钻探工人继续修复 U1473A 钻孔。

这次，他们换了另一种带有磁性的“钓鱼”钻头，重新放入钻孔，一边钻探一边“钓鱼”，但是依然没有“钓”到那 3 个球状牙轮。第二天，他们决定采用“打捞篮”的方法清洗钻孔。

所谓“打捞篮”，看上去是与钻杆一般粗细的特殊管子，管子上端向上开孔，下端连接钻头，放在钻杆的最底端。进入钻孔底部后，钻头一边钻进一边喷出高压的水，将钻孔中的碎屑冲起来，落到“打捞篮”的孔里。

这一方法果然奏效。当天，就从钻孔里带出来了很多岩石的碎屑。不过，还需要进行多次清洗，只有将钻孔里的岩石碎屑清洗干净，才有可能用磁铁将 3 个球状牙轮“钓”上来。

修复钻孔的过程十分缓慢而耗时。因为“决心”号停泊的海域水深约 720 米，加上 410 米的海底钻孔深度，从船底月池伸进海里的钻杆长约 1 130 米，由每节大约 28.5 米的钻杆一个一个组装拼接而成，每根钻杆重达 874 千克。

钻探人员每次将“打捞篮”放进钻孔，需操作钻塔上起降机拼装约 40 节的钻杆。每次将“打捞篮”拿出来，也需操作起降机拆卸约 40 节的钻杆，仅这一上一下的过程，就需耗费十几个小时。

第三天，船上出现戏剧性的一幕。当上千米长的钻杆带着“打捞篮”清洗钻孔返回后，人们发现“打捞篮”里不再是岩石碎屑，而是塞满了近半米长、直径达 18 厘米的圆柱状新岩芯。

这意味着，钻头已经能在钻孔里重新钻取岩芯；而苦苦寻找多日的 3 个钻头牙轮，原来已经不在钻孔里了！

“我在‘决心’号上工作了 20 多年，从来没有遇到过这种情况，也从来没有钻取过这么粗的岩芯，这在‘决心’号历史上都没有听说过。”“决心”号运营负责人史蒂夫 · 迈迪高兴地说，“也许是在用磁

“决心”号钻取的“巨无霸老爹岩芯”

两位首席科学家克里斯托夫 · 马克 - 里德（左）和亨利 · 迪克（右）在“决心”号上工作中

“决心”号上的科学家钻取到这样一根完完整整的岩芯，大家惊喜不已

铁工具‘钓鱼’的时候，已经把3个牙轮从钻孔里‘钓’了出来。但在钻杆从海底回收的过程中，它们也许落到了海里，没有人知道。”

“决心”号上两位首席科学家亨利·迪克和克里斯托夫·马克-里德教授更是喜笑颜开。

经过一番仔细观察后，他们在粗大的岩芯上画上切割线，按顺序作为第45管岩芯，按照正常的流程处理，并将其取了一个幽默的名字“巨无霸老爹岩芯”（Big Mac Daddy Core）。

钻孔修复后，“决心”号上又响起了日夜钻探的轰鸣声。船上科学家们继续进行岩芯的描述和研究工作。

就这样，整个航次“决心”号在编号为U1473A的钻孔共向海底钻进789.7米，获得469.7米岩芯。尽管这与计划要钻进1 500米的目标，还相距甚远，但“决心”号已经尽了最大的努力。

整个航次，共使用了各种型号的钻头24个，仅钻取岩芯就磨损用坏了11个钻头。直至航次结束前的最后一天，“决心”号还在寻找一个遗失在钻孔里的钻杆螺栓。

打穿地球的莫霍面，比人们想象的不知要难上多少倍！

微信扫码看视频

科普

神秘的亚特兰蒂斯浅滩

亚特兰蒂斯，是传说中大西洋里的一个岛屿，在一次大灾难中沉入海底。高度发达的文明，从此被淹没。

在西南印度洋中脊，科学家给 IODP360 航次的钻探地点，也起了一个浪漫的名字——亚特兰蒂斯浅滩。

西南印度洋中脊是南极洲板块和非洲板块的分界线，大致沿北东—南西向延伸，并大致呈南北向扩张。

在东经 52°—60°之间，西南印度洋中脊被一系列“转换断层”切断，就像“切香肠一样”被切成一系列紧密排列的若干段。

其中，亚特兰蒂斯 II 转换断层位于东经 57°，将西南印度洋中脊水平错断近 200 千米。亚特兰蒂斯 II 转换断层的东侧，分布了一系列隆起的海岭。

“亚特兰蒂斯浅滩”就位于亚特兰蒂斯 II 转换断层的一个最高海岭。这是一个长 40 千米、宽 30 千米的穹状隆起，位于海水下方 700 多米。具体坐标是南纬 32° 42´、东经 57° 17´。

西南印度洋中脊在扩张过程中，由于岩浆供应量不足，不能及时形成完整的新洋壳。在拆离断层的“拉拽”作用下，下洋壳或地幔岩石被向上抬升，并裸露在海底，形成“大洋核杂岩”。穹状的亚特兰蒂斯浅滩正是这样的“大洋核杂岩”。

科学家对“亚特兰蒂斯浅滩”钟情已久，对这个地方的科学研究锲而不舍。

早在 1987 年，就曾在亚特兰蒂斯浅滩钻了一个编号为 735B 的孔，钻孔深度为 504.5 米。10 年之后，即 1997 年，他们又找到 735B 孔继续钻探。但非常不幸的是，当孔钻到 1 508 米的时候，遇到恶劣的天气与海况，近千米长的钻杆，折断在钻井里，再也无法取出，珍贵的钻井只好无奈地废弃掉了。

1998 年，科学家又在附近钻了一个编号为 1105A 的 160 米深孔。这些钻孔都钻取到下洋壳的代表性岩石——“辉长岩”。

除了开展大洋钻探，科学家还在亚特兰蒂斯浅滩开展过多波束探测、磁异常调查、重力异常调查、水下机器人地质取样、载人深潜器地质取样、地质拖网等多种科学考察，绘制出约 25 平方千米的高分辨率等深线图。

地震波探测结果表明：亚特兰蒂斯浅滩下方的莫霍面位于 5 500 米的深处。传统上，将其解释为地壳与地幔的分界面。

但区域构造地质分析却表明：亚特兰蒂斯浅滩下方的壳幔分界面位于更浅的位置。尤其是水下机器人考察结果发现：亚特兰蒂斯浅滩的下洋壳辉长岩厚度可能只有 1 500—2 895 米，再往下就是蛇纹石化的橄榄岩。

这些结果对传统的地震莫霍面概念提出了挑战，即：莫霍面可能并不代表地壳与地幔岩石的界面，而是代表了新鲜橄榄岩与蚀变橄榄岩的界面。

这是由于海水渗入地幔与橄榄岩发生反应，导致地幔发生蛇纹石化，而蛇纹石化橄榄岩的地震波速与下地壳辉长岩类似，这使得蛇纹石化地幔与下地壳可能很难通过地震波速有效区分。

因此，科学家们认为，至少在亚特兰蒂斯浅滩这个“构造窗口”，地震莫霍面并不能代表地壳与地幔的边界，而是代表了地幔橄榄岩的蚀变界面。

为了验证这一新观点，他们提出了 SLOMO 计划。

该计划通过三个航次的大洋钻探，在亚特兰蒂斯浅滩重新钻一个孔，目标是分三步钻穿地壳，直达壳幔边界。第一个航次钻探目标是 1 300 米，第二个和第三个航次在此基础上分别将钻孔延伸至 3 000 米和 5 500 米。

在阳光下闪着亮光的海波

亚特兰蒂斯浅滩波涛汹涌的海水

追寻“蛇绿岩”的踪迹

岩石是地球历史的“忠实记录者”，是除去大气圈、水圈之后地球最主要的组成部分。研究岩石的成因、年代、分布规律等，地质学家就可以“将今论古”，追寻地球的历史。

中国科学院地质与地球物理研究所的刘传周研究员是一位年轻的科学家。他参加 IODP360 航次科学考察的目的，与探寻“蛇绿岩”的成因相关。

“蛇绿岩”这个很多人还很陌生的名词，对于地质学家来说却耳熟能详。这一古老名词自 1813 年法国科学家提出至今已有 200 多年。

地球上的大多数山脉（如阿尔卑斯山和喜马拉雅山）都是由于板块碰撞所形成的，这些板块在碰撞之前，通常都被宽阔的大洋所间隔。因此山脉的形成，往往伴随着大洋板块的消亡。

刘传周说：“这些消亡的古大洋有少量碎片，通过某种构造作用被保存在造山带中，被称为蛇绿岩，它们是地质学家研究古大洋演化最重要的岩石学载体。”

与一般岩石名称不同的是，“蛇绿岩”并不是专门代指某类岩石，而是指几种岩石的组合，被认为代表了古代大洋岩石圈的结构。

根据 20 世纪 70 年代国际彭罗斯会议的定义，一个完整的蛇绿岩剖面从下至上应该包括：超基性的橄榄岩、基性的辉长 / 辉绿岩以及上部通常具有枕状构造的玄武岩。

这种完整的蛇绿岩剖面与现今地球上快速扩张洋脊（如太平洋中脊）所形成的大洋岩石圈剖面具有类似的特征。因此，传统的蛇绿岩研究主要集中在与快速扩张的洋中脊进行“古今”对比。

然而，完整的蛇绿岩剖面在陆地上非常少见，造山带中保存下来的蛇绿岩，大多数并不具备这种完整的结构，这使得蛇绿岩的对比研究陷入了一定困境。

但最新的研究发现，在慢速 – 超慢速扩

刘传周研究员工作中

“决心”号上忙碌的黄昏时光

张的大洋中脊，由于岩浆供应量不足，不能及时形成完整的新洋壳，洋脊的扩张主要是通过“拆离断层”来实现的。

这使得大洋下地壳乃至岩石圈地幔直接暴露在海底，从而形成“洋底核杂岩”。这些“洋底核杂岩”在很多方面都与造山带中的蛇绿岩具有类似特征。

近年来，拆离断层模型逐渐被用来解释蛇绿岩的成因。对于慢速－超慢速扩张洋脊的研究进展，已经成为蛇绿岩研究新的驱动力。

刘传周说，在“决心”号的大洋钻探中，如果能在超慢速扩张的西南印度洋中脊，成功钻出 1 300 米的深孔，获取较为完整的深部洋壳样品，不仅有助于理解洋脊超慢速扩张时的洋壳形成方式，同时也有助于研究蛇绿岩的多样性问题，对深入解剖地球上的造山过程具有重要科学意义。

科普

复杂的西南印度洋中脊

“决心”号大洋钻探船为什么千里迢迢奔赴西南印度洋中脊，选择在那里打穿地球的莫霍面呢？

这是因为西南印度洋中脊具有独特的超慢速扩张特征。

如果去除巨厚的水层，海底的地形地貌与陆地相似，平原千里、丘陵逶迤、高山峡谷、沟壑纵横。

隆起于洋底中部、贯穿全球的大洋中脊，绵延达 8 万千米，在南北半球相互连接，堪称地球上最长、最宽的山脉，撑起了一道蔚为壮观的“大洋脊梁”。

太平洋的洋中脊位置偏东，称为东太平洋海隆（海岭）；大西洋的洋中脊位居中央，呈“S”形，向北延伸至北冰洋；印度洋的洋中脊分为 3 支，呈“入”字形。

西南印度洋中脊的西侧与大西洋中脊和美洲 - 南极洲洋中脊相交于布韦三联点，东侧与中印度洋中脊和东南印度洋中脊相交于罗德里格斯三联点。

根据海底扩张和板块构造学说，洋中脊是洋底的“扩张中心”和新洋壳的“制造工厂”。热的地幔物质（熔融岩浆）沿着脊轴不断上升并发生熔融，形成的玄武质岩浆凝固成新洋壳，并不断向两侧扩张推移。

在不同的洋中脊，新洋壳的“制造”速度也不一样。

科学家根据洋中脊的扩张速率和岩浆供给量的不同，将洋中脊划分为快速、中速、慢速和超慢速四种主要类型。

其中，超慢速扩张洋中脊（全扩张速率为 <12 毫米 / 年）是近年来最新划定的一类慢速末端洋中脊，以西南印度洋中脊和北极加克尔洋脊最为典型。

由于在慢速 - 超慢速扩张的洋中脊，地幔熔融不能产生足够的岩浆，地壳断裂非常普遍，广泛分布着暴露下地壳的“构造窗”。这些“构造窗”是人类以目前的钻探技术可以“触摸”到地幔边界的唯一场所。

印度洋浩瀚的海水之下，藏有多少科学之谜

探寻生命的极限

科考探秘

“决心”号大洋钻探船巨大的钻杆插进海底，夜以继日地旋转着，一管接一管地从海底钻取岩芯。

每一管岩芯，都由美国伍兹霍尔海洋研究所和南加州大学的微生物学家弗吉尼亚和杰森两人最先采样，以防止样品被人为污染。他们戴着手套和口罩，从珍贵的岩芯中挑选一块最中意的样品放入采样袋。

通过研究岩芯中的微生物，探寻下地壳和含水的地幔中是否存在生命，以及生命的极限是什么，是大洋钻探的一项重要科学目标。

“海洋的呼吸决定了地球的脉搏。”作为一个有生命的星球，地球上的岩石圈、水圈、大气圈和生物圈，通过物质、能量和生命的流转交换，紧密地联系在一起。

近年来，越来越多的证据表明，地球内部演变的过程对于表层有着重大影响。但迄今为止，人类对这些影响还缺乏认知。

“深部生物圈”的发现，是科学大洋钻探取得的最重要成果之一。通过钻取岩芯样品，科学家发现地球生物圈不仅分布在地球表层，还向下延伸至深海沉积物和岩石圈。

深部生物圈的微生物处于高温、高压极端特殊的环境中，具有嗜压、嗜热、嗜冷、嗜盐、嗜碱、嗜酸等生物特征。它们常年深埋洋下地底，新陈代谢极其缓慢，有的已经存活了几十万年，甚至几百万年，向人类展示了完全未知的基因世界。

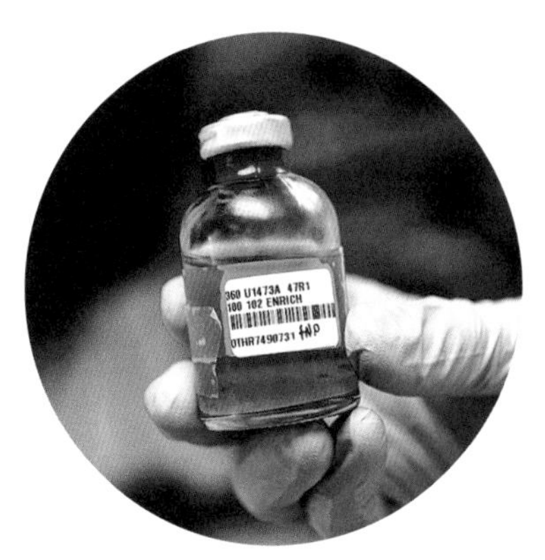

采集微生物样品

深入研究地球的深部生物圈起源和演化、微生物的生长机理、深海环境改变如何影响微生物总量、微生物如何影响全球生物地球化学循环等一系列科学问题，既可以使人们对地球上的生命演化、人类起源有更加深刻的认识，也可以为探寻太阳系中其他星球可能存在的生命形式提供线索。

通过大洋钻探，科学家目前已在海底下1 600 米深的沉积物中发现了微生物的存在。

地球内部的深部生物圈还会不会更深？

美国微生物学家弗吉尼亚（右）和杰森（左）分析研究微生物样品

地球深部的生命极限是什么？地球上的生命禁区如何界定？这也正是2013—2023年国际大洋发现计划提出的科学挑战之一。

IODP360航次执行的SLOMO计划，就是希望在西南印度洋中脊“亚特兰蒂斯浅滩”通过三个航次的钻探，在人类历史上首次打穿地球壳幔边界，获取岩芯样品和科学数据，以检验“在慢速－超慢速扩张脊下方的莫霍面代表了地幔的蚀变边界”的假说。如果这一科学假说成立，将会大大推进地球深部生物圈的研究。

海水渗入到地幔后，与橄榄岩发生反应，使得橄榄岩产生蛇纹石化。蛇纹石化的过程也会产生氢气和甲烷，单细胞微生物可以利用这些气体进行新陈代谢。如果证实莫霍面就是蚀变的橄榄岩和未蚀变的橄榄岩之间的界面，也就意味着地球内部发生的生物过程规模被大大低估。

利用IODP360航次的样品，经过长达近3年的研究，2020年3月，国际权威期刊《自然》杂志在线发表了同济大学海洋与地球科学学院李江涛副教授与合作者的一项最新研究成果。他们的研究证实了下洋壳深部生物圈的存在，拓展了生物圈在地球圈层内部分布的下限。

科学家们认为，栖息在下洋壳的微生物群落，尽管具有极低的生物量和较缓慢的生长速率，但由于下洋壳在全球海底的广泛分布，具有巨大的体量，下洋壳深部生物圈仍可能对全球物质循环产生重要的影响。

科普

地幔的未解之谜

神秘而庞大的地幔充满了许多未解之谜。

地幔占地球面积 4/5 以上，堪称最大的“地球化学储库”。但迄今为止，人类尚未能直接从地幔取样，因此对其知之甚少。

在 2013—2023 年的国际大洋发现计划提出的科学挑战中，地球深部演变过程及其对地表环境的影响等一系列科学问题，无不与地幔息息相关。

20 世纪 60 年代以来，板块构造学说的确立，使得地球表面看似分布无序的高山深海，变得有条有理。辅之以古环境的深入研究，科学家把地球上看似杂乱无章的地质事件，串成了一段段因果分明、环环相扣的完整历史。

板块构造学说揭示了地球的表壳—岩石圈被裂解为若干巨大的板块，坚硬的岩石圈板块“驮伏”在塑性软流圈之上，横跨地球表面发生大规模运动。板块与板块之间，或相互分离，或相互聚合，或相互平移。

在分离处，软流圈地幔物质上涌，冷凝成新的大洋岩石圈，导致板块增生。在聚合处，大洋板块俯冲至相邻板块之下，返回地幔，导致板块消亡。板块及其相互作用激起了地震和火山活动，带动了大陆漂移和大洋盆地的张开与闭合，也导致了种种地质构造作用。

在太阳系中，我们人类居住的地球拥有其他星球所没有的、独一无二的“生理机制”。板块构造学说比较成功地回答了“地球是怎么活动”的问题，但对于地球活动的具体过程和细节、活动机制等问题，仍需要各国科学家凝心聚智，共同寻求答案。

例如，“驮伏”着地壳板块进行运动的塑性软流圈位于上地幔，上地幔的组成、结构和动力学机制具体是什么？海底扩张和地幔熔融，如何与洋壳结构相联系？洋壳与海水之间化学交换的机制、程度和历史是什么？俯冲带是地表物质循环返回地球内部最主要的场所，俯冲带如何开始形成？海洋岩石圈在深海海沟俯冲进入地幔，致使挥发性物质释放，地幔熔融，这些挥发物如何再循环进入地球外部？新的陆壳如何形成？等等。

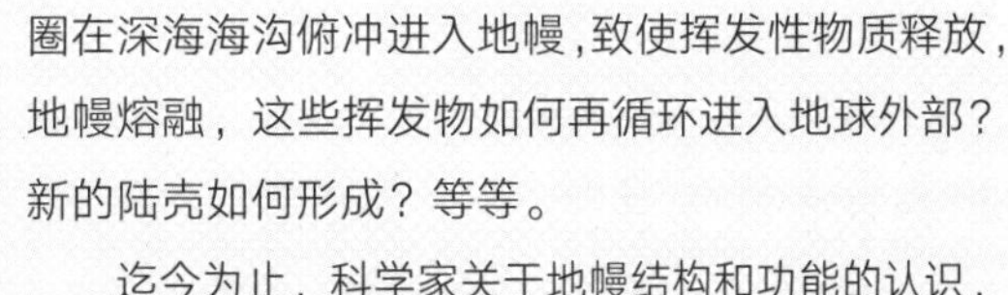

深海之下，神秘而庞大的地幔充满了许多未解之谜

迄今为止，科学家关于地幔结构和功能的认识，大多来源于用地震波等方式进行的地球物理测量，或对不同原因抬升、暴露出来的地幔岩石进行样品分析。

但地球科学家从未放弃过探寻莫霍面、“触摸”地幔的科学梦想。在西南印度洋中脊“亚特兰蒂斯浅滩”的构造窗口，科学家再一次朝着科学梦想开展大洋钻探。

寂寞无边的西南印度洋，将暮未暮的黄昏时分最令人想家

品读“辉长岩”的故事

科考探秘

在外行人看来，“决心”号大洋钻探船从海底钻取的灰黑色辉长岩岩芯，实在“其貌不扬”。但在科学家眼里，却仿佛“稀世珍宝”，一群人每天围绕着岩芯忙个不停。

有一天，我好奇地用他们经常使用的电镜，看了一眼制成薄片的辉长岩，当时就简直惊呆了。电镜下的辉长岩，五彩斑斓、灿若惊鸿、美若天仙，摇曳而缤纷。电镜仿佛是魔镜，一块其貌不扬的岩石，瞬间脱胎换骨，被点化成仙。

岩石是在各种地质作用下，按一定方式结合而成的矿物集合体，

电镜下的辉长岩仿佛深秋的丛林尽染

太湖石边的小狗

逃跑的夫妇

是构成地壳及地幔的主要物质。根据成因，地球上的岩石可分为三大类：岩浆岩（火成岩）、沉积岩和变质岩。

辉长岩是一种粗粒结晶结构的岩浆岩，主要由单斜辉石和斜长石组成，此外还可有角闪石、橄榄石、黑云母等成分，是深部洋壳的代表性岩石之一。

岩浆岩是由地壳内部上升的岩浆侵入地壳或喷出地表冷凝而成的。喷出海底的熔岩遇到海水骤然冷却，时间极为短暂，矿物颗粒来不及结晶成较大的晶体，因此结构都非常细密，颗粒一般都小于1毫米，岩石学家称之为“微晶”或“隐晶”结构。玄武岩就是一种具有隐晶结构的岩石。有时，偶尔也能见到几个基性矿物的大晶体，称之为“斑晶”。

同样的岩浆，在海底以下一两千米深处慢慢凝结，其晶粒就有充分的时间生长，可以达到几毫米大小，形成粗粒结晶结构。这种缓慢冷却形成的岩石，虽然成分与玄武岩相同，但结构却全然不同，岩石学家就称之为“辉长岩”。

我这个外行，完全看不懂辉长岩照片里哪种颜色、哪种结构代表哪种矿物，更看不懂矿物的结晶程度、相互关系，以及矿物组合在空间上的相互配合方式。但我喜欢将色彩缤纷的照片，上下前后、颠来倒去地仔细品读。常常会从杂乱无章的图片中，品读出几分神似的抽象画。

第一次读出来的画，是在一幅以灰色和白色为主色调的辉长岩图片中，点缀着几块土黄、靛蓝、粉红色的图案，十分醒目。我将照片向右旋转一看，土黄色的图案看上去神似一只小狗的剪影。再将照片

刚出生的小马驹

绵羊妈妈

鱼池倒影

小象、落叶与豪猪的岩画

左右镜像颠倒看看，小狗的旁边还有一个深褐色的色块，看上去像一块奇形怪状的太湖石，太湖石左边的留白处，还有一条蓝色的丝带垂了下来。整体裁剪下来，就像一只小狗在有太湖石的假山公园里游玩。

裁剪这幅照片的时候，无意中还惊喜地发现小狗下方的靛蓝和粉红色图案，像极了一对正在逃跑的夫妇。长着高鼻梁的丈夫，背着一个鼓鼓囊囊的大包裹正在奔跑，穿着粉红色裤子的妻子正在向外张望。大自然如此神奇，越看越像，令我惊叹不已。

亚特兰蒂斯浅滩的辉长岩照片，许多以灰色为主色调，看上去很像干涸的沙滩上无数的砂砾。这些砂砾中，散落着大大小小、不同结构的色块。有的像埋藏了一条红色的长鱼，有的像爬出一条史前百脚虫，有的像沙滩上飘来的几片美丽落叶，有的像古树边掉落的一段枯枝，有的又像长出了一片美丽的深秋灌木丛。

每当读出这些辉长岩的“画”，我总是禁不住地遐想：科学家研究发现，亚特兰蒂斯浅滩曾经是一个海岛，一度高出海平面 1 000 米

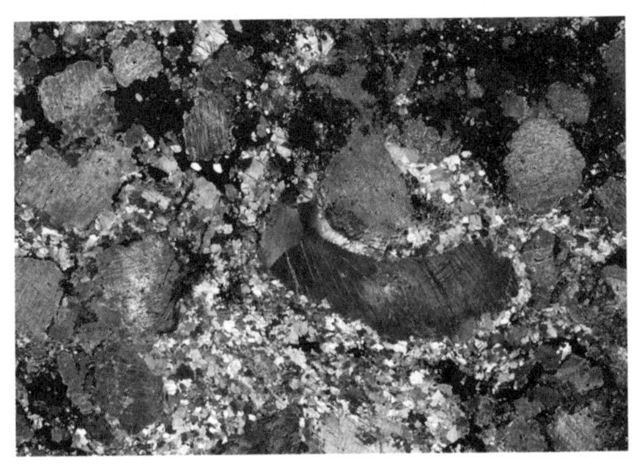

水池里的灰獭

白色的鳄鱼

神秘文字

丛林小径

以上，后来由于热沉降作用才沉入海底 700 多米。这些辉长岩“画”是不是记录了亚特兰蒂斯浅滩曾经的面貌呢？曾经的这里，一定有过生机勃勃的自然原野吧。

我看到许多动物都将自己的身影“印”在了辉长岩的“画”里。有一匹刚刚出生的小马驹，或一匹正在白色岩石边歇息的老马；有紫色的绵羊妈妈和她的小宝宝，或一只长着蓝色眼睛的黑色山羊；有一只白鼠和一窝小鸟，或一群正在捕食的红色金鱼；有一头可爱的灰色小象，或一只正在水池里游泳的灰色水獭；有一头正在回首的白色鳄鱼，或一只圆嘟嘟的尖嘴刺猬；还有一只蜥蜴般的史前巨兽，好像正在注视着一行神秘的文字，不知想传递什么信息。

有一天晚上，在安静的房间里，我将一张已经看过无数遍的十分杂乱的辉长岩照片，在电脑中挑出来再仔细浏览。突然，在一片深灰色的图案一角，我看到了一张魔鬼的脸。魔鬼戴着一顶镶着白色图案的高帽子，眉眼之间充满了邪恶。再仔细看，这个魔鬼的下方，还有一个像骷髅一样的魔鬼，与他如影随形。在两个魔鬼的身后，还有几个张着大嘴的怪物，就好像毕加索的抽象画。

突然读出这幅辉长岩上的“画”，当时的感觉，就好像无意中窥见到地狱的秘密。正当我有点毛骨悚然的时候，“决心”号上自动调节船体位置的推进器突然发出巨大的轰鸣声，令我惊出一身冷汗。

科学家根据研究推测，地球历史上曾经多次出现过超大陆。这些超大陆“分久必合，合久必分”，其中最年轻的叫“盘古超大陆”。在距今2.5亿—2亿年前的三叠纪，盘古超大陆发生裂解，分为北半球的劳亚大陆和南半球的冈瓦纳大陆。大约1.8亿年前，南半球的冈瓦纳大陆又发生裂解，分离的块体纷纷向北漂移，如南美板块、印度板块、澳大利亚板块、非洲板块等。印度洋就是在南半球的冈瓦纳大陆解体时，随着印度板块的“北漂”而形成的。

在地球沧海桑田的变化之际，位于西南印度洋中脊的亚特兰蒂斯浅滩又曾发生过什么呢？当灾难来临的那天，是一幅什么样的恐惧景象呢？透过辉长岩上的这些“画”，我仿佛能看到冰山一角。

有的“画”里斜灰石、斜长石坍塌得横七竖八，红色的黄色的液

魔鬼的降临

地震印象

废墟中的小孩和爱犬

一支诡异的玫瑰

灰熊的破碎家园

体流淌一地，好似发生了地震。有的“画”里有各种各样的动物玩具，被震落一地。在一片废墟中，还有一只小狗正在舔着一个小孩蓝色的脸，似乎很舍不得小主人的离去。有的“画”里有一张蓝色破碎的脸，与一具黑色的木乃伊头像深情对望，中间还有一支诡异的玫瑰。还有一幅“画”，“画”面的一角是一只灰熊的背影，仿佛正看着支离破碎的家园。

还有很多辉长岩的“画”，即使什么都不像，也是一幅幅非常美丽的“装饰画”，或是古朴的“岩石画”、或是民族的“扎染画”、或是现代的“抽象画”。大自然如此神奇，常常超乎人类的想象。

岩石是一定地质作用的产物，形成和稳定于一定的地质环境。每当地质环境改变，岩石也将随之改变。科学家就是通过深入研究岩石，来窥探地球发展和演化过程的“蛛丝马迹”。

从辉长岩的这些“画”里，我仿佛看到了神秘的亚特兰蒂斯浅滩的前世。

科普

大洋钻探有多牛？

地球是人类的家园，科学家对脚踩的大地充满了好奇。根据莫霍面出现的深度，最佳的钻探地点就在大洋。

20 世纪 60 年代，正值美国探索太空的国力鼎盛期。上天的梦想实现了，下海的梦想也应该资助。1960 年，美国国家科学基金会批准资助“莫霍钻”计划，并与环球海洋勘探公司签订协议，由该公司的“CUSS Ⅰ”号船实施莫霍面钻探任务。

1961 年，“CUSS Ⅰ”号在墨西哥岸外的瓜达卢佩岛附近水深 3 600 米处，首次成功钻井。在 170 米厚的沉积层下，钻取了 14 米长的玄武岩样品，引起国际轰动，迈出了人类向莫霍面进军的第一步。

但此后，随着计划的推进，人们发现打穿地球的莫霍面，绝对没有想象中的那么简单。最终，由于“莫霍钻”计划预算太高，加上出现了技术和管理方面的问题，美国国会于 1966 年取消了该计划。

到现在，人类打穿地球莫霍面的梦想仍没有实现。但“有心栽花花不开，无心插柳柳成荫”，由“莫霍钻”而发展起来的“在海底打钻”的大洋钻探技术，却提供了一种新颖直接的研究手段，为地球科学研究打开了一扇“宝藏之门”，以此技术为核心，开启了国际合作的大洋钻探计划。

始于 1968 年的国际大洋钻探，迄今已经历了四个阶段：深海钻探计划（DSDP，1968—1983）、国际大洋钻探计划（ODP，1985—2003）、综合大洋钻探计划（IODP，2003—2013）和国际大洋发现计划（IODP，2013—2023），成为地球科学历史上规模最大、历时最久的国际合作项目。我国于 1998 年成为该计划的成员国。

60 年来，大洋钻探在全球各大洋钻井 3 600 多口、累积取芯超过 40 万米，在国际上掀起了一场轰轰烈烈的“地学革命”。所取得的科学成果验证了板块构造理论，揭示了气候演变的规律，发现海底“深部生物圈”和“可燃冰”等，导致了地球科学一次次的重大突破，始终站在国际学术前沿。

通过研究从海底钻取采集的数据、沉积物、岩石、流体、海底生物等珍贵样品，科学家渐渐读懂了“地球天书”的一些篇章，发现许多出人意料的“史前奇闻”。例如，大洋钻探验证了海底扩张学说和板块学说；在地中海的海底发现了大量盐层，说明地中海在 600 万年前一度干枯成“晒盐场”；大洋钻探还发现北冰洋曾经是个温暖的“淡水湖”，在 5 000 万年前曾经飘满了浮萍“满江红”。

又如，大洋钻探证明了 6 500 万年前恐龙灭绝的原因，确实是小行星撞击了地球。通过在南大洋的钻探，发现澳大利亚和南美洲在两三千万年前才

大洋钻探为地球科学研究打开一扇宝藏之门

完全离开南极大陆，南大洋形成环南极的洋流，造成南极的“热隔离”，结果导致南极冰盖的出现。

再如，大洋钻探还发现了生活在海底岩石里的微生物群——“深部生物圈”，那里是地球上微生物最大的储库，生活在地球深处的微生物可以享有远超“万岁”的高寿。

通过大量的深海沉积物和珊瑚样品，科学家发现了 1 亿年以来的全球海平面变化历史；揭示了冰盖的快速融化过程，证明海平面的升高确实是全球性现象；地球的气候变化受地球轨道参数的控制；等等。

先进的科学研究手段和开放共享的国际化管理方式，使大洋钻探计划历久弥新，至今仍在继续展现出旺盛的生命力。

“决心”号上的生活

科考手记

尽管做了很多功课，参加 IODP360 航次的报道，心里仍然压力很大。

出发前夕，邀请我一起参加此次考察的周怀阳教授自己却因为临时有重要任务不能前来。我和他的学生马强博士一起从上海飞到斯里兰卡首都科伦坡。在科伦坡的酒店，见到了来自中国科学院的刘传周教授。

“决心”号大洋钻探船每个钻探航次，船上共有 30 个科学家名额。IODP360 航次的科学家团队，来自中国、美国、英国、日本、澳大利亚、德国、法国、巴西、韩国、印度、荷兰、意大利等 12 个国家。

“决心”号大洋钻探船被誉为深海科学研究的“航空母舰”

“决心”号在海上的雄姿

大家从全球各地飞到科伦坡的同一家酒店集结。次日，我们一起乘坐大巴前往科伦坡港口码头登船。

科伦坡是一个热闹嘈杂的城市，处处洋溢着浓厚的佛教氛围。港口离酒店较远，我们乘坐大巴，过了海关边检，到达科伦坡港口。雄伟壮观的蓝色“决心”号就停泊在那里，非常醒目。第一眼看到这艘世界先进的大洋钻探船，心里很震撼。

“决心”号的船头和舷梯上，都写了她的全名“JOIDES Resolution”。资料显示，“决心”号船长143米，宽21米，排水量1.86万吨，能在海上连续航行75天。

船上最醒目的标志，是船舯矗立了一座45米高的钻塔，船载直立起重机最大高度可达61.5米。理论上，最大钻探水深8 235米，能在海底以下钻进2 000多米。

建造于1978年的“决心”号原是一艘用于石油勘探作业的钻探船，后改装为科学大洋钻探计划的专用钻探船。

在许多科学家眼里，“决心”号是一艘国际合作的深海研究“航空母舰”。船上建有1 400平方米的实验室，可供沉积学、岩石学、古生物学、地球化学、地球物理学、古地磁学等专业的科学研究。实验室配备电子扫描显微镜、X射线荧光计、X射线衍射计、气相色谱仪、热解分析仪等诸多的先进仪器。

初次登船，感觉像走进了迷宫，又感觉像到了“联合国”。

初次登船，感觉像走进了迷宫

船上除了来自各国的科学家团队，还有国际大洋发现计划的管理团队、船员以及钻探工人和服务人员，约130人。管理团队主要来自美国，船员主要来自瑞典，钻探工人和服务人员则主要来自菲律宾。

“决心”号上的休闲时光

虽然有这么多人，用餐的时候，小小的餐厅却不觉得拥挤。原来，船上每个人都有特定的工作时间，相互错开。每位科学家在登船之前都会收到自己的房间、分组、工作时间等安排表，井然有序。船上一日四餐，各类饭菜、点心、水果、饮料丰盛可口。

最周到的是还有免费洗衣服务。每个人一个洗衣袋，每天把要洗的脏衣服装进袋子里，放在门口。次日，洗好的衣服就送到了房间床上，还被熨得整整齐齐。房间里，每天都有服务员打扫、叠被子。在大海上能享受到这种周到服务，比在陆地上住进五星级酒店，还令人舒畅。

我和来自日本海洋—地球科学和技术中心的阿部夏江住在同一间房。好在两人工作时间同步，都是从早上九点到晚上九点，互相不影响，相处得融洽友好。

在“决心”号，我的身份是“科普专员”，属于科学家团队中的一员。我和船上的科学家一起，在会议室里，集中进行了各类登船介绍和安全培训之后，大家就集中精力讨论本航次的科学问题。

与我曾经乘坐过的国内科考船比起来，“决心”号的管理制度严格很多。生活区和钻探工作区严格区分，每层甲板都有明显的黄线标识，如果没戴头盔和防护镜，严禁进入工作区。船上全程禁酒，抽烟限制在一个舱外吸烟区。船上的消防救生演习更是一丝不苟，每个星期都要拿着沉重的救生设备，从房间里上楼梯走到甲板参加演习。

不过，“决心”号也有一件很浪漫的事，那就是每周一次在生活甲板上的BBQ（烧烤）。菲律宾的厨师们将烧烤炉和吃的喝的全都搬到了甲板上。甲板上放置了餐桌，有各种调味料。饮料是可乐、雪碧、橙汁等。烧烤的品种很多，有鸡肉、牛肉、玉米棒等。

沐浴着阳光，迎着海风，闻着阵阵香味，面对着蔚蓝色的印度洋，极目远眺，神清气爽。这样的BBQ，真是不胜浪漫！

微信扫码看视频

起航以后不久，“决心”号运营负责人史蒂文 · 迈迪（Steve

Midgley）先生带领我们到驾驶台、轮机部、钻探甲板、船底月池等全船上下参观了一次。

我这才发现，“决心”号不仅在外观上与一般船舶很不一样，内部结构也十分复杂，各种粗大的管道纵横交错，犹如迷宫。船上很多地方堆放了9.5米长的钻杆，钻探作业的时候，这些钻杆每三根结成一组，从后甲板起吊。

钻井架位于月池之上，月池里有一个伸入海里7米的保护套管，钻杆和钻具通过这个保护套管放入海底。难怪，船在航行之际，我时常听到月池里传来阵阵汹涌的海浪声。

在这段悠闲的航渡期间，我认识了“决心”号上的两位中国人。

国际大洋发现计划的科学业务中心设在美国得克萨斯农工大学，“决心”号上的科学管理人员大多来自得克萨斯农工大学，来自中国台湾的彭洁就是其中一位。彭洁在美国得克萨斯农工大学获得海洋学硕士学位后，留母校工作，1991年上船工作，当时跟随“决心”号已航行了64个航次，在海上航行超过10年时间。

浪漫的船上 BBQ

“我喜欢科学，也喜欢旅游。‘决心’号能带我到世界各地去看看，这条船已经成为我们家之外的另一个家，船上有很多像我一样的老员工。”十分敬业的彭洁说，“由于每个航次的科学目标都不一样，我们必须不断学习才能为科学家提供更好的后勤服务。每当采集到沉积物、岩芯等深海样品，总会让我很有成就感。”

“决心”号上采集的岩芯样品，船上科学家拥有一年的优先研究权。一年以后，所有的岩芯样品将向全世界的科学家开放。当然，前提是能提交好的研究计划并获得通过。“决心”号上的数据库也向科学家开放，在每个航次结束之前，船上科学家都会获得本航次采集的岩芯描述、岩芯测试、录井数据等所有科考数据。

热情的菲律宾厨师正在烤肉

31岁的“决心”号数据库管理程序员王瑞是一位高高大大、土生土长的北京小伙子。

穿越赤道，是航海中一件值得庆祝的大事

2013 年到美国得克萨斯州留学，毕业后到“决心”号工作。对于爱热闹的年轻人来说，船上生活有些寂寞，他最大的心愿就是等这个航次工作结束后，从毛里求斯直接飞回北京，陪父母好好过个中国年。

“决心”号要从科伦坡起航后，穿过赤道，进入南半球，奔赴南纬 32°、东经 57°的西南印度洋中脊目标海域。

在航海中，穿越赤道是一件值得庆祝的大事。当年，乘坐“雪龙”号参加我国的南极科学考察，穿越赤道的时候，考察队都会拍摄集体照、举行拔河比赛、喝啤酒比赛等活动，以示纪念。

“决心”号上也举行了庆祝活动，不过绝不允许拍照，因为这些活动有些“恶搞”性质。船员们装扮成海盗，对每一位参与游戏者进行审判。我们轮流跪在海盗面前，听他大声地念着自己的判词，不停地点着头。最后，每一位参与者还被蒙上眼睛，被人按进浑浊的脏水里，洗了个澡。

“恶搞”给枯燥的航行生活增添了乐趣，那次过赤道大家都很开心，我们每人还得到了“决心”号船长泰瑞 · 斯肯纳（Terry Skinner）签名的过赤道证，留作纪念。

钻探是一种文化

科考手记

刚上“决心”号的时候，我很纳闷自己的身份，为什么是“科普专员”，而不像国内科考的“随队记者”？

后来才了解到，原来在每个钻探航次，“决心”号科学家团队中都设有“科普教育专员”岗位，招聘有经验的科普教育工作者上船，通过“船对岸”视频连线设备，面向世界各国学校“直播”钻探现场并讲课。需要连线的学校，登录 www.usoceandiscovery.org 网站提出申请，即可提前预约。

“决心”号上的“船对岸”视频连线设备操作简单，通过船上互联网和 ZOOM 视频会议软件，用手拿着一个 iPad，就可以在船上进行“直播讲课”。为了保证线路畅通，每次讲课的时候，其他计算机的互联网都暂时断开。

在船上，我的工作是进行新闻报道，另外三位小伙伴则是按照预约进行“船对岸”的科普讲课。

胖胖的艾丽拉 · 马蒂恩（Alejandra Martinez）是一位充满热情的小学教师，来自美国得克萨斯州南部一个小镇。看得出，她很受学生喜爱，办公室里贴满了学生们送给她的画，还有学生们画的泡沫杯。

科普教育专员们在科伦坡码头

这些泡沫杯子，是让“决心”号上的钻杆带到海底下进行压缩的。

IODP360 航次执行的是慢速扩张脊下地壳和莫霍面的性质（SLOMO）计划。艾丽拉专门带了一个教具小熊，取名就叫 SLOMO。时常看见她带着小熊教具在“现场直播”的平板电脑移动终端前，给学生们进行生动有趣的讲解。学生们也不时地通过视频提问，课堂气氛轻松活泼。

“我申请来‘决心’号进行现场讲课，最大的快乐就是能和学生们一起分享科学家的探索经历。这种探索充满了未知，更真实、更有吸引力，可以激发学生们的科学探索意识，给他们留下深刻印象，这是一种很棒、很值得推广的教学方式。”艾丽拉说。

高大帅气的卢卡斯·卡文纳(Lucas Kavanagh)，是一位来自加拿大的科普工作者，他经常邀请船上的科学家与学生们进行互动。卢卡斯对海洋科学研究充满了科普热情，不仅拥有海洋学硕士学位，还是一个名叫双盲实验（DOUBLE BLIND）的科学新闻播客网站主持人。

“在上大学的时候，我就曾从‘决心’号申请过岩芯样品进行研究。从那时起，我就梦想自己有一天也能登上船，到大海里看一看真实的大洋钻探。成为一名科普工作者后，这一梦想终于成真。”卢卡斯说，“在船上，除了给学生们上课，我每周还会采写科学新闻或录制音、

和 IODP360 航次科普教育团队的小伙伴们在一起

两位首席科学家在圣诞节进行视频连线

视频节目发表在网站上，看着粉丝越来越多，是最令我振奋的事。”

自 2005 年以来，为了提升教育工作者的科普能力，“决心”号大洋钻探船和美国得克萨斯农工大学的海湾岩芯库举办了“岩石学校”的培训项目。这个项目邀请教育工作者和科学家一起工作，通过接触真实的岩芯材料和学习实验室分析技术，初步了解如何利用大洋钻探数据揭示地球演化的历史。

来自法国比利牛斯山附近波城的高中女教师玛丽安·波杰(Marion Bergio)，两年前曾上过“岩石学校”。她说，“决心”号开展大洋钻探以及在船上现场讲课的方式，给她留下了深刻印象。经过反复比较，最终选择申请在西南印度洋中脊的 IODP360 航次登船讲课。

船上的圣诞大餐

“因为打穿莫霍面是全世界地球科学家的梦想，这个航次很重要，我希望能与更多的教师和学生分享并持续关注这一科学探索过程。”玛丽安说。

首席科学家在过圣诞节

国际大洋发现计划办公室负责人皮特·布鲁（Peter Blum）对我说：“增强公众的环境意识和培育他们的科学兴趣，是国际大洋发现计划开展的一项重要内容，全世界的学校都可以通过‘决心’号网站申请与船上连线现场讲课。我们希望利用这个平台，把大洋钻探过程和科学意义告诉学生，培养和训练下一代科学家，让将来有更多的‘地球管家’。”

这真是一个令我大开眼界的新颖的科普教育方式。

在船上，除了采写新闻报道，我也尝试着与上海的“彩虹鱼”万米载人深潜器项目团队联系，进行了一场别开生面的“深钻与深潜”科普互动活动。

圣诞节联欢

那天，我通过船上互联网和ZOOM视频会议软件，与上海“彩虹鱼”模拟中心取得了联系。利用可以移动的iPad终端，现场直播了“决心”号上的工作场景，并邀请了刘传周研究员讲解本次大洋钻探的科学意义，回答学生们的提问。

在“彩虹鱼”模拟中心，来自上海临港的60多名中学生参加了这一活动。

“我们正在研制的万米级载人深潜器和大洋钻探船上的深钻，都是目前人类研究海洋的最先进科学手段。不同的是，深潜只能研究海底以上的，深钻则是研究海底以下的，但两者在微生物研究方面有非常紧密的联系。”上海海洋大学深渊科技中心主任崔维成教授在直播中说，“深钻与深潜的科普互动，能让学生们更直观、生动地看到国内外深海探测技术。”

“决心”号上丰富多彩的大洋钻探文化，也令我大开眼界。

在每个钻探航次结束之际，科学家团队都会设计一个纪念LOGO。设计出来的备选作品，贴在食堂里，最后由大家评选出一个最佳LOGO图案。打印出来，贴在“决心”号的一个楼道里。这个楼道，已经贴满了各个航次的LOGO图案，琳琅满目，造型各异，内涵丰富。每一个LOGO，都呈现了每一个钻探航次的科学特色。

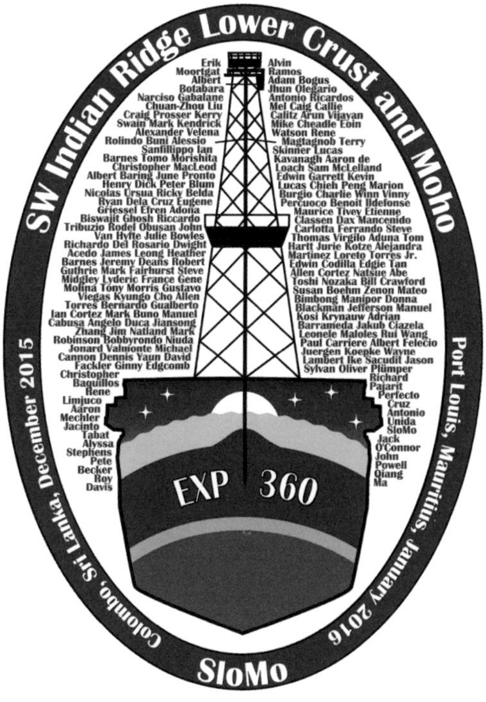

在航次临近结束的时候，经过投票评选，卢卡斯和艾丽拉两位小伙伴设计的LOGO图案，成为IODP360航次的标志。

这是一个长椭圆形图案，从船上伸出一根长长的钻管，直插地壳与地幔之间的莫霍面。空白处，写满了我们这个航次参与者的名字。我的名字JianSong Zhang也在其中，这真是一个新颖别致的永久纪念。

IODP360 航次的 LOGO

这张照片摄于 2015 年 12 月 21 日，正是中国的冬至时节，却是西南印度洋的夏天

Resol

海底留名

科考手记

有一天，我在大海中看到一个废弃的浮球，上面长满了茗荷，我赶紧拍摄下来，大家都很新奇地传阅。茗荷是广泛分布于世界各大洋的一种甲壳类生物，可通过柔软的柄部，附着于海洋漂浮物上，随波逐流，“四海为家”。我经常一个人从船头穿过一个长长的走道，走到后甲板的直升机平台，散步、拍照。

迎着海风，凭栏远眺。一望无际的印度洋波涛浩瀚，深邃的靛蓝色海水掩盖了多少海底秘密？有时，想起在这片远离祖国的国际海域，海底还有中国名字，心中总会涌起温暖和自豪。

随着海洋探测技术不断进步，世界各国海洋科学家不断在海底发现新的海岭、海沟、海山等地理实体。对新发现的地理实体抢先命名，这不仅体现了一个国家综合实力和对国际海洋事务的贡献，也是提高海洋研究话语权和国际影响力的重要举措。

我国于 2010 年正式开展国际海底地理实体命名工作，中国大洋协会确定了以《诗经》为主、以中国历史人物为辅的海底命名体系。《诗经》中的“风、雅、颂”，分别对应大西洋、太平洋和印度洋。在国家海洋局 2015 年公布的 124 个海底地理实体名称中，给印度洋海底起了 15 个中国名字。

西北印度洋中脊有一系列用中国古代乐器命名的海山，比如“玉磬海山”“排箫海山”“庸鼓海山”“万舞海山”等，它们都出自《诗经 · 商颂 · 那》。用中国古代玉石制作的乐器“玉磬”命名的“玉磬海山”，来自描述宗庙祭祀舞曲的诗句“既和且平，依我磬声”，意思是舞曲调和谐音清平，用玉磬配合则更悠扬。“排箫海山”出自“鞉鼓渊渊，嘒嘒管声”，意思是拨浪鼓儿响咚咚，箫管声声多清亮。“庸鼓海山”“万舞海山”出自“庸鼓有斁，万舞有奕”，意思是敲钟击鼓响铿锵，文舞武舞好排场。此外还有“烈祖海山”和“温恭海山”，也出自《诗经·商颂·那》的诗句。“奏鼓简简，衎我烈祖”，意为鼓儿敲

长满茗荷的废弃浮球

西南印度洋的“白昼月亮”，充满空灵与诗意

起咚咚响，娱乐先祖心欢畅。“温恭朝夕，执事有恪”，意为温和恭敬，做事小心谨慎。

蚕在人类经济生活及文化历史上有重要地位，在 4 000 多年前我国已开始养蚕和利用蚕丝。在西北印度洋中脊，有一处俯瞰形似卧蚕的“卧蚕海脊”。

中国古人称燕子为玄鸟，是一种吉祥之鸟。西北印度洋有一处以燕子命名的“玄鸟海脊”，出自《诗经 · 商颂 · 玄鸟》“天命玄鸟，降而生商，宅殷土芒芒”。

“决心”号所在的西南印度洋海域，海水覆盖的西南印度洋中脊也有“崇牙海脊”“骏惠海山”“天成海山”等中国名字。

“崇牙海脊”出自《诗经 · 周颂 · 有瞽》“设业设虡，崇牙树羽”，

戴着脚环的西南印度洋信天翁，在船边觅食

在这片远离祖国的国际海域，海底“镌刻”了许多中国名字

崇牙是用来悬挂乐器的凸出木齿。“骏惠海山”出自《诗经 · 周颂 · 维天之命》“骏惠我文王，曾孙笃之”，“骏惠”指大家要遵从文王高尚的品德。“天成海山”出自《诗经 · 周颂 · 昊天有成命》“昊天有成命，二后受之”，意指文王、武王接受天命，尽心治理国家，天下安定。

不仅中国优秀的传统文化符号“镌刻”在印度洋海底，许多作出杰出贡献的古今名人也在印度洋海底留名。

我国在西北印度洋中脊发现的一系列断裂带中，有以著名地质学家、地质力学理论创始人李四光命名的“李四光断裂带”，以著名地理学家、气象学家和教育家竺可桢命名的“竺可桢断裂带”，以明代著名的地理学家、旅行家徐霞客命名的“徐霞客断裂带”，还有以北魏地理学家、《水经注》作者郦道元命名的“郦道元断裂带”。

地球约有 71% 面积被浩瀚的海洋覆盖，走向大洋、探索深海，是世界各国科学家的共同梦想。近年来，我国大洋科学调查在资源调查、环境保护、技术发展、装备能力建设、参与国际事务等方面，都取得了长足进展。

中国何时拥有大洋钻探船？

科考手记

2016 年 1 月底，“决心”号大洋钻探船结束了西南印度洋中脊、旨在打穿地球壳幔边界的 IODP360 航次，载着我们抵达毛里求斯的路易斯港。

走下生活了两个月的蓝色“决心”号，我很有些不舍。两个月来，在这艘先进的美国大洋钻探船上，我开拓了眼界，收获颇多。在毛里求斯港口，正巧还遇到也在港口进行补给的中国“大洋一号”科考船，我和马强上船参观。无论硬件还是软件，各方面差距还是很大。

何时拥有中国的大洋钻探船？这是中国地球与海洋科学家多年来的梦想。

中国科学院院士、同济大学海洋地质国家重点实验室教授汪品先

“决心”号停泊在毛里求斯的路易斯港口

毛里求斯的路易斯港口风光优美

多年来一直大力推动建造一艘中国的大洋钻探船。他说：“大洋钻探船好比深海研究中的航空母舰，在国际合作中谁拥有这样的船，谁就掌握了主导权。如果我们能够下定决心，走通过科技与产业相结合、独立自主和国际合作相结合的道路，建造自己的大洋钻探船，就将能问鼎世界深海研究的顶层，向建设海洋强国跨进一大步。”

科学大洋钻探开展半个多世纪以来，美国先后投入了“格罗玛·挑战者”号和“乔迪斯·决心”号两艘大洋钻探船。2007 年，日本也投入巨资建造了“地球”号大洋钻探船，理论上可在 4 000 米水深的海域向海底钻进 7 000 米。

从钻探技术来说，目前正在使用的美国“决心”号是“非立管型”钻探，进尺一般在 1 500 米以内，不能在有油气显示的海区钻探以防井喷。日本的“地球”号是“立管型”钻探，通过大直径钢管将钻探船与洋底连接起来，使得钻探更加安全，深度更大。

2007 年，当 57 000 吨的“地球”号建成之际，日本曾雄心勃勃地向全世界宣布，其最终目标是要“打穿地壳”。但 10 多年来，由于船体庞大，带来了成本、运行和管理等诸多问题。“地球”号实际上才打了 3 000 米，实践表明，利用“地球”号现有的钻探技术打穿地壳，也不是那么容易。

在汪品先院士眼里，目前科学界在应对“上天、入地、下海”三大科技挑战中，“入地”的成绩最差。相对于地球半径来说，最深的钻井还不及其千分之二。大洋钻探既下海又入地，面临的是双重挑战。

深海海底是离地球内部最近的地方，从深海海底打钻，至今还是人类直接探测地球内部无可替代的高效途径。但越往下钻，钻井越深，岩石越硬，温度越高，压力越大，凭借人类现有的钻探技术，很难打到莫霍面。

大洋钻探既下海又入地，面临了双重挑战

IODP360 航次合影

2019 年 8 月，我从同济大学召开的“面向 2023 年后大洋钻探学术研讨会”上了解到，面对“莫霍钻”一类的硬岩石钻探任务，目前科技界正在探索第三代大洋钻探船的技术前景。比如，将钻机直接投到海底、将泥浆泵安置在海底的新型钻探技术，已经初步实现。面对高温高压的地质条件，钻具材料也需升级换代，从金属材料更新为碳材料。

那次会议上，还传来许多振奋人心的好消息。

中国 IODP 专家咨询委员会副主任、同济大学翦知湣教授在会上介绍，中国 IODP 专家咨询委员会经多次讨论提出了“三步走”的发展战略，其中第二步就是在 2019—2023 年阶段成为 IODP 的第 4 个“平台提供者”，自主组织实施航次，建设运行 IODP 第 4 个国际岩芯实验室，这些工作正在科技部等主管部门的支持下积极推进。

广州海洋地质调查局叶建良局长在会上表示，广州海洋地质调查局将在中国 IODP 专家咨询委员会领导下，承担平台运行与管理的工作，组织实施 IODP 航次。同时，广州海洋地质调查局也将负责正在设计建造的水合物钻采船（大洋钻探船）的运行工作，该船建成后也将投入部分船时为国际大洋钻探服务。

汪品先院士还在会上畅谈了大洋钻探与中国地球科学的发展。他分析大洋钻探如今面临的形势："一钻定天下"的机会已大幅度减少；"一家当老板"的时代已经基本过去；"单打一手段"的模式已经显露弱点。他呼吁中国海洋学界要团结起来，全国一盘棋，发挥海陆结合的优势，将陆地地质科研的长期积累和国际深海地质科研相结合，主攻重大科学问题，在未来国际大洋钻探中发挥更加重要的作用。

当前，国际上正在积极组织研讨制定 2023 年后国际大洋钻探的科学计划，中国参加大洋钻探 20 多年来，投入逐步增加，特别是近 5 年来取得了突出成绩，已成为国际大洋钻探的重要成员，理应在新十年科学计划制定中发挥更加重要的作用。

科学探索永无止境。

正如邀请我参加 IODP360 航次的周怀阳教授所说："地球是人类的家园，但地球内部对人类来说，仍是一个未知的全新秘界。相比于几十万千米外月球上的样品，地球内部几千米深处的莫霍面，距离我们很近，但似乎又遥不可及。我们相信，向地球深处每多钻进一点，我们对地球结构及其历史的认识，就会加深一点、更新一点！"

在"决心"号上，开拓了眼界，收获颇多

北印度洋

美丽神秘的莫克兰海沟

引子

科考探秘

在北印度洋，有一条海沟名叫“莫克兰”。

莫克兰海沟，就像她的名字一样美丽神秘。与全球最深的马里亚纳海沟相比，莫克兰海沟堪称全球最浅的海沟，最深处仅 3 000 多米。由于历史原因，国际上对莫克兰海沟的研究还不多。

2017 年 12 月，应巴基斯坦科技部所属的国家海洋研究所邀请，中国科学院南海海洋研究所“实验 3”号科考船，从广州起航前往北印度洋的莫克兰海沟，开展中巴首次北印度洋联合考察。

这次考察重点研究莫克兰海沟的大尺度地质构造以及邻近地区的地震海啸等地质灾害，为巴基斯坦海上安全与减灾提供科学依据，同时服务于“一带一路”建设。

中巴两国共有 70 多名队员参加联合科考。中科院南海海洋研究所特聘研究员林间担任首席科学家。在他的热情邀请下，我乘坐“实验 3”号穿过马六甲海峡前往北印度洋，拜访了遥远的莫克兰海沟。

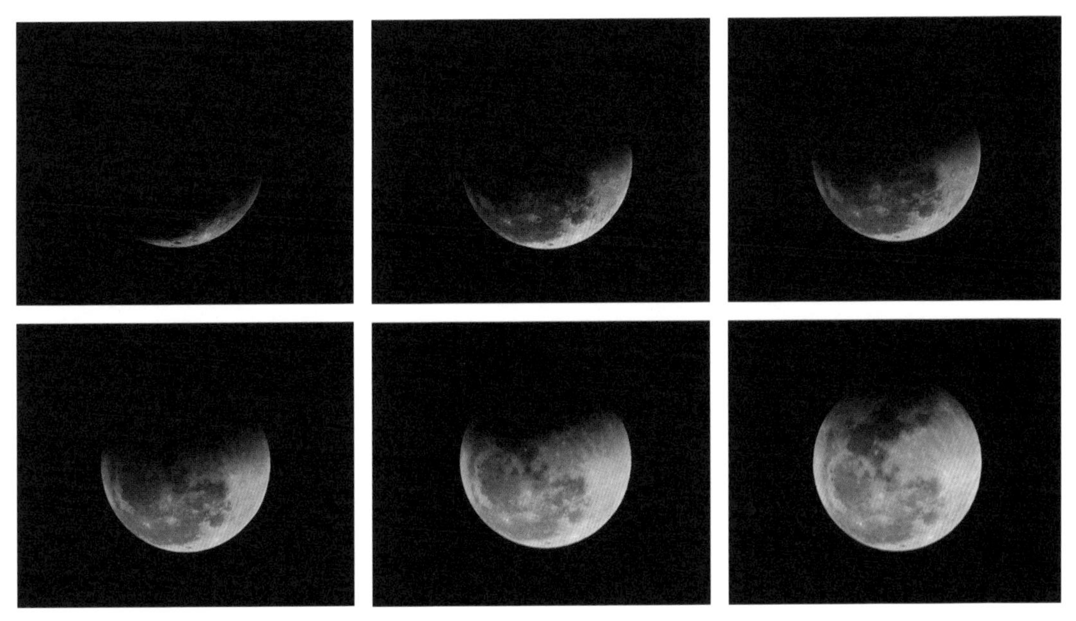

在神秘的莫克兰海沟遇到月全食，感觉天地间都充满了神奇力量

“误入银河”与“海上生花”

浩瀚无际的大海，灰云低垂，巨浪恣肆。“实验 3”科考船号乘风破浪，昼夜奔驰，穿过马六甲海峡，进入印度洋。

马六甲海峡位于马来半岛和印度尼西亚所属的苏门答腊岛之间，因马来半岛南岸古代名城“马六甲”而得名。海峡呈西北—东南走向，全长超过上千千米，是沟通太平洋与印度洋的重要国际航道，也是世界上船舶往来最繁忙的海峡之一。

“实验 3”号从南海驶入马六甲海峡最东端——新加坡海峡的时候，天气阴，有小雨。浅绿色的海峡内，大大小小的过往船舶众多，新加坡海岸边的高楼影影绰绰。船上驾驶台的甚高频里传来一片忙碌

马六甲海峡是沟通太平洋与印度洋的重要国际航道

“实验 3”号科考船经过马六甲海峡

的声音，进入马六甲海峡的船舶，纷纷报告自己的船名、国籍、吃水深度、净空高度、目的地等信息。

马六甲海峡处于赤道无风带，终年高温多雨，风平浪静，是海盗出没高发区。为了保障船舶安全，“实验 3”号安排船员和考察队员昼夜值班，巡查瞭望。

有一天晚上，大约凌晨一点，我刚睡着，就被一阵敲门声惊醒。听了一会儿，我才去开门。谁知开门一看，门外并没有人。我怀疑是自己听错了，就又睡下了。

谁知第二天到驾驶台聊天，才知道自己昨晚错过了十分难得的“海上生花”壮观景象，心里十分后悔。

船上 0—4 点值班的是二副邓凡，水手周锦新、黄海明。

周锦新外号叫“高富帅”，是一个长得很帅、性格温和的小伙子。每次上驾驶台，我都会喝他泡的茶，或是自制的奶茶，或是菊花普洱茶。他描述说：“海面上铺满了一朵一朵的花，船两边的波浪变成了荧光海。船边密密麻麻都是鱼，将船包围起来了。”

黄海明说：“我从来没有欣赏美景的艺术细胞，这次都被震撼到了，无与伦比的美。政委也说，他航海 38 年了，从未见过这样的景象。”

邓凡是一位细心、又有点文艺气质的小伙子。他拍摄了船上的坐标，还写了一篇日记，将那天晚上自己所见所闻，详细记录了下来：

那是在北纬 19° 54.053′、东经 68° 37.597′ 的北印度洋海域。

当地时间凌晨 12 时 30 分左右，我在驾驶台值班，出右舷到外面吹海风，发现远处一闪一闪、若隐若现的亮点！刚开始，以为是自己眼花。叫来值班同事一起瞭望，确保船舶安全。第一反应是遇到了渔网（就像《天龙八部》中阿紫用的那种渔网），但又不像常见海域渔船放的鱼标渔网。用雷达搜索周围，也没有扫到任何船只。

10 分钟以后，我发现海面上有越来越多的星星点点，让阿新、阿民拿来电筒照射船只周围。很惊奇地发现，船舷周围有无数的小鱼在跳来跳去。我们三人还同时看到船不远处，有一条白色光带在移动。视线不清晰，感觉像大鱼。但又会发光。

这是我们第一次驾船来到陌生的海域，心中有一万个不确定。担心船舶安全，让阿民喊醒船长。12 时 40 分左右，船长来到驾驶台，看了看，船周围还有很多鱼群在跳跃，但远处的星星点点消失了。

我大声说："报告船长，前方发现非常多亮点，我怀疑是渔网。"

船长很淡定地看了一下雷达，说："好像是鱼籽，有什么大惊小

"海上生花"

怪的？大晚上的，叫我上来看飞鱼。我要下去睡觉了！”

船继续向前行驶。到凌晨1点左右，没想到遇到前所未见的景象。

先是船舶周围跳跃着非常多的飞鱼，跳出海面的“哒哒”的声音非常清晰，目测至少有上万条飞鱼！紧接着，船头方向一片海域，出现满屏浅蓝色、又带点绿色发亮、一闪一闪小星星，布满整个海面。

海面相当平静，我们当时感觉船就行驶在银河！

我们三人都惊讶地叫起来了！接着海面又微微变蓝变透亮，船继续全速前进。随着船排开的波浪，也开始发光，一条条波浪排开形成荧光蓝色的浪花！

天呐，这幅景象真的是在电影里才能看到。

空气中带点水雾，但天上的星星银河清晰可见。在这一刻，我感觉自己穿越了，整条船行驶在异样空间，海和天感觉融为一体。海水透明发亮，船不是在开，而是被托起来了，在那一刻感觉时间静止了……真美，从未见过。

这场景堪比《少年派的奇幻漂流》里电脑做出来的效果。简直了，完全无法用言语形容这般美。

我拉着阿民，许下了2018年的心愿……

看到他生动精彩的日记，我后悔得心都在痛。

次日晚上，一直守候在驾驶台，果然在海面上看到了星星点点的荧光；船划开的波浪中，大朵的荧光像星星一样，的确美极了，只可惜太少了。

这次航行还能看到“海上生花”的壮观景象吗？真的好期待呀！

丝绸一样平滑的海面上，布满了绿色的微藻，大海就像“碎花布”一样美丽

“CT 扫描”莫克兰海沟

“实验 3”号科考船在巴基斯坦卡拉奇港完成补给后，立即马不停蹄地奔赴北印度洋莫克兰海沟目标海域。

第二天，船上全面展开了综合考察。船尾后甲板的各种机器轰鸣声，夜以继日。考察队分为地震实验组、构造地质与走航地球物理组、沉积采样组、海水采样生物组、物理海洋组。中巴考察队员一起值班，昼夜作业。

在莫克兰海沟中部海域，“实验 3”号开始实施高精度地震实验。在一条跨越莫克兰海沟的航线上，每隔 1.1 万米就投放了一台海底地震仪，共投放了 20 多台。

首席科学家林间解释说，考察队员先把一批能够承耐深海高压的地震仪投放到海底，此后再每隔一分半钟往海里打“空气炮”，利用人工地震波层析成像的方法，就可以给莫克兰海沟下的地球浅层做“CT 扫描”，找出可能造成该海沟地震的活动断层位置，其原理如同在医院给骨折病人 CT 扫描一样。

北印度洋是研究地球动力学的前沿区域。印度板块与欧亚板块的碰撞，造成了青藏高原的隆升，同时控制了北印度洋的大构造。位于青藏高原以西的莫克兰海沟及周边地区与南海具有共轭关系，但目前研究甚少，其全球极端的超低俯冲角度具有重要科学研究意义。北印度洋沉积物还记录了“青藏高原隆升—边缘海演化—气候耦合”关系的重要信息。

考察队员在莫克兰海沟的海洋物理、海洋化学、海洋生物与微生物采样等工作也全面展开。投放了表层漂流浮标、船载投弃式温盐深仪（英文缩写“XCTD”）等调查设备，测量表层海水的海流追踪、海水温度、盐度等数据；同时还成功采集了第一批海水化学、微生物与海底沉积样品。

中巴两国首次北印度洋联合考察作业队队长曾信

在此后 3 周，中巴科研人员采用了多种现代地球物理研究方法，透视莫克兰海沟下

香港中文大学杨宏峰教授

的地球结构，在莫克兰海沟连续开展多道地震实验。

只见“实验3”号的船尾，拖拽着一条长长的地震电缆，在网格状的测线上，匀速航行。电缆上安装了一连串地震波接收器。每隔十几秒，船上就往海里打“空气枪”，通过释放压缩空气产生人工地震波，穿透海水，让电缆线上的地震接收器记录下来。科学家们通过分析数据，就能推断莫克兰海沟的浅层地壳结构。

杨宏峰教授介绍：“现在开展的多道地震实验以及前一段时间在海底布设的海底地震仪，都相当于用不同的诊断方法，给莫克兰海沟做‘CT扫描’，让我们更深入了解对海沟产生有重要作用的三大板块。”

根据板块学说，在洋中脊产生的新洋壳，通过地幔热对流“传送带”被运往大陆边缘，使大洋板块与大陆板块产生碰撞。大洋板块岩石密度大、位置低，俯冲插入大陆板块之下，进入地幔后逐渐溶化而消亡。发生碰撞的地方，通常会形成海沟。

根据这一理论，莫克兰海沟的形成，是阿拉伯板块向北俯冲到欧亚板块之下而形成的。在形成过程中，阿拉伯板块的东南部，同时又受到印度板块的剪切作用。因此，研究这三大板块，对研究莫克兰俯冲带都有重要价值。

世界上80%以上的地震都发生在俯冲带。人类有记录以来最大最强的地震，也都发生在俯冲带。莫克兰俯冲带也是地震频发地带。

为什么俯冲带会成为全球“地震之源”？

“这是因为大洋板块在向下俯冲的过程中，与大陆板块产生的摩擦阻力并不是均匀的。由于受到不同物质成分、温度和压力的影响，导致大洋板块的一些浅层部位被‘卡住’，不能跟随大洋板块顺畅地俯冲到大陆板块之下。”杨宏峰解释道，“这些被卡住的浅层部位，能量越积越多，最终只能以地震的形式释放，这就是地震频繁产生的根源，被卡住的部位就是地震带。”

根据以往的研究，莫克兰俯冲带长700多千米。但阿拉伯板块在

中巴两国科考队员一起工作

向下俯冲的过程中，在什么部位被“卡住”？“卡住”的范围有多大（即地震带有多宽）？目前，全球科学家都还不清楚，这也是中巴首次北印度洋联合考察的重要科学目标。

“我们给莫克兰海沟做‘CT 扫描’，主要是研究阿拉伯板块和欧亚板块的物质成分是什么，从而可以帮助我们理解阿拉伯板块在向下俯冲过程中，是在哪一段被‘卡住’？今后，与陆地上的地震研究和大地测量相结合，就可以推算出地震带的具体分布位置。”杨宏峰说。

微信扫码看视频

“不安分”的莫克兰俯冲带

俯冲带，是指大洋板块俯冲于大陆板块之下的构造带，堪称全球“地震之源”。莫克兰海沟位于阿拉伯板块、印度板块和欧亚板块的交汇之地，莫克兰俯冲带就在巴基斯坦和伊朗的近海。

根据历史文字记载及有限的数据记录，莫克兰俯冲带每100—250年就会发生一次8.0级以上的地震。历史上，莫克兰俯冲带曾发生过6次地震海啸。

莫克兰地区最早有文字记载的海啸发生在公元前326年11月。根据记载，亚历山大大帝的马其顿舰队在探索一条返回希腊的航线时可能遭遇了海啸。舰队早上出发后潮位急剧下降，三艘船遭遇搁浅并完全暴露在浅滩，剩余的船急速驶向深水区。当海水再次到来时，驶向深水区的船又被推回到三艘搁浅船所在的位置。

此后专家分析认为，正常的潮汐无法摧毁一个军事舰队。这次事件可能是一次突发海啸事件导致的，且引发海啸的地震震级在7.0—8.0级之间。

莫克兰海沟是世界上最浅的海沟，该地区有深厚的沉积物。而沉积物比较松软，一旦发生比较小的地震，都有可能引起大面积的海底滑坡，从而导致比较大的海啸。莫克兰地区最近一次海啸事件发生在1945年11月27日。莫克兰俯冲带的东部区域发生了8.1级地震。地震造成的人员死亡少于300人，但地震随后引发的海啸灾害造成4 000多人死亡。

最新的研究表明，莫克兰俯冲带的地震活动分为多段，东段的地震活动

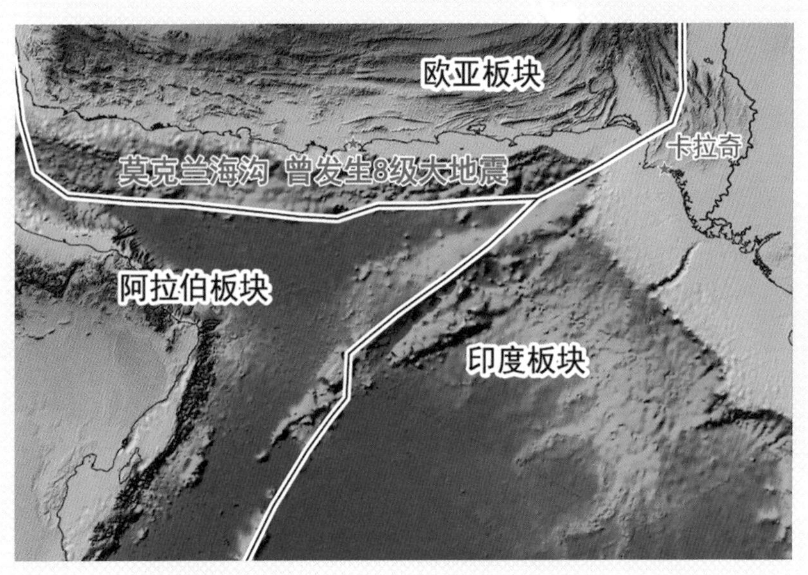

莫克兰俯冲带板块示意图

落日熔金，暮云合璧，人在何处？——在莫克兰海沟

明显多于西段。

今后，莫克兰俯冲带的各段如何活动？其西段或是全段是否会发生大地震与海啸？这不仅是重要的国际前沿地质科学问题，还直接关系到包括瓜达尔港在内的巴基斯坦沿岸地区海上安全。

在“一带一路”建设中，印度洋有着丰富的科学研究价值。尤其是印度洋沿岸的巴基斯坦，处于欧亚、印度和阿拉伯三大板块的汇聚部位，是研究板块碰撞造山过程的关键地区，存在诸多国际上广泛关注的地学问题。中巴两国加强国际科学，聚焦重大地球科学问题，将有利于扩大国际影响，共同培养国际化领军人才，为两国人民造福。

“海中森林”和“夜光海”的梦幻奇景

科考探秘

入夜时分，漆黑的天幕笼罩全船，满天钻石般的繁星，点缀在莫克兰海沟的夜空。一簇簇明黄色灯光，从远处的岸边传来，温暖而醒目。那里就是瓜达尔港，“中巴经济走廊”的入海口。

第一次来到莫克兰海沟，这片神秘而陌生的海域给我留下了深刻印象。

船在作业航行过程中，海鸟一路相伴随行，不时可看见一群海豚跃出海面。远远望去，它们灵巧曼妙的黑色身影，在平静的海面上激起小小浪花。

有时，“实验 3”号科考船航经的一片海域，还能看见大量黄绿色的海藻，铺满了海面的波峰浪谷，几乎将靛蓝色的海水，染成了丝丝缕缕的墨绿色。

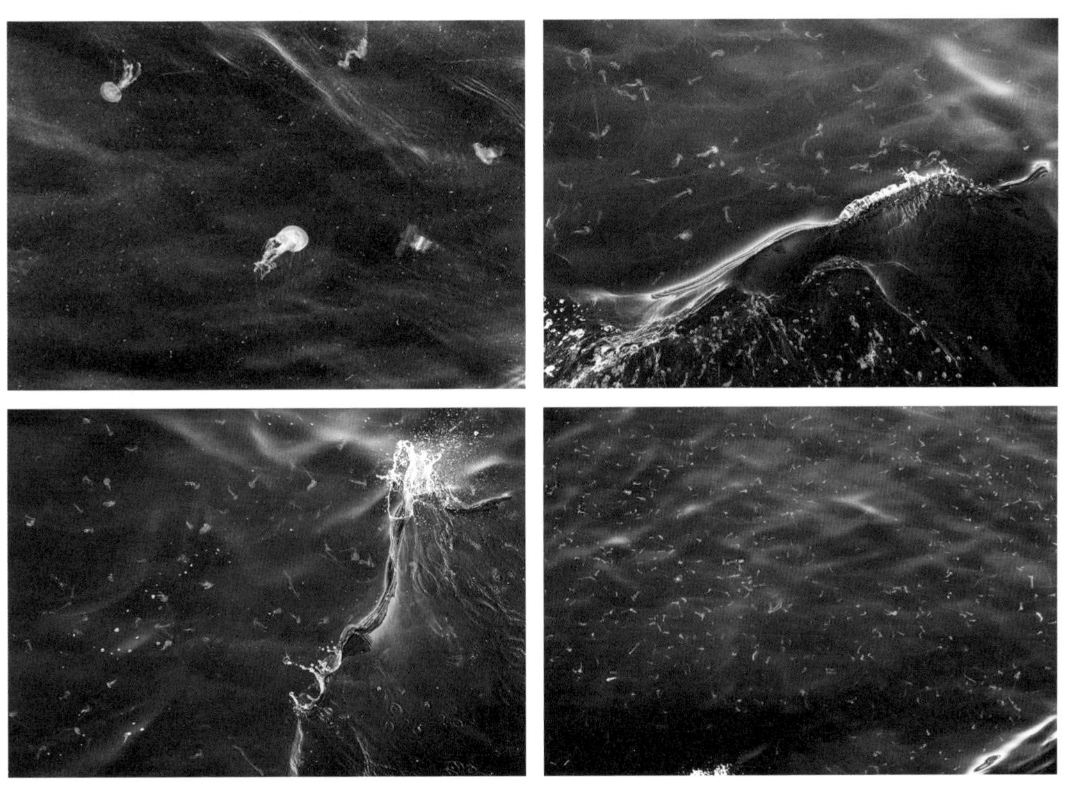

海水中出现了无数只白色小水母

莫克兰海沟是全球三大“低氧区”之一

随后，海水中出现了无数只白色小水母。起初，还只是星星点点，后来越来越多，最后几乎是密密麻麻了。船航行了约十分钟后，突然就一只也看不见了。若不是及时用相机拍摄下来，我几乎不相信自己的眼睛了。

最幸运、最神奇的，还是亲眼目睹了莫克兰海沟的“海中森林”和“夜光海”。

考察过程中一连多日，莫克兰海沟海域的天气晴好，海面经常如丝绸般平滑。在一条跨越莫克兰海沟的调查航线上，中巴考察队员完成了主动地震源实验，接着要进行海底沉积物、物理海洋、表层海水采样，同时回收海底地震仪。

“实验 3”号走走停停，在一个接一个的考察站位紧张作业。船在航行过程中，我突然发现沿途单调的靛蓝色海水里，渐渐有些细微变化。

起先，海面出现了大大小小珍珠般的白色泡沫，泡沫越来越多，海水中悬浮了无数颗粒状的绿色微藻。

航行了一段时间后，船头劈开的波浪，仿佛突然掀开了海水覆盖下的世界的“神秘面纱”，露出了一大片郁郁葱葱的“海中森林”。茂密滋长的微藻，将飞溅的浪花都染成了墨绿色。

船舶航经的海域，绿色的“海中森林”时有时无。不时能看见成群的飞鱼跃出海面，张着翅膀，在海面上四散疾驰。原来，在海面下，飞鱼的天敌鲯鳅正在追赶它们。

有时，从船上能远远地看到美丽的鲯鳅跃出水面奋力追赶飞鱼的身影。而在海面上方，海鸟也在不停盘旋。一旦看到飞鱼跃出海面，立即俯冲下来，踩着海水，也疯狂地追赶着飞鱼。

偶尔，在平静的海面上，还能看到一两只悠闲的大海龟，浮在海面上晒太阳。

夜晚，莫克兰海沟的这片海域更为神秘。有一天晚上，“实验 3”号恰好停泊在一片“海中森林”上方进行站位采样作业。

大家惊喜地发现这些“海中森林”还能发光，只要海水轻轻扰动，就能发出美丽的蓝色荧光。海面上，每当有飞鱼飞过，就能看到一道荧光闪过，令人惊叹的美丽。

第二天晚上，“实验 3”号开始进行小多道地震实验，船尾拖着能接收人工震源的仪器设备，在莫克兰海沟的调查测线上，匀速航行。

莫克兰海沟的“海中森林”，令人叹为观止

我来到了驾驶台瞭望，漆黑的夜空缀满了繁星，璀璨的银河横亘在头顶，弯弯的月牙斜挂在一侧。突然，船头劈开的波浪闪现了蓝色荧光，丝丝缕缕；船尾的航行轨迹，也变成了一道蓝色的荧光，仿佛拖着一条长长的蓝色尾巴。

有时，在微藻密集的海域，一望无际的漆黑海面上，还突然闪亮了一下。仿佛无数盏荧光灯，铺满了视野所及的海面，但很快就一齐熄灭了，好像是“海神”按了一下荧光灯的开关。“海神”好像还很调皮，因为这无数盏荧光灯在海面上闪亮了好几次。

夜行的船舶，惊扰了海里的鱼。漆黑的海面上，不时出现一道道白色的游动路径，那是鱼游动的身影。其中，有两条大鱼，在船边盘桓了很久，它们游动的路径，像极了两条小白龙在海里嬉戏玩耍。目睹如此奇异的景象，连正在值班的“实验 3”号船员们都忍不住大声尖叫欢呼。

在考察间隙，船员们最开心的事就是钓鱿鱼。

莫克兰海沟的鱿鱼又多又肥又大。黑夜中，只要将发光的鱼饵丢

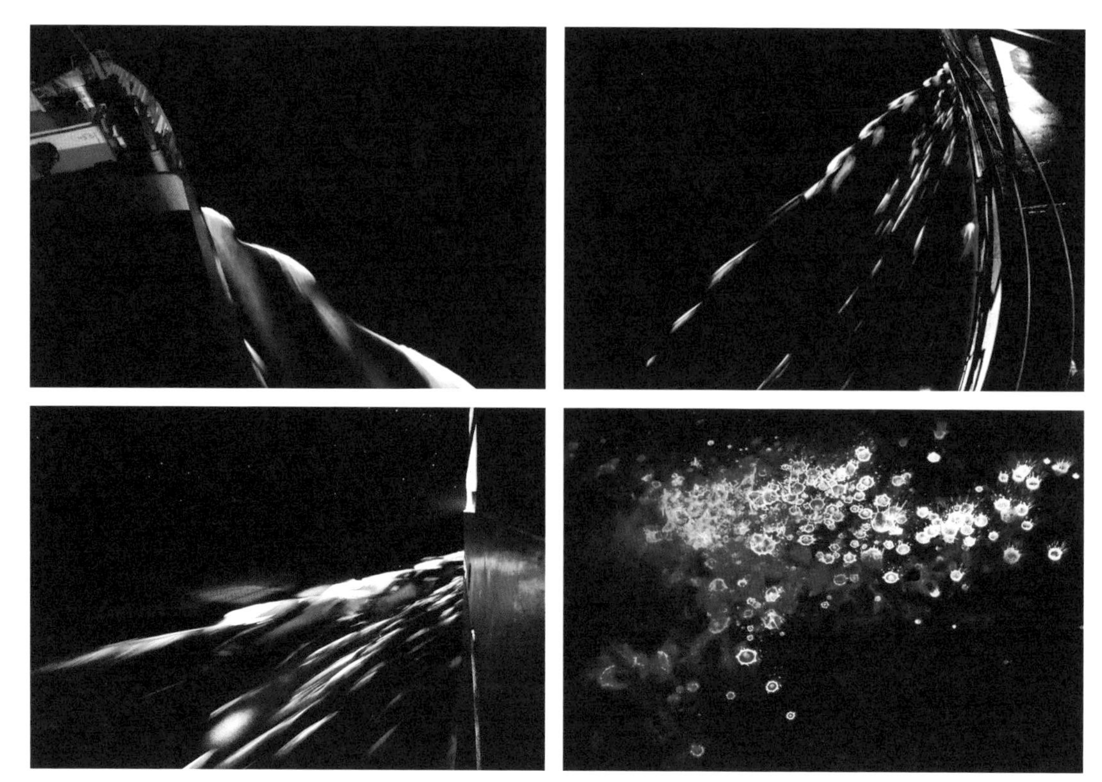

莫克兰海沟的“夜光海”更为神秘

进漆黑的海里，不到一会儿，就能拉出一只又长又大的鱿鱼，有的几乎有近一人高。放进盆里，还在不停地兀自吐着墨汁。

刚开始钓到鱿鱼，大家都感觉很新鲜，央求着大厨做成菜尝尝鲜，或爆炒、或蘸着芥末生吃。后来，钓上来的鱿鱼实在太多了，来不及吃，船员们就晾晒在甲板上，做成鱿鱼干带回去。甲板上一度挂满了鱿鱼，很是壮观。

在莫克兰海沟，我们还遇到了一次月全食。漆黑的夜空，月亮悬挂在远方的海天尽头，渐渐地、一点一点地，展露出自己淡淡的黄色容颜。在如此遥远的海域，目睹神奇的天象，似乎天地间都充满了神秘的力量。

在船上进行海洋微型生物调查的中国科学院南海所李刚副研究员说，莫克兰海沟的“海中森林”是一种季节性的“藻华现象”，这些能发光的微藻，是海洋甲藻类的一种，名叫“夜光藻”。

由于当前这片海域正处于冬季，气温保持在25℃左右，非常适合夜光藻生长。加之冬季从干燥的中北亚地区刮来的东北季风，夹杂

莫克兰海沟的“居民”们

了沙尘在这片海域沉降，带来大量的营养盐，刺激了藻类生长。

由于特殊的地理位置，莫克兰海沟所在的这片海域，是全球三大“低氧区”之一。科学家通过调查研究，希望从生物学角度，解释莫克兰海沟海域低氧区形成的内在原因，深入研究在海洋富营养化、海洋酸化与暖化等全球环境变化的背景下，产生的新问题。比如：低氧区的生物如何适应环境因子变化？全球环境变化是否会加剧低氧程度？是否会增加低氧范围？

微信扫码看视频

科普

寻找神秘的古菌

地球上究竟有几种生命形式？科学家最新的划分是三种：真核生物、细菌和古菌。

包括人类和动植物在内的真核生物，细胞内有细胞核，遗传物质 DNA 主要储存于此；细菌则没有细胞核，DNA 游离于细胞质中；古菌则又是不同于细菌的一种生命形式。这种生命形式如此独特、如此陌生，令世界各国科研人员都充满好奇和想象。古菌研究正在世界范围内升温。

在“实验 3”号科考船上，来自南方科技大学海洋科学与工程系张传伦教授团队的高思敏，在莫克兰海沟采集海水和沉积物样品，希望能寻找到古菌群落，进行深入的分析和研究。

“最新科学研究发现，古菌广泛分布在地球的各种环境中，海洋也是古菌的家园，海洋古菌是海洋生物量最多的微型生物之一。在莫克兰海沟极端环境下生活的古菌，其生命形式令人充满好奇和期待。”高思敏说。

位于阿拉伯海北缘的莫克兰海沟，大体呈东西走向，长约 700 千米，最深处 3 000 多米。巨大的静水压力和与世隔绝的环境，使外界生物一般难以抵达海沟，海沟生物也难以离开。每一条海沟，都好比一个黑暗无边、自成一体、独特奇异的世界。

科学研究发现，古菌极其独特的细胞结构，使它们可以在各种极端环境下“绝地求生”。例如，嗜热古菌可以在超过 100 摄氏度的陆地热泉和深海

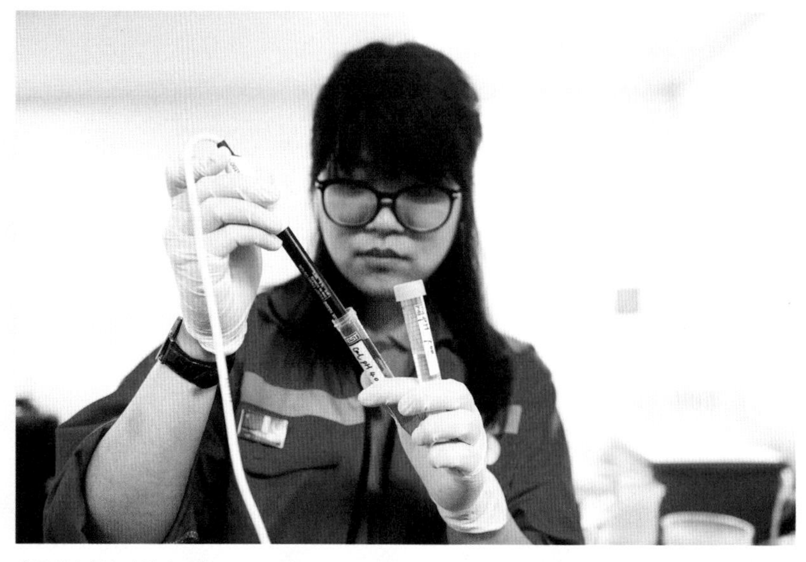

高思敏在船上实验室工作

在莫克兰海沟采集的生物样品

热液中生存；在南极冰川、青藏高原等严寒环境中发现了嗜冷古菌；在含硫量丰富的火山区、酸性热泉、硫质喷气孔、发热的废煤堆等极酸环境中，也都曾发现嗜酸古菌。

但令人诧异的是，古菌并不仅仅生活在极端环境中。目前，科学家还在土壤、湖泊、河流等常温环境中检测到古菌，甚至在人体内都发现了古菌。寄居在人体内的古菌主要是产甲烷古菌，它们喜欢在人体中厌氧的部位生活，如牙齿的微裂缝、消化道、阴道等部位。

古菌的个头很小，一般小于 1 微米。在电子显微镜下，它们形态各异，有的像细菌那样呈球形、杆状；也有的呈耳垂形、盘状、螺旋形、叶状；还有的呈三角形、方形或不规则形状，有的还像几张连在一起的邮票。不过，绝大多数古菌都无法在实验室中纯化培养，只能通过环境宏基因组检测分析它们潜在的代谢功能。

古菌作为地球上生命的第三种形式，人们对它的认识才刚刚起步，还有许多未解之谜和无穷奥秘等待探寻，研究古菌有非常重要的意义。

这不仅是因为古菌中蕴藏着大量阐明生物进化规律的线索，有助于未知的生物学过程和功能；还因为古菌有着不可估量的生物技术开发前景，例如用于极端环境中的污染治理、用于洁净煤技术和清洁能源生产等。

直面大洋下的深渊海沟

中巴两国首次北印度洋联合考察取得丰硕成果，开创两国海洋考察合作的先河。

在首席科学家林间的带领下，联合考察队获得了重要的观测数据和科学样品，促进了多个方面的科学研究，同时为进一步推动中巴两国海洋科学合作奠定了良好基础。两国科学家还深入研讨了进一步合作计划，共同为“一带一路”建设与“中巴经济走廊”的海洋安全提供科技支撑。

林间是一位温文尔雅的国际知名海洋地球物理与地震学家。他曾担任国际大洋钻探“决心”号、“大洋一号”等多艘中外科考船上的首席科学家，还担任过国际大洋中脊地球与生命科学研究计划主席。

担任中巴两国首次北印度洋联合考察首席科学家，是他的科学生涯中第 20 次出海。

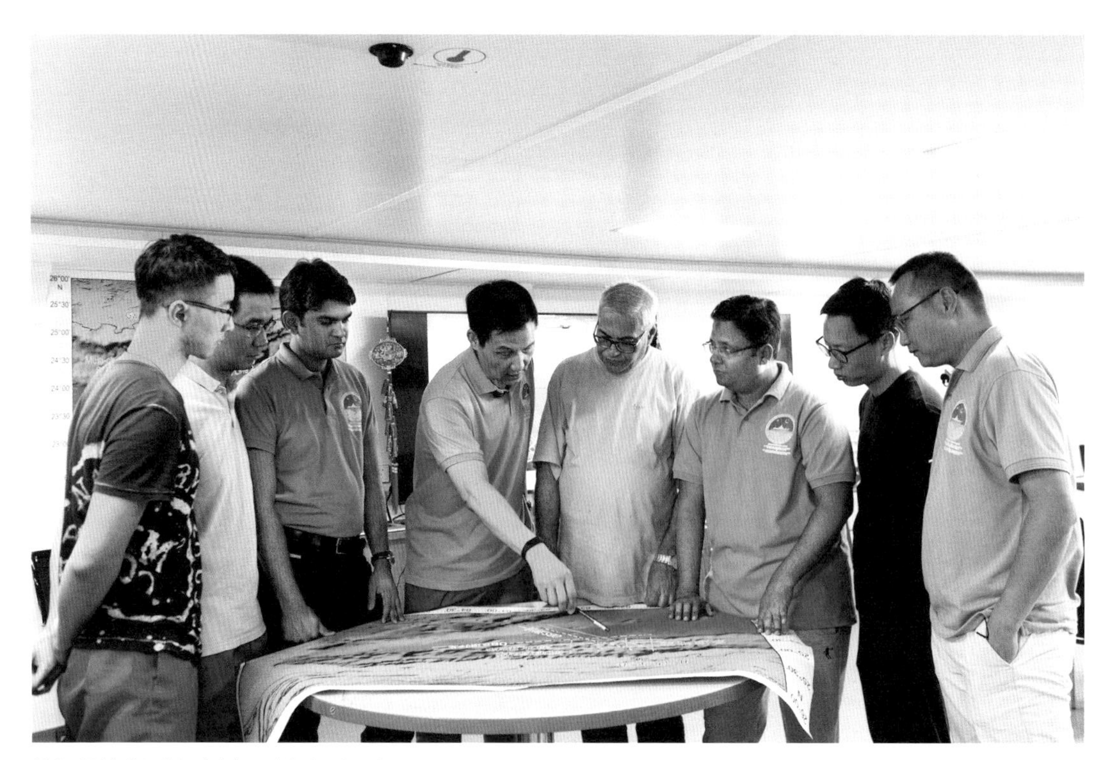

首席科学家林间教授（中）和科考队员在一起工作

“海洋，不仅是一片充满奥秘的蓝色水体，更是一个有血有肉的实体。全球 90% 以上的大地震、75% 的火山喷发以及所有大海啸，都起源于深海。因此，我们必须直面地球的大洋底下。”林间说，“只有带着科学目标到海洋上进行前瞻性的观察与实验，感受它的体温，领略它的脾气，才最有可能窥探到海洋以及海洋底下地球的奥秘。”

也许因为从小在东南之滨福州长大，林间说自己出生时就带有“海洋基因”。第一次接触到彩色海底地形图的时候，就对雄奇壮阔的海底大洋中脊山脉、海底高原、海沟深渊等一见倾心。1976 年唐山大地震发生以后，正值少年的林间参加了学校的“地震小组”，从此未曾停止过对地震的研究。

林间长期致力于地球海洋板块的构造学与动力学的研究，科研成果发表在《自然》《科学》《地球物理研究》《地球与行星科学通报》等国际科学杂志上，是国际地震学领域论文引用率最高的科学家之一。

他的研究范围从大西洋、印度洋到太平洋，从加勒比海、爱琴海到南海，研究目光纵览全球深海大洋。他还研究了美国、中国、日本、智利等国的特大地震，探索不同条件下发生的地震的共性，与国际科学家共同奠定了库伦应力触发地震的理论。

林间已多次来到印度洋。2000 年，他与合作者在全球超慢速扩张的西南印度洋中脊，发现了新型的“非岩浆”海底扩张模式。2005—2007 年，林间担任我国“大洋一号”首次环球考察的航段共同首席科学家，第一次发现了西南印度洋中脊上的活动热液喷口——龙旂喷口。回忆起当年发现的情景，林间依然很激动。

马里亚纳海沟是全球最深的海沟。近年来，林间主持实施了中国科学院“马里亚纳海沟计划”，首次对这里的“挑战者深渊”进行了高精度地震实验。半年之内，成功监测到马里亚纳海沟 7 000 多个大小地震，对研究“超高角度”海洋板块俯冲具有重要科学意义。

莫克兰海沟是全球最浅的海沟，也是地震与海啸多发地区。林间认为，由印度板块与欧亚板块碰撞形成的喜马拉雅造山带，是一个影响了整个东亚地区地质和气候的大系统。“莫克兰海域”和“南海”就相当于喜马拉雅系统的“左膀”和“右臂”。莫克兰发生的俯冲与地震，与喜马拉雅系统“唇齿相依”。

“莫克兰是地球上‘超低角度’俯冲的范例，与马里亚纳正好成为全球俯冲系统中的‘一低一高’的两大极端。中巴两国首次联合考

中巴两国科考队员在莫克兰海沟留影

察成功地在北印度洋莫克兰获取了高精度海底地震数据以及珍贵的深海样品，意义重大。”林间说，“每次在重要海区的科学考察都推动我们探索大洋下的地球、对破解地震之谜迈出重要一步。”

海上老兵，壮心不已

科考手记

2017年12月底，岁末年终，大家都在准备迎接新年的到来。我提着大行李箱，带上摄影器材和海事卫星发稿设备，从上海飞到广州，登上了中国科学院南海海洋研究所的“实验3”号科考船。

怎么是这么老的一艘船？

第一眼看到“实验3”号，心里的热情就凉了大半截。登船后，更加失望地发现住宿条件极其不好。由于船老，卫生设施跟不上，所有的女队员都需要住到船尾，而且是与水面接触的底舱。不仅机器声嘈杂，而且湿气很重、黑暗无光，这对于需要一个安心写作环境的我来说，简直是欲哭无泪啊！收拾起沮丧的心情，那天晚上上船的第一件事，就是打扫卫生，然后在房间里点上一柱沉香。

好在船员们都很热情。不几日，我就与他们熟悉起来，相处融洽。海上生活寂寞，国内的科考船并不像美国“决心”号那样严格禁酒。工作之余，“实验3”号船长路正兵经常招呼大家一起吃吃饭、喝喝酒，说说笑笑，日子感觉过得舒畅多了。想想船员们每天都是在这样艰苦的环境下工作生活，我作为记者，还有什么好抱怨的？

此后还欣喜地发现，船上的伙食很不错。广东人爱煲汤，船上也不例外。“实验3”号年轻的大厨廖原记，每天都会安排厨房熬上一大锅味道鲜美的汤。厨房外面的走廊就连着船头。风平浪静的时候，我感觉最浪漫的事，就是端着碗，坐在船头的机器上，晒着太阳，面对着大海吃饭。吃不了的，就直接倒进海里，请大海里的鱼儿一起来分享。

就这样，在“实验3”号上迎来了2018年的第一缕阳光。

“实验3”号是一艘具有38年船龄的“海上老兵”。如果与人的年龄相比，38岁船龄的“实验3”号已进入暮年。与它同年出生的一艘“姊妹船”，早已退役告别大海，而它依然是国家海洋考察船队中的一名主力队员，活跃在我国海洋科考一线。

“老骥伏枥，志在千里。烈士暮年，壮心不已。”在船上的底舱房间里，昼夜听着“实验3”号机器发出有节奏的轰鸣声，仿佛听到一颗强大的心脏有节律地跳动，不禁令我想起了曹操豪迈的《短歌行》。

“实验3”号由上海沪东造船厂建造于1980年。船上生活设施

“实验 3”号科考船航行在莫克兰海沟

老得早已跟不上时代。没有独立卫生设备的住舱、狭小的机舱集控室里斑驳的桌面、驾驶台上的手摇电话机、早已淘汰的喊话筒等，仿佛都是这艘老船饱经岁月风霜留下的一道道“皱纹”。

不过，在船上生活了一段时间后，我发现在使用功能上，“实验3”号丝毫不比年轻的“90后”“00后”“10后”同行们差。

这些年，它不断与时俱进。船舶通信与导航系统更新了一代又一代，陆续增补了各类先进的海洋调查设备，还使用了最新的“E海通”技术。船上提供WIFI服务，考察队员可在海上与陆地微信联系，这让许多“小鲜肉”同行都望尘莫及。

2015年，“实验3”号新装了艏侧推系统，更新了发电机与配电板系统，这好比给老船更新了强劲有力的“双腿”，让它的操纵性能变得更加灵活、更加稳健，从而跑得更快了。

38年来，“实验3”号一直没有变的是“心脏”——主机系统。两台功率为3750千瓦的主机，一直为船舶运行提供着澎湃动力。

走进“实验3”号机舱，高大的主机周围，五颜六色的管道纵横交错。绿色的海水管路、灰色的淡水管路、银色的蒸汽管路、棕色的燃油管路、黄色的滑油管路、红色的消防管路、黑色的污水管路等，犹如人体内的血管一样复杂。

轮机长郭如平介绍说，在航行中，轮机部制定了详细的值班巡检路线图，对各种机器设备定时巡检看护。回到岸上，船舶还要进行航修、自修、年检等各类检查。几十年如一日的精心保养，使得“实验3”号一直拥有一颗强劲有力的“心”。

38年来，“实验3”号为国家海洋科考的“服务之心”也没有变。自从投入使用以来，它深耕我国南海，足迹遍及太平洋、印度洋，曾进行过沉积污染、环境腐蚀、石油勘探、洋流分布、海洋水文、地质、环境、生态等各类海洋科学考察。

38年前，“实验3”号还在上海建造的时候，曹勇就已经到船上工作。从全船最年轻的报务员，到如今全船年纪最大的政委，他在这艘船上的时间比在家里的时间还多。每次科考队开会，老政委总会张罗着给大家倒茶续杯，就像招待自家的客人一样，热情而自然。

“多年众志汇豪情，科学双轮竞建成。怒发心潮高百丈，海洋健儿奋远征！”这是1981年中科院南海所一位老领导为“实验2”号和“实验3”号建成志喜所题的诗。这首诗一直悬挂在“实验3”号会议室，

在“实验 3”号科考船上，迎来 2018 年的第一缕阳光

激励着一代又一代上船的海洋人。

为做好科技为新丝路建设服务这篇大文章，中国科学院于 2016 年初启动了“一带一路”国际科技合作行动计划。由于跑得快，从广州前往巴基斯坦卡拉奇港接巴基斯坦科学家上船到北印度洋开展海洋综合调查的任务，就交给了“实验 3”号。

“我们赶上了国家海洋科技大发展的好时代。‘实验 3’号船龄虽老，但老当益壮、老而弥坚。服务海洋科考，只有起点，没有终点，我们永远在路上、在海上。”船长路正兵说。

这些年，在海上采访报道，感觉最不方便的就是没有网络。每次出海，几乎都处于失联状态。而在“实验 3”号，我还第一次体会到，出海再也不会失联了！

2015 年，中科院南海海洋研究所在“实验 3”号上安装了中海电信“E 海通”，在餐厅和会议室提供免费 WIFI，船员和考察队员随时可以上网、发微信或视频通话。

有一天，我听到了一个牙牙学语的婴儿声“爸爸、爸爸！”这是从船上大厨廖原记的手机视频传出来的。航行在一望无际的茫茫大海，27 岁的廖原记经常与在广东阳江市阳西县的家人视频通话，远隔千山万水关注着儿子的成长。看到视频中一岁多的可爱儿子给自己打了个飞吻，他的脸上笑开了花。

家人，是长年出海的船员们最深的牵挂。“实验 3”号厨师潘伟有两个宝贝女儿，大的 8 岁，小的才 5 岁。这些天，他的小女儿耳朵里发炎总不见好，妻子一人带着孩子看了好几家医院，这让他感到很是牵挂和亏欠。与远在广东韶关乐昌市的妻子视频通话，他总是嘘寒问暖，十分关心。

潘伟说：“我老婆是能干的客家妹子，在家顶起一片天，真的很伟大。我出海在外虽然帮不上忙，但能每天给她打打电话，让她遇事有人商量，这比以前我一出海就音讯全无好太多了。”

2014 年潘伟的外公去世，当时他正在海上，回去后才听闻噩耗。没有见到老人家最后一面，是他心里永远的痛。2017 年，“实验 3”号水手陈百润的爷爷病危之际，他也正在出海。但通过视频通话，陈百润见到了爷爷最后一面。他说：“视频中，爷爷笑得很安详。我是爷爷最喜欢的孙子，他最后的笑容我一辈子都不会忘记。”

在船上工作了 30 多年的水手长邢红卫每天都忙着对船的保养，紧张工作之余，他还与他女儿的班主任一直保持着微信联系。邢红卫的女儿当时正在上初三，正是学习关键时期。他计划利用寒假时间，让孩子的成绩再提高一步。他说：“以前出海，家里的事再着急也没有办法，现在有了网络，出海也能遥控指挥家里一些事。我们南海所的三艘考察船上都装了‘E 海通’，有 WIFI，这真是一项非常受欢迎的人性化措施。”

“老骥伏枥，志在千里”是“实验 3”号的生动写照

网络畅通，让出海不再与世隔绝，也让家人放心。“实验 3”号二副邓凡是家里的独生子，儿行千里母担忧，何况是到风大浪高变幻莫测的大海。邓凡远在重庆的父母可以随时联系到他，心里踏实多了。

邓凡喜欢摄影，经常在朋友圈里秀一秀瑰丽壮阔的海上风光，赢得一片点赞。他说：“以前出海，最难熬的是孤寂，有时简直度秒如年，回去感觉自己与社会脱节，人都变傻了。现在有了网络，信息畅通，出海的心态都变了，更加热爱海上的这份工作。”

中巴两国首次北印度洋联合考察作业队队长曾信介绍说，船上安装的“E 海通”不仅大大改善了人员在海上的生活质量，更提高了海洋调查的工作效率。许多调查数据可以及时传回岸上实验室。在岸上，也可以及时对船舶进行远程视频监控，实时掌握船舶位置、航线方向、航行速度等船舶航行状况。

畅通的网络给“实验 3”号上的考察队员带来了极大的工作便利，许多人一如既往地上网查资料、写论文、交流工作。由于使用船上的网络发稿非常顺畅，我出海携带的海事卫星设备，一次也没有使用过。

“‘实验 3’号的通信最早采用无线电明码电报，后来租用外国卫星的 A 站、B 站、F 站、M 站，如今又增加了利用我国自己卫星开发的‘E 海通’，通信手段越来越便捷，费用也越来越低，这体现出我国海上通信技术的进步。”政委曹勇说。

以海为伴，与浪共舞

科考手记

“实验 3”号科考船艰苦的生活条件，对我的身体伤害很大，常常也影响到心情。幸好一路航行中，船员们对我很关照。我经常到驾驶台，与他们聊天喝茶，排解了不少寂寞与烦恼。

“我的生活以海为伴、与浪共舞，这也许是命中注定的，谁让我五行缺水呢？”有一天在驾驶台瞭望，值班水手陈百润半开玩笑地对我说：“小时候家里给我算过命，说我人生最好从事与水相关的工作。现在做水手，天天看到地球上最多的水，滋润了我的名字。”

自从 20 岁出海远航，陈百润已经与大海打了 15 年交道。与许多航海人一样，他对大海既充满了热爱之情，又充满了敬畏之心。

“与海为邻，住在无尽蓝的隔壁，却无壁可隔。一无所有，却拥有一切。最豪爽的邻居，不论问他什么，总是答你，无比开阔的一脸盈盈笑意。脾气呢？当然，不会都那么好。若是被风顶撞了，也真会咆哮呢，白沫滔滔……”著名诗人余光中的《与海为邻》这首诗，写出了航海人的心中所感。

精通茶艺的陈百润

“实验 3”号上的船员，无论与大海打过多少年交道，都说最难忘的莫过于大海“发脾气”时的样子。

2014 年第 15 号台风“海鸥”来临之际，正在补给的船长路正兵将船开到了三亚一个锚地避风。原以为可以躲避在安全港湾，谁知那次盛怒的大海，连锚地都掀起了滔天巨浪，将船吹得拽着锚链一起，慢慢靠近附近岛屿。“走锚”是船舶大忌，如不及时处理，将会带来搁浅、触礁等严重后果。

当时，深黑色海面上，山崩地裂般的海浪，一浪高过一浪，连驾驶台都被席卷其中。船舶摇晃剧烈，几乎倾斜到海面。所有考察

“实验 3”号船长路正兵

以海为伴 与浪共舞

队员都穿上了救生衣待命，担忧和恐惧气氛弥漫全船。怎么办？果敢坚毅的路正兵决定与其坐以待毙，不如冒险起锚，重新寻找一个锚地。

然而，狂涛怒吼着、拖拽着的锚链，仿佛一只从海底伸出的巨大魔手，就是不让船开走。平日里，船舶起锚仅需二三十分钟。那一次，船员们顶风冒雨在船头开动锚机，用了两三个小时。

“就算把锚链绞断，我也一定要把船开走。好在我们的锚链很争气，最终把锚链绞了出来，跟着船一起走了，重新找到了一处锚地抛锚。”路正兵说，“那是与大海进行毅力的抗争，也许大海看到了我们的决心，最终没有为难我们。”

与大海抗争，晕船司空见惯，呕吐在所难免。“实验 3”号的每个航次，都会有人晕船。在 28 年航海生涯中，“实验 3”号水手周华国印象最深的一件事，是亲眼看到了船上的老鼠也晕船呕吐。

那是 20 多年前，他在一艘供油船上工作。有一次遇到大风浪，船摇晃得很厉害，大部分人都晕船了。晚上值班巡察的时候，周华国路过厨房，从窗边看到一只硕大的灰老鼠，趴在厨房的灶台上，也晕得狂吐不止。

“以前，船靠码头的时候，老鼠常常会顺着缆绳爬到船上，现在已经少多了，很多年没有见到老鼠，更没有见过老鼠晕船了。”周华国说。

在武汉长江边长大的万军，从小对水就有种亲近感。如今除了在“实验 3”号上做水手，业余时间最喜欢游泳。他印象最深的一件事，是有一次在 4 000 多米深的印度洋游泳潜水的无奈而豪迈之举。

当时，万军在另一艘科考船上执行印度洋航次任务。由于操作人员在风浪中作业不慎，浮标牵引绳缠住了船底螺旋桨，直接影响到船的航行，全船上下一起想办法在现场解决。首先放掉压舱水，让船浮得更高一些。然后将消防用的救生面罩接上一个长长的软管，软管接上氧气瓶，改造成潜水设备。穿上这套简易装备，万军就勇敢地下到了印度洋。

“那天，海面上风平浪静，但一下到海水里，涌浪力量非常巨大，轻轻的一个浪，就能把人推送出好远。螺旋桨距离海面有两三米，一片桨叶有一人多高。海水浮力大，好不容易潜水下去，钻到船底，找到螺旋桨，费了很大劲，才割断缠在上面的绳子。”万军说，“从海水里抬头往上一看，阳光呈发射状向海底聚拢，最终汇聚成一个白色小点，看上去深不可测，令人不寒而栗。”

幸福有时候就是一个回家的距离

“实验 3”号的欢送仪式

在喜怒无常的大海里航行，任何小事都是大事；面对大海浩瀚无际的心胸，任何大事也都是小事。

“大海是我们航海人的衣食父母，更是我们崇拜尊敬的老师。他教会我们懂得人生最珍贵的是生命，每次出海最珍贵的是团结。只有全船团结一心，才能形成一团和气，圆满完成每一个航次任务。”路正兵说。

考虑到春节将至，这次考察结束后，大部分考察队员都是从巴基斯坦卡拉奇下船，乘飞机回国。而船员们则一个也不能同行，他们必须把船从卡拉奇开回广州，因此在船上过了一个难忘的“海上春节”。

“每天，我在海图上画返程航线时，都恨不能把航程缩得越短越好，无奈路漫漫其修远兮。但作为航海人，我们的征途是大海和星辰。既然选择了远方，就要风雨兼程！”二副邓凡这样说。

28 岁的邓凡说：“幸福有时候就是一个回家的距离。今年不能回家过年，我最想妈妈做的青椒肉丝，最想爸爸做的糖醋排骨，想去年

既然选择了远方，就要风雨兼程

一家人其乐融融的情景。过年没有我的陪伴，不知家里会不会显得冷清？”

为了让大家在船上开开心心地过年，“实验 3”号的厨师们精心准备，在除夕和正月初一增加了许多可口的菜肴。如椒盐大虾、孜然烤羊肉、凉拌牛展、红烧乳鸽、肉片炒花菜、酸辣土豆丝、凉拌海带丝、香酥相思双皮卷、香脆腰果仁、薯条、老鸡虫草花汤等。

“我相信在船上过年的人都和我一样，心里最想吃妈妈煮的饭、做的菜，一家人开开心心地吃顿团圆饭。我和厨房全体工作人员今年非常幸运，因为我们扮演了一次妈妈的角色。”大厨廖原记幽默地说。年夜饭后，大家还一起吃了跨年蛋糕，开了一个热闹的海上春节联欢晚会。

三副汪鹏从事船员工作 5 年来，三分之二的时间都是在海上度过的，他内心最感亏欠的是家人。出海时间太长，两岁的儿子很想念爸爸。有一天，小家伙坐在公交车站的凳子上，怎么也不肯走。稚气地说不要妈妈、也不要奶奶，就要在这里等爸爸。原来不出海的时候，汪鹏每天回家，儿子都是在公交站等他。

“我们把青春献给了大海，有多少对家人的思念，都淹没在波峰浪谷之间。我们多想在家人有困难的时候，陪伴在他们身边，并肩度过。可我们得坚守岗位，保障航行安全，这是职责所在。”汪鹏说。

轮机长郭如平是一位在海上工作了20年的“老航海”，已多次在海上过年。为了精心保养船上的机械设备，他带领轮机部船员们每天轮流坚守在船舶的底部，终日见不到太阳；忍受着高温、油气和大分贝的噪音，对机舱里的各种设备运行状态进行巡检，及时进行维修保养。

“如果把一艘船比作一个人，那么机舱就是她的心脏系统。机舱瘫痪了，整条船也就不能正常运行了。因此，我们轮机部责任重大，每时每刻都要绷紧心里的安全弦。”郭如平说。

20年前，怀揣着对大海的好奇与向往、憧憬着乘风破浪的美好，郭如平报考了集美航海学院，如愿成为一名航海人。他到过美丽富饶的西沙，也去过危机四伏的亚丁湾；见过五彩斑斓的飞鱼海鸟，也经历过滔天巨浪的洗礼。大海的风浪伴随着他成长，也见证了他从一名普通的轮机员，成为一名轮机长。

“这次出海，离家又已经一个多月了。不知老妈的骨质增生是否严重了？老爸的风湿好了没？奶奶的身体还健朗吗？女儿学习有进步吗？小家伙又长高了吧？老婆的胃还疼吗？家里的厨房还漏水吗？越靠近家的方向，心情有时反而越来越内疚。”郭如平说。

为了做好与大海打交道的工作，每一位航海人和他们的家庭，都默默无闻地付出了很多很多。“这20年来，我也想过转行或者跳槽，但心里总有个声音在呼唤我，让我对大海依依不舍，无法离去。”郭如平说，“此时此刻，我最想大声说，感谢家人对我工作的理解和支持。我想你们，我爱你们，大海可以作证！”

神秘美丽的莫克兰海沟令人遐想

中巴携手，共探海洋

科考手记

穿越马六甲海峡，航经安达曼海，驶入印度洋。经过 14 天近 5000 海里的航行，我们乘坐“实验 3”号科考船，终于抵达巴基斯坦的卡拉奇港。

卡拉奇是巴基斯坦第一大城市，也是巴基斯坦最大的军港。

黄昏入港之时，船上通知我们不要外出随便拍照，因为是军港，怕泄密。第二天早晨起来一看，船已停泊在岸，港口周围的建筑看上去很旧，隐约回荡着伊斯兰教徒诵经的声音。朝阳映射在垃圾和油污漂浮的海面上，许多海鸥飞翔在海面上觅食。

上午，首席科学家林间教授带着一批科学家上船了。由于公务护照来不及办，我的同事岑志连也和他们一起在卡拉奇上船。考察大部

卡拉奇港口的海鸥，在垃圾和油污漂浮的海面上觅食

中国首席科学家林间教授和巴方人员交流

队终于会合了，大家都分外高兴。听说他们通过了很多关系，才顺利抵达码头。他们乘坐的车辆前后，都有全副武装的军人手持冲锋枪保驾，看来卡拉奇的治安很不乐观。

中巴两国首次北印度洋联合考察得到巴基斯坦政府的高度重视，巴科技部部长专门发来贺信。根据协议，此次联合考察所获资料两国共享。两国科学家将共同聚焦研究前沿海洋地球科学问题，为巴基斯坦沿岸地区的海洋环境安全与减灾防范提供科学依据，同时为“中巴经济走廊”及“一带一路”建设服务。

第二天，巴基斯坦科技部总秘书长雅思敏 · 马苏德（Yasmin Masood）带领一批人员登上了“实验 3”号参观，巴基斯坦的 8 名考察队员也全部上船，和中国的考察队员一起工作。“巴铁”科学家很友善，也很喜欢摆拍照片。

“这是历史性的一刻。中巴两国在这里首次开展联合考察非常重要，我们会享受这个航次并互相学习。海洋没有边界，期待今后中巴两国还有更多的联合考察。”在“实验 3”号上，巴基斯坦国家海洋所（NIO）海洋地质学家赛义德 · 伊姆拉姆 · 哈萨尼（Syed Imram Hasany）对我说。

巴基斯坦国家海洋研究所成立于 1981 年，隶属于巴基斯坦国家科技部，总部位于卡拉奇。2017 年初，中国科学院南海海洋研究所与巴基斯坦国家海洋研究所正式签署了合作协议，双方决定在北印度洋的海洋科学研究领域开展广泛合作。

“莫克兰陆缘对巴基斯坦来说是一个重要区域，因为地处波斯湾附近，是繁忙的海上交通要道，也是一个地震非常活跃的地区。在巴基斯坦外海有两种大尺度地质构造：在东部，有大量沉积物；在中西部，莫克兰陆缘的海水较浅且狭窄，地震活动非常频繁。我们现在的工作就是为了评估未来的地震风险。”赛义德 · 伊姆拉姆 · 哈萨尼说。

巴基斯坦荷枪实弹的安保人员

接待巴基斯坦人员上船参观

巴基斯坦女科学家莎努贝尔展示民族服饰

考察队各个组的中巴队员都在一起值班，昼夜作业。物理海洋组的努尔·艾哈迈德·卡哈鲁（Noor Ahmed Kalhoro）曾获得中国的奖学金，即将从浙江大学博士毕业，入职巴基斯坦国家海洋研究所。他说："我在中国留学 4 年，中国人对我非常热情，给我很多帮助，让我感觉像家人一样。看到中国的船来到我们国家的海域，我真的非常开心。"

工作一丝不苟的莎努贝尔·卡赫卡尚（Sanober Kahkashan）是巴基斯坦考察团队中唯一的女科学家，已经在巴基斯坦国家海洋研究所工作了 17 年。为了进一步深造，她申请了中国的奖学金，在厦门大学攻读博士学位。她说："非常兴奋参加此次中巴联合考察航次，希望还有更多的机会和中国的科学家们合作。"

巴基斯坦考察队员赛义德·瓦西姆·海德尔（Syed Waseem Haider）是第二次登上中国的考察船。2010 年，他曾经跟随中国的"大洋一号"考察船到西南印度洋考察。

"印度洋是世界上最年轻的大洋，有很多科学现象都值得研究。中国科学家的来到，促使我们进一步认识到这片海域的价值。"他说，"我认为'一带一路'是一项很有远见的倡议，在沿线与欧洲、中亚、南亚等许多国家建立了紧密联系。在巴基斯坦，我们正在共同建设'中巴经济走廊'，这是我们两国之间重要的纽带，对于双方都很有益。"

在中巴两国首次北印度洋联合考察中，通过船上互联网，我们与新华网“流动的地球”科学科普平台，成功进行了海上科普直播，“巴铁”科学家也很积极地参与配合。

这场别开生面的“海上科普课”共有三位授课老师。中巴两国首次北印度洋联合考察首席科学家、国际知名海洋地球物理与地震学家林间教授，首先从地球板块运动的角度，生动地介绍了莫克兰海沟是怎样诞生的，中巴两国科学家为什么要在莫克兰海沟联合开展科学考察。

香港中文大学杨宏峰教授用通俗易懂的动画方式，展示了地球上为什么会发生地震的原理，解答了为什么在海沟里地震尤其多强度尤其大的问题。

在科学家眼里，地震不仅仅是一种地质灾害，也是照亮地球内部的一盏“明灯”。每一次地震，都为科学家研究地球内部，提供了一次新的机会。中科院南海海洋研究所的徐敏研究员在现场展示了“实验 3”号上的科考设备，解释了船上的考察队员怎样观测地震、怎样利用地震来研究地球内部构造。

与林间教授一起进行科普直播

徐敏研究员

杨宏峰教授

新华社上海分社资深视频记者岑志连

新华网地球科学科普平台由新华社联合中国科学院、教育部、国土资源部（现自然资源部）、国家海洋局等多家单位共同搭建，旨在为社会公众尤其是青少年，提供生动、更有现场感的科普服务。此次从莫克兰海沟进行的科普直播，是该平台成立以来首次进行的海上科普直播。

通过海上实时的科普直播，许多网友不仅看到了中巴考察队员在“实验 3”号共同工作的情景，还感受到了中巴友谊。

“中国是个伟大的国家，中巴是铁哥们。我们的情谊比山高、比海深、比蜜甜，比钢还坚。”巴基斯坦女科学家莎努贝尔在直播中说。

曾经多次担任中外科考船首席科学家的林间表示，在茫茫大海上进行实时的科普直播连线很不容易，与美国“决心”号大洋钻探船开展的“船对岸”科普直播相比，“实验 3”号是在莫克兰海沟航行科考过程中进行的直播连线，航向不断地改变，这对海上的互联网信号要求更高。

地球很小，大海其实一点儿都不遥远。今天，我们在孩子们心中播种下一颗科学的种子，也许就能激励他们长大以后成为新一代海洋科学家，探索更多的海洋奥秘。

地球很小，大海其实一点儿都不遥远

太平洋篇

在前往南北极科考的报道过程中，我曾经多次航经太平洋。不过，真正深入太平洋进行科学考察，还是跟随“彩虹鱼”科考团队。2015—2016年，我曾经两次奔赴南太平洋，乘坐“张謇”号科考船抵达南太平洋新不列颠海沟。2018年3月至4月，我乘坐“科学”号到西太平洋进行海山科学考察的时候，通过海下机器人实时传回的画面，目睹了神奇的深海世界。

开篇的话

浩瀚无际的太平洋，是世界第一大洋。

太平洋面积达 1.7968 亿平方千米，占世界大洋面积的 49.8%，占地球表面积的 1/3 以上，比地球陆地面积的总和还大 1/5。世界上海洋最深的地方——马里亚纳海沟就位于太平洋。

我国位于太平洋西面。在前往南北极科考的报道过程中，我曾经多次航经太平洋。不过，真正深入太平洋进行科学考察，还是跟随“彩

浩瀚无际的太平洋，是世界第一大洋

虹鱼”科考团队。2015—2016年，我曾经两次奔赴南太平洋，乘坐“张謇”号科考船抵达南太平洋新不列颠海沟。

海上的生活毕竟单调。在南太平洋采访，多姿多彩的南太平洋小岛最为令我难忘。

有学者认为，我国著名航海家郑和的船队曾经抵达过南太平洋岛国，并与当地人有过友好交往。一望无际的蓝色中，无人小岛白色的沙滩上，巨大的枯树枝丫纵横交错，随处可见白色的珊瑚残肢；大大小小的贝壳里，都生活着一只寄居蟹，遇见人类的骚扰，纷纷带着壳滑向海边，发出一阵阵“刷刷刷”的响动。澄澈的海水里，珊瑚礁影影绰绰。满眼碧海蓝天，时间似已凝滞。

那真是世界上最安静的角落。只听见海浪轻柔地拍打沙滩的声音，还有几位皮肤黝黑的土著人，用听不懂的语言，呱呱呱地一直聊着天。直到日落时分，才看见他们悠闲地划着扁木小船，迎着夕阳渐渐远去。目睹这一幕，我仿佛从现代社会穿越回到了原始社会。

在南太平洋“玻璃海”里第一次浮潜，更是眼界大开。从海水里仰视，阳光透过海面，好似在头顶覆盖了一层金黄色水晶缎面的被子。仔细看，海水里充满了无数的细小微粒，像极了阳光照射在空气里的微尘。飘落在海水里的树叶枯枝，在逆光的折射下晶莹剔透，比海面上看起来要美一万倍。

感觉最神奇的，还是阳光在蓝色海水里的折射，散发出一缕一缕白色的光，好似一根一根的琴弦。我们浮潜而过，就好像在琴弦里穿梭，令人愉悦的音乐在心里流淌。不过，每到深海区，阳光的琴弦就会呈发射状向海底聚拢，直至汇聚成一个白色的小点，看上去深不可测，令我不寒而栗。

深海之下，又是怎样的一番世界？2018年3月至4月，我乘坐“科学”号到西太平洋进行海山科学考察的时候，通过海下机器人实时传回的画面，目睹了神奇的深海世界。

原来，海底的山也像陆地上的山一样生机勃勃，海山上长满了“奇花异草”。巨大的竹柳珊瑚，枝丫繁盛；白色的玻璃海绵，形如百合花瓣；捕蝇草海葵，美丽妖娆，还有其他许多神奇的海山生物。

多么令人难以置信的绚丽多姿的世界。这就是海洋，我们对她的了解才刚刚开始！

南太平洋

与『彩虹鱼』一起追梦

引子

科考探秘

海洋是生命的摇篮、风雨的故乡。

国际海洋界把海洋深处6 000米以下的地区称为“深渊”。那里是人类难以抵达的神秘地带，也是探索生命起源、开展各种深海研究的科学殿堂。然而，由于隔着巨厚的水层，人类对深海的了解，还赶不上月球的表面，甚至不如火星！

截至2019年，有400多人进入过太空，12人登上月球，但仅有3人成功下潜到全球最深的马里亚纳海沟。而且，受制于深潜器技术，人类这两次万米深渊的探索行动，仅算“到此一游”，没能持续地开展科学研究。

2013年，我在采访中了解到，上海海洋大学的科学家正致力于

“张謇”号航行在新不列颠海沟

研制万米级载人深潜器“彩虹鱼”，计划搭建一个万米级“深渊科学技术流动实验室”，为中外海洋科学家持续系统地开展深渊科学研究，搭建一个公共平台。

在“张謇”号上工作

这个“深渊科学技术流动实验室”，由科考母船“张謇”号和一台万米级载人潜水器、一台万米级无人潜水器、三台万米级着陆器组成。根据设想，未来每到一个新海区，全海深无人潜水器将充当“探路先锋”，首先对海区进行大面积搜索，确定研究海域，摸清海洋环境的基本参数。然后，三台全海深的着陆器带着诱饵，“潜伏”在相应海域，执行深海拍摄和抓捕海洋生物等任务。最后，科学家才驾着万米级载人潜水器下到海底，完成“手术刀”式的精细定点作业。

这个充满了科学理想的万米深渊梦，深深吸引了我，从此对“彩虹鱼”项目跟踪报道。2015 年 7 月，我参加“彩虹鱼”先遣队到南太平洋新不列颠海沟探路；2016 年 7 月，又参加了“张謇”号首航再次奔赴南太平洋新不列颠海沟。

“彩虹鱼”的万米深渊梦，充满了科学探索的艰辛和体制创新的坎坷，但他们说：“永不言弃！”

巴布亚新几内亚“玻璃海”里的世界

科考探秘

“彩虹鱼”项目在推进过程中，需要考察全球的深渊海沟，同时寻找商机。在南太平洋的巴布亚新几内亚境内，有一条 8 000 多米深的新不列颠海沟。2015 年 7 月，我应邀参加了“彩虹鱼”项目先遣队，前往新不列颠海沟探路。

我们一行人，从香港乘坐飞机到巴布亚新几内亚的首都莫尔斯比港（Port Moresby），再乘坐飞机飞到阿洛陶（Alotau）。在阿洛陶一处风平浪静的海湾，登上巴布亚新几内亚的科考船“兰金”（RANKIN）号，乘船前往新不列颠海沟探路，为“彩虹鱼”号今后进行 8 000 米级海试寻找合适海域。

多姿多彩的南太平洋小岛最令人难忘

在大洋洲地区，巴布亚新几内亚是除澳大利亚之外的最大国家，也是仅次于冰岛的世界第二大岛国。丰富的资源，秀美的风光使得巴布亚新几内亚成为21世纪海上丝绸之路南太平洋段的“明珠”。

充满传奇色彩的巴布亚新几内亚，还曾吸引了法国著名作家儒勒·凡尔纳。

他在《海底两万里》一书中，专门安排了无与伦比的“鹦鹉螺”号在巴布亚新几内亚的托雷斯海峡搁浅，书中的三位主人翁——海洋生物学家阿罗纳克斯、他的忠实仆人康塞尔和捕鲸手尼德·兰，还登上了巴布亚新几内亚的一座小岛，并在豆蔻树下捡到了一只吃豆蔻吃

充满传奇色彩的巴布亚新几内亚

古朴自然的南太平洋小岛，仿佛让人穿越回到原始社会

醉了的极乐鸟。极乐鸟又名天堂鸟，是巴布亚新几内亚的国鸟。

在广袤无垠的南太平洋上，巴布亚新几内亚好似一串串散落的珍珠，全境共由600多座岛屿组成，包括新几内亚岛东半部及其他岛屿，西与印度尼西亚接壤，南隔托雷斯海峡与澳大利亚相望，属美拉尼西亚群岛。

我们乘坐“兰金”号，前往新不列颠海沟的途中，航行经过巴布亚新几内亚的一座又一座岛屿。清澈的海水、洁白的沙滩、高大的椰子树，是一路最常见的窗外风景。

有时，一望无垠的淡蓝色海水中，海天尽头，突然冒出了一座狭长的小岛。郁郁葱葱的热带雨林，将小岛严严实实地包裹起来，只露出小岛四周的白色沙滩，犹如一圈洁白的花边，镶嵌在绿色的小岛上。

原以为这是一座无人岛。但当我们从船上乘坐小艇踏上小岛的时候，却发现几位光着身子、皮肤黝黑的人，早已经在岛上野炊。

他们躲在浓密的树荫里，用几根粗大的木棍支起一个简易的火灶，吊着水壶正在烧水。看见我们的到来，黝黑的脸上露出友好的笑容。

天真儿童

巴布亚新几内亚儿童好奇地看着相机镜头

巴布亚新几内亚部落的舞蹈

部落少女

岛上居民

快乐少女

海鸟

一位当地儿童向我们展示他抓到的小海蟹

一笑起来，红红的牙齿分外醒目。那是长期咀嚼槟榔留下的印记。

此情此景，让刚刚从工作繁忙的上海抽身出来、从车马喧嚣的香港飞过来的我，想起那个耳熟能详的故事，甚至开始怀疑自己每天那么忙忙碌碌，到底是为了什么？

一位富商在海边散步，见到一个渔夫躺在沙滩上晒太阳，旁边放着他的渔网。

富商问：天气这么好，你为什么不出海打鱼呢？

渔夫说：天气这么好，我为什么要去打鱼呢？

富商说：你出海打鱼就可以多赚钱。

渔夫问：我为什么要赚多点钱？

富商说：那样你就可以买艘渔船了。

渔夫问：我现在这样生活很好，为什么还要买艘渔船？

富商说：那你就可以赚更多的钱了。

巴布亚新几内亚美丽的部落少女

远离繁华与喧嚣，时间似乎已经停滞

渔夫问：为什么我要赚更多的钱呢?

富商说：你就可以像我一样在海边休假散步晒太阳了。

渔夫说：可是我现在就可以这样了啊!

有一本书曾这样评价巴布亚新几内亚："如果你是个潜水爱好者，那么你此生唯一的乐土便是巴布亚新几内亚，这里是潜水者的天堂。"

乘坐"兰金"号前往新不列颠海沟的途中，要经过许多长满珊瑚的"玻璃海"。在工作人员 Tony 的带领下，我们鼓足勇气，戴上浮潜设备，第一次下到海水里。

海水的上方和下方是两个完全不同的世界

报道海洋新闻10多年来，我的采访足迹抵达地球南北两极，亲历过中国首次环南极航行，还曾经穿越北冰洋，到过北极点。如果细算起来，我在大海中的航行里程足足可以环绕地球好几圈，对大海不可谓不熟悉。但第一次把头埋进海水里，目睹海水里的世界，心中的震撼还是难以用言语形容——那是一种颠覆世界观的震撼！

从此，我真切地认识到，地球上有两个世界：一个是海水上面的世界，另一个是海水下面的世界。地球表面的三分之二都被海水覆盖着，那里是怎样的一个世界呢？我们看到的仅仅是“冰山一角”。

巴布亚新几内亚的“玻璃海”是潜水天堂

第一次浮潜，我和先遣队里的彭姐一起。我们俩一方面都紧张得牢牢拉住了 Tony 的左手和右手，另一方面又惊奇得几乎忘记了紧张。彭姐名叫彭雪，是一位顶级的旅游探险爱好者，到过世界上 80 多个国家，游历过无数世界名胜。但在得天独厚的巴布亚新几内亚“玻璃海”里浮潜，依然令她万分着迷。

平日里从海面上看起来如此单调无趣的海水下面，竟然隐藏了如此绚丽缤纷的世界！

巴布亚新几内亚许多无名的小岛四周遍布珊瑚礁，这些好似在海水里生长的成片“森林”，是潜水者最爱的风景。在随后的几次浮潜中，我看到的“珊瑚丛林”五彩缤纷，白色、黄色、褐色的珊瑚礁竞相伸展着“枝枝丫丫”，有的一簇一簇，好似陆地山坡上茂密的灌木丛；有的珊瑚十分娇艳，就像一朵朵盛开在海底的鲜花；有的看上去好像一个蓝色的裸露大脑，形状圆圆的，表面上沟壑纵横。

珊瑚礁生物群落是海洋中种类最丰富、多样性程度最高、在人类社会中最为知名的生物群落。在美丽的珊瑚丛林中，我看见无数的小

微信扫码看视频

丑鱼穿梭觅食，成群结队的蓝色小鱼游过来的时候，好像撒满了山坡的蓝色小花；时常可以看到黑色的海胆、蓝色的海星，还有披着七彩鱼鳞的不知名小鱼。有一次，甚至看到两条小鲨鱼觅食。

科学研究发现，几乎所有的海洋生物门类都“派了”代表在珊瑚礁里“定居”。礁栖无脊椎动物包括：营固着生活的海绵类、水螅虫类、海葵类、苔藓虫类、蔓足类以及双壳类的珍珠贝、牡蛎等，营穴居生活的砗磲、石蛏、长海胆、石笔海胆等。

在珊瑚丛林缝隙中隐居的动物也很多，有各类海参、贝类、蟹类、龙虾、多毛类、寄居蟹等，此外还有在珊瑚丛林下潜沙生活的笋螺、虾蛄等。礁栖脊椎动物则主要是各种鱼类，有的地方多达一两千种，如澳大利亚的大堡礁。

巴布亚新几内亚的“玻璃海”里鱼多、海豚也很多。记得有一天清晨，我和彭姐乘坐小艇到海面上兜风，成群的海豚游过来，大约有上百只，一路围绕着我们，好像在与红色的小艇赛跑，在船头冲浪。它们灰色的皮肤、浑圆的小脑袋，都看得清清楚楚。与我们一起嬉戏的时间，持续了半个多小时之久。

我们兴奋得大声尖叫起来。彭姐更是唱起了豫剧《谁说女子不如男》。而我那天最遗憾的事，是没有带上相机，也没有带手机，无法将这一幕永久保留下来。

至今想起来，仍深深遗憾。

一群嬉戏的海豚跃出海面

南太平洋的无人岛

第一次爬上热气蒸腾的活火山

科考探秘

在第二次世界大战中，日军和盟军曾在巴布亚新几内亚爆发过激烈的拉锯战，留下了很多战争历史遗迹，如今已成为该国重要旅游景点。在巴布亚新几内亚的基里韦纳岛（Kiriwina Island）附近海域，我们浮潜参观了一艘“二战”沉船的遗骸。

那艘锈迹斑斑的“二战”船只，被击落后尚未完全沉没到海里，翘出海面的部分，已经成为海鸟栖息落脚之处，白色的鸟粪斑斑驳驳。而沉入海里的部分，各种零件机器横七竖八，已经长满了海洋生物，散落在方圆几海里的范围内。

70 多年后，我静静地在“二战”沉船遗骸上方浮潜，透过海水望下去，依然能感受到当年的战斗有多么惨烈！

位于巴布亚新几内亚新不列颠群岛的拉包尔，曾是该岛最大的城市和港口，“二战”期间被日军作为南太平洋上的重要海空基地。附近海域，爆发过珊瑚海海战、中途岛海战等举世闻名的战役。1943 年，当时在日本地位仅次于天皇和首相的第三号人物山本五十六，就

沉船遗骸，让人感受到当年的战斗有多么惨烈

巴布亚新几内亚的海下沉船残骸，如今已成为海岛歇脚之处

是从拉包尔机场起飞并最终被美军击落，结束其沾满人民鲜血的可耻一生。

“二战”期间，拉包尔还是日军在巴布亚新几内亚的战俘营所在地。据中国社会科学院《列国志》系列丛书的《巴布亚新几内亚》一书中记载，1943 年，大约 1 500 名中国被俘军人和普通百姓被日军强行送到拉包尔，被迫从事挖山洞、储存弹药、建造军事要塞等繁重劳役，最后只剩下 700 多人活了下来。

在遇难的被俘军人中，包括著名的淞沪会战上海四行仓库保卫战的抗战勇士，如今仅 3 人能确认身份，安葬在中国抗战将士和遇难同

黑黝黝的火山，在周围葱翠的山峰中十分醒目

胞陵园。在拉包尔期间，“彩虹鱼”项目先遣队员们，还专程到中国抗战将士和遇难同胞陵园祭奠英魂。

巴布亚新几内亚地处环太平洋西侧的地壳不稳定地带，境内多火山、地震，火山口多温泉。在巴布亚新几内亚的弗格森岛（Fergusson Island），我们还专程去探望过一个火山口。火山口里温泉很多，热气蒸腾，当地村民们拿着鸡蛋、野菜，放进温泉里，很快就煮熟了。

距离新不列颠海沟最近的城市拉包尔，附近也有多座活火山。1994 年，当地一座名为塔弗弗（Tavurvur）的活火山在沉寂了半个多世纪后喷发，大量的火山灰和炙热的气体瞬间毁掉了拉包尔整座城市 80% 的建筑。20 年后，这座生命力旺盛的活火山于 2014 年再次喷发，大量的石头和火山灰被喷到距离海平面 18 千米的高空，迫使多个航班绕道。

拉包尔的火山监测站

我们乘坐的“兰金”号停泊在塔弗弗火

火山口里温泉很多，热气蒸腾

山脚下的海面上。远远看去，这座火山非常醒目。因为周围的山峰都是葱翠的，只有它是黑黝黝的，火山口不停地冒着白烟。晨昏之际，火山口还点缀了朵朵白云。

拉包尔设立了专门火山监测站。我们前往参观的时候，监测员史蒂夫·桑德斯（Steve Sannders）详细介绍了火山成因。次日，船长布罗斯·亚历山大（Broce Alexander）决定带我们爬到火山口实地察看。

哇！这是我平生第一次爬活火山，充满了新奇、刺激、艰难、危险。

从“兰金”号乘坐小艇来到火山脚下，黝黑细腻的火山泥铺满了海滩，有的地方还冒着热气，海水发烫，不能在一个地方站久了。

火山是炽热地心的“窗口”，是地球上最具爆发性的力量，爆发时能喷出多种物质。这些物质冷却后，乱七八糟地堆在了火山上，好像是在攀登一个乱石堆，没有任何山路可走。

紧紧地跟在船长和当地向导身后，我们沿着相对坚硬的火山脊向上攀登。

刚刚喷发不久的火山，还散发着浓烈的硫黄味。有的山体缝隙里还冒着热气，石头摸上去还在发烫；有的岩浆喷出来后还没有形成石头，只在外面包裹了一层硬壳，里面是软软的一大坨物质；有的物质形成的石头比铁还坚硬、棱角比刀子还锋利，令我们苦不堪言。

好奇与兴奋，让我们没有一个人放弃攀登。上海彩虹鱼海洋科技股份有限公司董事长吴辛带着他的 9 岁女儿豆豆，也一直向上攀登。真是一位勇敢的小姑娘!

我们迂回曲折地艰难攀登了两个多小时，终于登上了海拔 700 多米的火山口。

黑色的火山口好像一个凹下去的圆形大锅。站在大锅的边缘往下看，锅里深不见底、热气蒸腾。巨大的石头裂缝里都冒着白色的热气，热气团时大时小，硫黄味扑鼻而来，裂缝周围的石头颜色明显不同。

目睹火山口，让我们对新不列颠海沟附近的地壳不稳定，有了更真切的认识。

海沟是位于海洋中的两壁较陡、狭长、水深大于 5 000 米的沟槽，多分布在大洋边缘，而且与大陆边缘相对平行。

在地质学上，海沟被认为是海洋板块和大陆板块相互作用的结果。密度较大的海洋板块以 30°上下的角度插到大陆板块的下面，两个板块相互摩擦，形成长长的“V”字形凹陷地带。

地球上主要的海沟都分布在太平洋周围地区，世界大洋最著名的海沟有 17 条，其中有 14 条都在太平洋。所有的海沟都与地震有关，环太平洋的地震都发生在海沟附近。这是因为海沟区域的重力值比正常值要低，海沟下面的岩石圈被迫在巨大的压力作用下向下沉降，从而导致地震与火山。

“彩虹鱼”公司董事长吴辛和 9 岁女儿豆豆在火山口留影

火山口的石头裂缝里冒着白色的热气，时大时小，硫黄味扑鼻而来

乘坐“兰金”号在新不列颠海沟探路的时候，想象着一望无际的深蓝色的海水下面，横亘着 8 000 米深的海沟，我们对“彩虹鱼”号的前景愈发充满着无限期待。

这次探路，我亲眼看到的仅仅是海面下二三十米深的世界，就已眼花缭乱，令我脑洞大开。

不知深海下面最为神秘的海沟，会是怎样的一番景象？相信，这不仅强烈吸引了我，也吸引了所有人的好奇心。

遨游在新不列颠海沟的“彩虹鱼”

科考探秘

探秘深渊，尽管极为艰难，但随着深海探测技术的不断发展，我国深渊科学研究方兴未艾，越来越多的科学家将研究的目光投向了深渊。

以深渊进入技术、深渊探测技术为代表的深海技术，还代表了当前国际深海工程技术领域的最高水平。自主研发核心技术和设备探秘深渊，是我国建设海洋强国的必然选择。

在“彩虹鱼”打造的万米级深渊科学技术流动实验室里，万米级着陆器是第一个走出国门投入实际应用的“科考利器”。完成南海试航作业后，就随着“张謇”号科考船一路风雨兼程，直奔新不列颠海沟。

波涛汹涌是西北太平洋的常态，如此平静美丽的“容颜”较为罕见

“彩虹鱼”团队穿越赤道遇彩虹

“张謇”号科考船从中国台湾岛和菲律宾吕宋岛之间的巴林塘海峡，驶入西北太平洋。大家喜出望外，发现这次航行运气实在太好了。太平洋并不像平日里波涛汹涌的样子，海面平静而美丽。黄昏时分，晚霞映红了半边天空，一朵巨大的白云飘浮在半空，船在云下面航行，充满了梦幻般的色彩。

太平洋是世界第一大洋，面积约 1.8 亿平方千米，比地球陆地面积的总和还大。尤其是西北太平洋，堪称“台风的摇篮”。该海域上空形成的热带气旋，较世界上其他任何海区都多，年均约有 35 个，其中约有 80% 都会发展成台风。

波涛汹涌是西北太平洋的常态，如此平静美丽的“容颜”较为罕见。

果然，没过多久，我们就接二连三地遇到了气旋，受涌浪的影响，船身最大摇晃幅度达到 20 度，不少人饱受晕船之苦。

在东经 146°的太平洋海域，“张謇”号穿越赤道，从北半球驶入南半球。当时，一个巨大的彩虹悬挂在海面，美丽而吉祥。

赤道海域虽然风平浪静，但也是海盗出没高发海域。“张謇”号上举行了消防演习，加强了防海盗的戒备工作，安排值班船员日夜瞭望。为确保在赤道高温下船上的各种机器设备运转正常，轮机部的全体船员也 24 小时值班，深入机舱定时巡检。

穿越赤道后，“张謇”号从南太平洋驶入巴布亚新几内亚的俾斯麦海，前往巴布亚新几内亚新不列颠岛上的拉包尔港。

美丽的俾斯麦海

俾斯麦海的黄昏

从地图上看，在巴布亚新几内亚境内，新几内亚岛和新不列颠岛将南太平洋分隔成三个海，从北向南分别是：俾斯麦海、所罗门海和珊瑚海。

托雷斯海峡位于澳大利亚和新几内亚岛之间，东连珊瑚海，西通阿拉弗拉海。儒勒·凡尔纳在《海底两万里》一书中称托雷斯海峡是“地球上最危险的海峡”，像“刺猬”一般的暗礁、岩礁、岛屿等，在海峡里星罗棋布。

还好，查达武船长没有安排“张謇”号经过危险丛生的托雷斯海峡。而是从巴布亚新几内亚的俾斯麦海，经圣乔治海峡，进入所罗门海。在所罗门海、新不列颠岛以南的海底洼地，就是 8 000 多米深的新不列颠海沟。

俾斯麦海位于巴布亚新几内亚的俾斯麦群岛、新不列颠岛和新几内亚岛之间，位于新不列颠岛的拉包尔港。是“张謇”号此次远航的入关和补给港。

经过近两周、长达 3 000 多海里的枯燥航行，终于快见到陆地了，大家都非常兴奋。

进入俾斯麦海以后，海面上风平浪静，一座座远方的岛屿，清晰可见，苍翠欲滴。夕阳西下，将天边的云彩渲染成了金黄色，岛屿附近三三两两的小渔船，留下了美丽的剪影。

次日，“张謇”号抵达巴布亚新几内亚新不列颠岛最东端的拉包尔港。

这是我第二次到拉包尔。

清晨起床一看，去年我曾经爬过的那座活火山，还在那里。锥形的火山体上，寸草未生；一个如倾斜的碗口般的火山口里，还残留着淡绿色的硫黄物质；火山口岩石的缝隙里，正缓缓冒出一缕缕热气。不过经过一年的散发，火山口的烟气比去年明显少多了。

在“张謇”号上，时刻能闻到周围的空气中，弥漫着一股股淡淡的硫黄味道。

在上海彩虹鱼海洋科技股份有限公司非常能干的年轻人张浩周旋下，“张謇”号在拉包尔港顺利办理了入关手续，并进行油料补给和人员交换。“彩虹鱼”项目团队领队吴辛、航次首席科学家方家松等带领一批科研人员，都登上了“张謇”号。

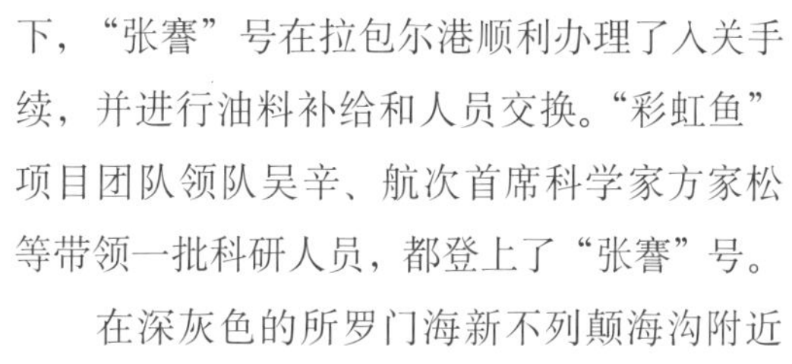

在“张謇”号上再读《海底两万里》

在深灰色的所罗门海新不列颠海沟附近海域，巴布亚新几内亚的“兰金”号与“张謇”号会合，彩虹鱼品牌总监周昭英和来自北京、上海等地的深渊探索爱好者登上了“张謇”号，与科学家团队会合。

这些深渊探索爱好者乘坐飞机来到巴布亚新几内亚，再乘坐“兰金”号在当地海岛上的景点旅游。登上“张謇”号参观，并与科学家们一起体验深渊探索，是他们旅游行程的项目之一。

来自北京的退休科技干部、高级工程师赵继军带着小孙子一起登上了“张謇”号，兴奋之情，溢于言表。在进行了登船安全培训后，“彩虹鱼”项目团队领队吴辛带领大家，一起参观了“张謇”号上的救生设备、科考设备、实验室、驾驶台等地。

“彩虹鱼”品牌总监周昭英眼里的科考

“两年前，我就认识崔维成教授，我的朋友圈都为他们正在做的万米级载人深潜器项目所感动。如今，看着彩虹鱼团队按照计划的时间节点，一步步将蓝图都落到了实处，真心为中国有这样追求梦想的团队感到骄傲和自豪。”性格爽朗的赵继军对我说。

“上天入海”技术是国家综合实力的象征。赵继军曾经登上过“远望”号卫星测量船，多次到过我国酒泉、西昌和文昌卫星发射基地，观摩过火箭和卫星的发射。

她说：“建设海洋强国、发展蓝色经济，首先要热爱海洋、了解海洋，要引导更多的民间资金投向海洋。彩虹鱼采用‘政府支持 + 民间资金’‘科学家 + 企业家’的全新模式，从某种意义上说，这种模式创新比科技创新本身更有意义。”

上海临港海洋高新技术产业化基地是上海发展先进海洋产业的主要专业性开发园区之一，当时园区内已有 50 多家企业入驻，基本形成了先进的海洋产业链与小型海工设备、海洋资源开发利用的产业集群。登上“张謇”号的金淼钰、宁艺强、邵海健、孙哲等几位充满活力的年轻人，都来自上海临港。

“这两天海况不好，我们在‘兰金’号上全都晕船了，非常难受。只有自己亲身体验过，才真正感到海洋工作者真不容易；也只有真正来到大海，才突然发现我们平时所做的工作原来很有意义。”第一次出海的金淼钰说。

为了对接国家战略、发展海洋经济，金淼钰和同事们一起，在临港开展了科技创新周、海洋科普周、航运文化周等各类丰富多彩的活动。她告诉我，“作为一名海洋工作者，登上‘张謇’号，面对着这浩瀚无际的美丽大海，感受到了一种真正的海洋情怀！”

在巴布亚新几内亚的第二大城市——莱城，送走了这批游客后，“张謇”号立即投入了紧张作业。

受巴布亚新几内亚当地的矿业公司委托，“彩虹鱼”项目团队和澳大利亚IHA公司工程技术人员，在所罗门海的新不列颠海沟西部海域，联合展开海洋环境调查。

澳大利亚IHA公司项目总监伊恩·哈格拉夫斯（Ian Hargreaves）介绍说，联合调查海域，毗邻莱城，调查海域总面积约900平方千米。为了保证当地矿业开发项目的可持续发展、保护海洋环境，自2011年以来，曾多次开展过海洋环境综合调查。

巴布亚新几内亚是世界上第一个颁发海底勘探许可证的国家。矿业公司一般采用“深海废弃矿渣排放”的办法，来处理开采过程中所产生的废弃矿渣。这些废弃矿渣，通过事先预埋至海床的管道，被排放到深度超过100米的海底。废弃矿渣沿着海床海沟的斜坡往下移动，在海水的稀释作用下，最终会沉淀到超过1 000米深的深海海底。

“彩虹鱼”团队成员和游客在“张謇”号留影

为了更好地研究这些废弃矿渣给当地深海环境所带来的影响，加强保护深海生态环境，受巴布亚新几内亚两家矿业公司的委托，上海彩虹鱼海洋科技股份有限公司与澳大利亚IHA公司将利用“张謇”号科考船上配置的先进深海科考设备，进行海底声呐探索、海底沉积物取样、海水取样、海底宏生物观测等一系列科学考察工作，为当地深海环境影响评估提供第一手资料。

“彩虹鱼”项目团队首席科学家、上海海洋大学深渊科学与技术研究中心副主任方家松教授介绍说，新不列颠海沟处在众多复杂板块的交界地带，不仅夹在向西和西北方向移动的太平洋板块、向北和东北方向移动的澳大利亚板块的中间，同时还受到北俾斯麦板块、南俾斯麦板块、所罗门海板块等众多小板块的影响。因此，与其他海沟相比，地质构造更为复杂，海洋生态更为脆弱，深入开展人类活动对深海环境的影响，非常有必要。

调查活动全面展开，船上充满了紧张工作的氛围。

在房间里，经常听到窗外传来一阵阵有节律的清脆响声，这是“张謇”号上配置的全海深多波束测深系统、浅地层剖面仪、多普勒流速剖面仪等深海探测设备，在昼夜不停地工作。所测之处，先进的传感设备仿佛穿透了海水的“结界”，实时收集海底地形地貌的各类参数。在科研人员陈宗春绘制的3D地形图上，海水下方覆盖的是沟壑纵横的高山峡谷。

在一个又一个海洋作业站位，为了采集深渊海水样品、捞一些海底的“泥巴”，一吨多重的“温盐深”（CTD，温度Temperature、盐度Conductivity、深度Depth的缩写）采水器、重力柱状采样器、箱式采泥器、原位大体积过滤器等科考设备，用钢缆悬挂在船侧和船尾的巨大吊架上，一次又一次用绞缆放入深海。

风浪颠簸中，每一个操作细节都充满着危险。在“张謇”号实验室，刘如龙等科研人员紧张进行现场样品处理。

在新不列颠海沟6 748米深的一个海洋环境调查站位，“张謇”号上的“彩虹鱼”万米级着陆器还开展了作业，在海底进行了18个小时的“蹲点调查”。

这是“彩虹鱼”万米级着陆器自研制以来，第一次在水深超过6 000米的深渊带进行作业；也是彩虹鱼万米级深渊科学技术流动实验室里，第一个走出国门、投入实际应用的“科考利器”。

“彩虹鱼”团队在新不列颠海沟工作

次日，“彩虹鱼”项目团队还收到了中国驻巴布亚新几内亚大使馆发来的慰问信。

信中表示：“张謇”号一路劈波斩浪、风雨兼程，来到千里之外的巴新，对复杂陌生的海域进行环境测评，既对外展示现代中国的科技进步，又充分体现了中国人对利用科学技术保护海洋的积极姿态。这也是中国和巴新民间科考合作的一次有益尝试，相信可以进一步推动两国在海洋科技等领域的交流合作。

微信扫码看视频

科普

科学家为何执着探秘深渊？

探秘深渊海沟的世界，是科学家的梦想。

俯瞰地球，尽管海面以下 6 000 米的深渊带面积，仅占全球海底面积的 0.2%，但那里是“洋陆斗争”最重要的前沿阵地。是科学家研究岩石圈、生物圈、水圈和深部生物圈等相互作用，分析海洋和深部生物圈进行物质、水和微生物交换，探寻极端环境条件下生态系统对环境响应等重大科学问题最佳的天然实验室。

过去，科学家曾经认为，海面 6 000 米以下的地方，由于超高的静水压力、缺乏阳光和食物供给，加之特殊的海底地形、活跃剧烈的构造活动等多种极端环境因素，是一片死气沉沉、与世隔绝、毫无生命活力的世界。然而，随着人们对深渊展开科学调查，这些认识正在被颠覆。

早在 20 世纪四五十年代，苏联和丹麦的科考调查船，就曾经对全球 13 条深度超过 6 000 米的海沟开展了一系列调查。科学家在其中 8 条海沟发现了 300 多个新物种，其中 1/3 以上新物种都只存在于深渊环境。这些发现使科学家认识到，无边黑暗的深渊世界生活着极其独特的“深渊生物群落”。

近年来，随着深海调查技术进步，全球陆续又开展了多项大型深渊调查活动，发现了更多的深渊新物种，深渊生物量和生命活力也远超预期。

例如，在深度超过 10 000 米的汤加海沟，科学家发现了成千上万只端足类生物；在最大深度 7 999 米的阿塔卡马海沟，小型底栖生物的密度可达

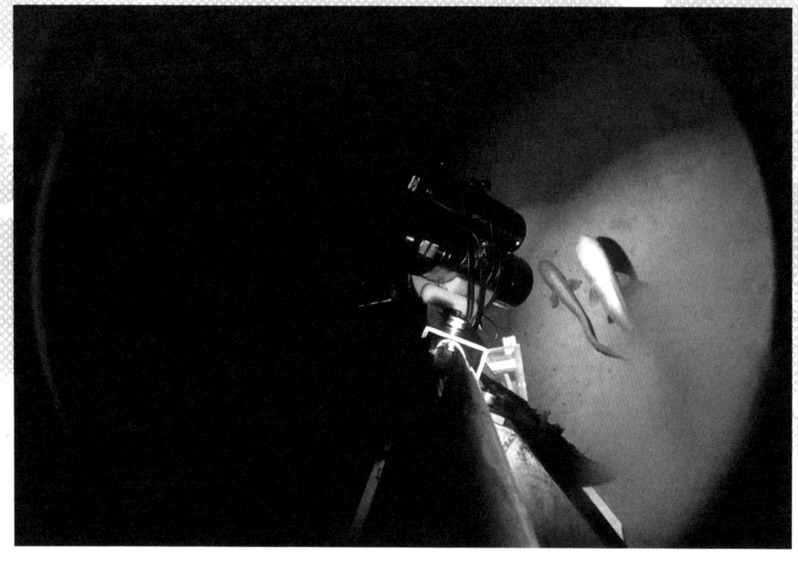

“彩虹鱼”着陆器在海下 6 000 米拍摄

“彩虹鱼”着陆器在 6 000 米深处拍摄的鱼

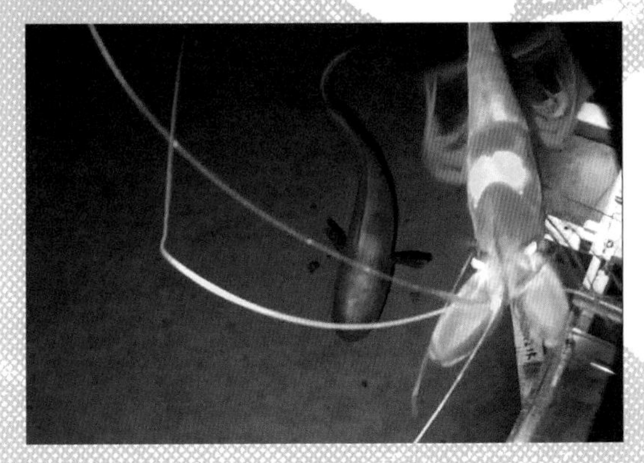

“彩虹鱼”着陆器在 6 000 米深处拍摄的鱼和虾

每平方厘米 6 378 只；在 10 542 米的千岛—堪察加海沟，中小型底栖生物的丰度甚至高于附近较浅的海底平原。

随着深渊考察不断深入，“鱼类分布的最大深度”这一科学悬案也不断有新的发现。

1960 年，雅克·皮卡德声称在马里亚纳海沟的 10 900 米处看见了一条“比目鱼”，但没有证据。这一说法遭到科学界的驳斥，因为当时记录到鱼类分布的最大深度是 7 587 米，比目鱼在 10 000 米以下的深海区从没有被发现过。

目前，鱼类的分布最深记录一次次被刷新。科学家在马里亚纳海沟 8 145 米深处已发现鱼类分布，在波多黎各海沟 8 370 米深处还采集到鱼类样品，这是目前所知的鱼类分布最深记录。

深渊微生物的研究结果，同样也出乎科学家的预料。研究发现，深渊生物圈中微生物的丰度、多样性以及活性均非常高，绝非想象中的“死气沉沉”。在马里亚纳海沟深达 11 000 米的沉积物中，微生物的“异养碳”周转率甚至是 6 000 米参考站位的 2 倍。这表明地球海洋最深处的微生物群落，保持着极高的代谢活性。

在深渊海沟，科学家还观察到一些令人诧异的生命现象。例如，生活在深渊环境的端足类生物，“个头”明显比浅海中的同类大得多。人们曾在克马德克海沟 7 000 米处捕获到体长达 35 厘米的端足类生物，而在较浅海区生活的亲缘物种，体长仅几厘米。

又如，科学家过去曾认为，在“碳酸钙补偿深度”以下的海域，以碳酸钙为主要结构组分的生物，比如有孔虫、珊瑚、甲壳类等都无法生存，因为碳酸钙以溶解态存在。然而，科学家却在深渊调查中，在“碳酸钙补偿深度”以下发现了类似生物。

在庞大的海洋生态系统中，6 000 米以下的深渊生物是一群群特立独行的“海洋少数民族”，它们如何适应巨大的海水压力？有哪些独特的生理机制和特殊基因？目前，对它们的调查和研究还远远不够，许多深渊环境特有的生命现象还难以解释，吸引着科学家执着探秘。

南太平洋的悠闲黄昏

深渊抓鱼记

“临渊羡鱼，不如退而结网。”

但在“张謇”号科考船上，上海海洋大学深渊科学与技术研究中心的许强华教授曾经“结”了很多网，仍然只能“羡鱼”。深渊太深，鱼太难抓。

知性隽秀的许强华是一位海洋宏生物学家，来到新不列颠海沟，她的目标就是探寻一系列科学问题：海洋 6 000 米以下的深渊极端环境下，生活了哪些宏生物？它们如何适应高压黑暗的深海环境？有哪些特殊的适应机制？深渊宏生物与近缘种有何区别？

海洋宏生物，是与海洋微生物相对应、眼睛能够看得见的海洋生物。不过，“宏生物”这一科学术语太专业，在船上，我们都将许强华的采样工作称为“抓鱼”，她也时常笑称自己是“渔夫”。

在海下 6 000 多米的深渊里“抓鱼”，很不容易。

首先，海底有没有鱼不能确定；即使有鱼或其他底栖生物，会不会只是偶尔路过，正巧被诱捕到，更不能确定。其次，深渊太深，“渔具”放下去和收上来，极为不易，一上一下至少有 12 000 多米，经过海流海浪的冲刷，“渔具”里的东西还会不会完好保存？

在新不列颠海沟一个 6 700 多米深的站位，船上布放了“彩虹鱼”万米级着陆器。着陆器的底部，搭载着许强华自己设计的“宏生物诱捕器”。

用绿色渔网线编织的“诱捕器”里，设计了多个入口和“迷宫”，“迷宫”里放了很多散发出腐臭气味的诱饵。“腐肉沉降”是深渊宏生物重要的食物来源，腐臭气味最合它们的胃口。

有一次，在海底“蹲守”了 18 个小时后，“彩虹鱼”万米着陆器成功浮出海面。但在回收母船过程中，海面上阵风达到六七级，整个回收过程并不顺利。海浪进进出出地不断冲刷，“宏生物诱捕器”里的东西几乎已经荡然无存，只剩下一些零星的诱饵。

将“诱捕器”检查了一遍又一遍，翻到底朝天，一无所获，许强华心情沮丧到了极点。此前，她忙了一个晚上，已经准备好所有的现场实验用品。她脸色苍白，饭也没吃，疲惫地回到房间里，倒头便睡。

许强华在“张謇”号甲板工作

一觉醒来，很快又恢复昂扬斗志，决定再去“抓鱼”。

由于下一个作业站位的天气不好，海况恶劣，“张謇”号决定延迟站位的作业时间。利用这段“天赐良机”，许强华决定将自己设计的另一种类型“宏生物捕捉器”，利用船上的钢缆放进新不列颠海沟。

看上去，这是一种钢制的铁笼状设备，“铁笼”里也设计了多个入口和“迷宫”。为了防止海浪冲刷，许强华又忙了一个晚上，在“铁笼”外临时缝制了一些密孔鱼网，并搭载了几个特制的鱼篓。鱼儿或底栖生物一旦被美食引诱入内，必将成为“瓮中之鳖”。

那天深夜，大家都陪着许强华来到“张謇”号主甲板上，焦急地等待着。在6 000多米的深渊里“诱捕”了一天的设备，终于被缆车缓缓地拉上来。出水的瞬间，所有的人都傻了眼：空荡荡的缆绳上，只剩下一截铁链，“宏生物捕捉器”不见了！

也许，是捕捉器在海底卡到了岩石，被永远留在了海底，因为连接的底部缆绳都被拉坏了。大家纷纷安慰许强华：“别急，还有下次呢。”这次，她十分坚强，淡然一笑说：“是的，总结经验，下次再抓。大海捞针，都要捞上无数次，何况是游动着的鱼。”

跟随“张謇”号从上海到南海、从深圳到新不列颠海沟，一路上千里迢迢、风浪颠簸，许强华吃够了晕船之苦。船过西北太平洋的时候，她曾经长达一个星期都只能“蜷缩”在床上，每天仅靠啃一个冷馒头

上海海洋大学团队在“张謇”号留影

和极大的精神毅力坚持着。

“吃尽千辛万苦我都不怕，最怕的是‘巧妇难为无米之炊’。不过，宏生物是深渊中的高等生物，目前在世界深渊研究中，采到样品的概率都很低。但也正因为如此，才更有科学研究价值。”许强华说，“在船上，我曾经做过一个梦。在梦里，成功地在深渊里抓到了鱼。相信这个梦想，终有一天会实现！”

在新不列颠海沟现场直播

科考探秘

探秘深渊，离不开先进的海洋科考设备。

在大海上进行考察，上千吨重的科考设备，用钢缆悬挂在船上吊架，开动绞车缓缓吊起，小心翼翼送入深海取样。风浪颠簸中，每一个操作环节都潜伏着危险，来不得丝毫马虎。

在“彩虹鱼”项目团队里，吴学文、万旭祥、吴涛和霍闯 4 位专业技术人员，来自宁波深蓝海洋信息技术有限公司。

在新不列颠海沟进行的海洋环境调查中，无论是“彩虹鱼”万米级着陆器的布放，还是温盐深采水器、重力柱状采样器、箱式采泥器等大型科考设备的操作，都由他们负责，科研队员主要负责现场处理样品。专业化分工合作，大大提高了海上工作效率。

37 岁的高级工程师吴学文，曾经在国家海洋局第二海洋研究所工作 12 年，是单位的技术骨干。2016 年 3 月，他辞职创业，与杭州电子科技大学的两位朋友一起开办了宁波深蓝公司，致力于打造国内最专业的海上调查试验队。

“建设海洋强国，离不开海上一线调查工作。近年来，我国新建的海上调查船越来越多，每艘船上的科考仪器设备越来越先进，每次出海都需要专业的海上操作和技术保障人员，这为我们提供了市场机会。”吴学文说，“公司开办不到半年，目前手头上的海上服务订单已经多得做不过来了。”

纵观世界海洋科学的发展史，也是海洋技术的发展史。每一项重大科学突破的背后，几乎都有一项新技术的出现。目前，我国的海洋调查仪器设备大部分依靠进口。建设海洋强国，需要海洋科学与海洋技术协同发展。

吴学文所在的深蓝公司，致力于海上调查设备的自主研发和技术创新。在“张謇”号科考船首航中，他携带了一个自主研制的深海海底环境原位观测器，可下到 6 000 米进行海底拍摄，在船上实时观看。

这是一个圆锥状的观测器，携带了 7 个大大小小的宏生物诱捕笼。在一个调查站位，从船尾被吊送到新不列颠海沟 5 000 多米深的海底。通过万米光纤数据传输系统，我们兴致勃勃地在船上同步进行观看来自海底的宏生物采样“现场直播”。

船上主甲板设备控制室的电脑显示屏上，4个最大能承受6000米深海压力的摄像机和照明设备，将自己在南纬5° 55′、东经151° 45′的海底世界所见所闻，通过四种不同的角度，实时呈现。

一路上，在灯光的照射下，黑色的海水背景中，时常出现漫天飞舞的白色“雪花”。“雪花”时而细密，如空气中飘浮的无数尘埃；时而稀疏，如空中飞舞的翩翩蝴蝶，在镜头前一闪而过。

许强华教授介绍说，这些“雪花”学名叫“海雪”，是深海中的悬浮物。海水中各种各样悬浮着的大小颗粒、生物死亡分解的碎屑、海洋生物排放的粪便团粒、大陆水体带来的颗粒等，都是“海雪”形成的原材料。这些颗粒物在海水中相互碰撞结合，像滚雪球一样越滚越大，最终形成雪花似的絮状悬浮物。

近两个小时后，一阵细腻的泥尘，像青烟一般在海水中腾起，漫卷而过之处，摄像机镜头前一片模糊。观测器携带着宏生物诱捕笼，终于“触底”了！

过了好几分钟，海底的泥尘渐渐落定，神秘的新不列颠海沟海底风貌，越来越清晰地呈现在眼前。

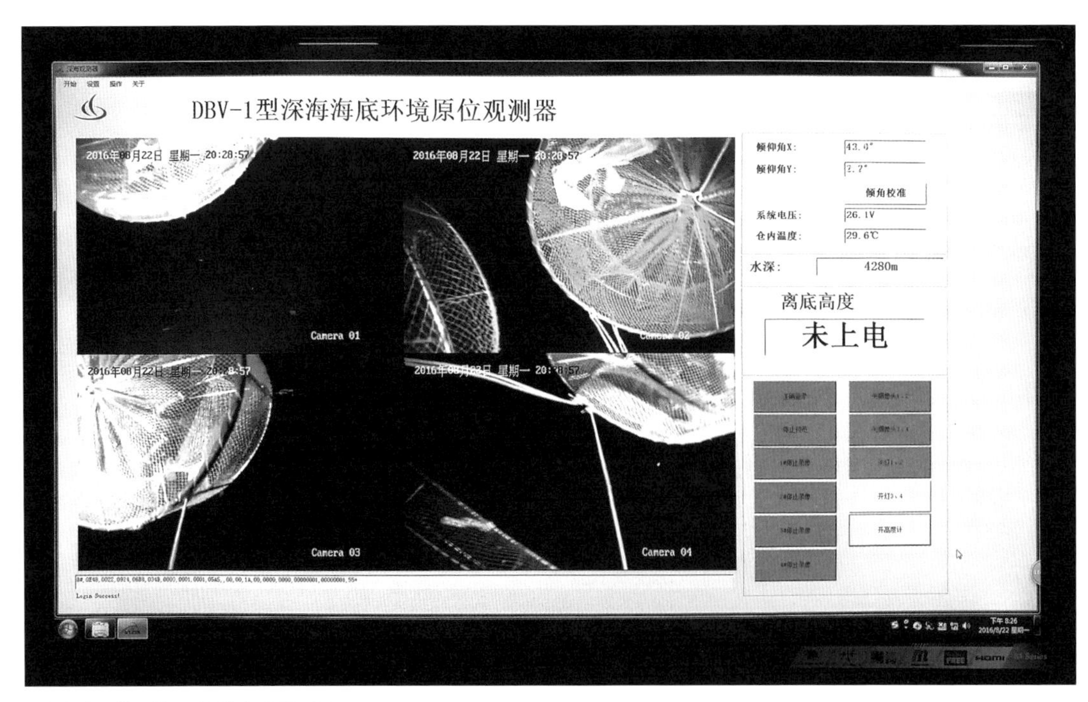

深海海底环境原位观测器的电脑显示屏

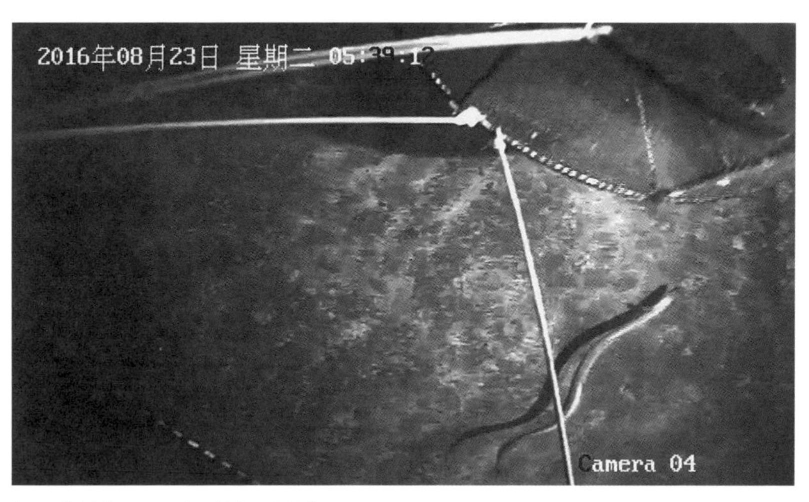

新不列颠海沟 5 000 米深处的一条鳗鱼

这是一片灰白、平坦如外星荒原的奇异世界！

镜头所及之处，没有维度、没有方向、没有任何生命的迹象。起初，在很长一段时间，镜头中，只看到缆线带着诱捕笼，随着船身的颠簸，一上一下、起起伏伏。诱捕笼中，有一条海鳗被当作诱饵，长而柔软的身躯，在海水中孤寂地飘来荡去。

突然，一条游动着的小鱼，将自己黑色的身影，倒映在灰白色的海底上，打破了死气沉沉的海底气氛，大家一阵惊喜。渐渐地，也许是受到灯光的吸引，生命的迹象越来越多。

一只红色的小虾，嘴边拖着几乎与自己身体一般长的胡须，出现在绿色的捕捞笼边；一条优雅的白色鳗鱼，在镜头前婀娜多姿地游过来，又游了过去；一条胖胖的狮子鱼，受到了诱饵的诱惑，摆动着像缎带一般柔软的尾巴，冲了过来。却一不小心，一头撞到了周围的缆线上，吓得赶紧从镜头前溜之大吉。

多么静谧、和谐、自然的海底世界！

对人类来说，海水下方 5 000 多米，相当于要承受 500 多个大气压。如此巨大的压力，可以把钢制的坦克压扁。但对于"深海居民"们来说，它们早已经进化出适应"深海家园"的生理机制。

观测器抵达海底 8 个小时后，越来越多的海底生物，发现了这里"从天而降"的丰盛大餐，陆陆续续地赶到了。镜头中，一个个白色的小身影，蹿来蹿去、十分活跃，仿佛在热闹地赶着集市。只可惜，计划中的 9 个小时海底观测时间已到，观测器带着诱捕笼，被收回"张

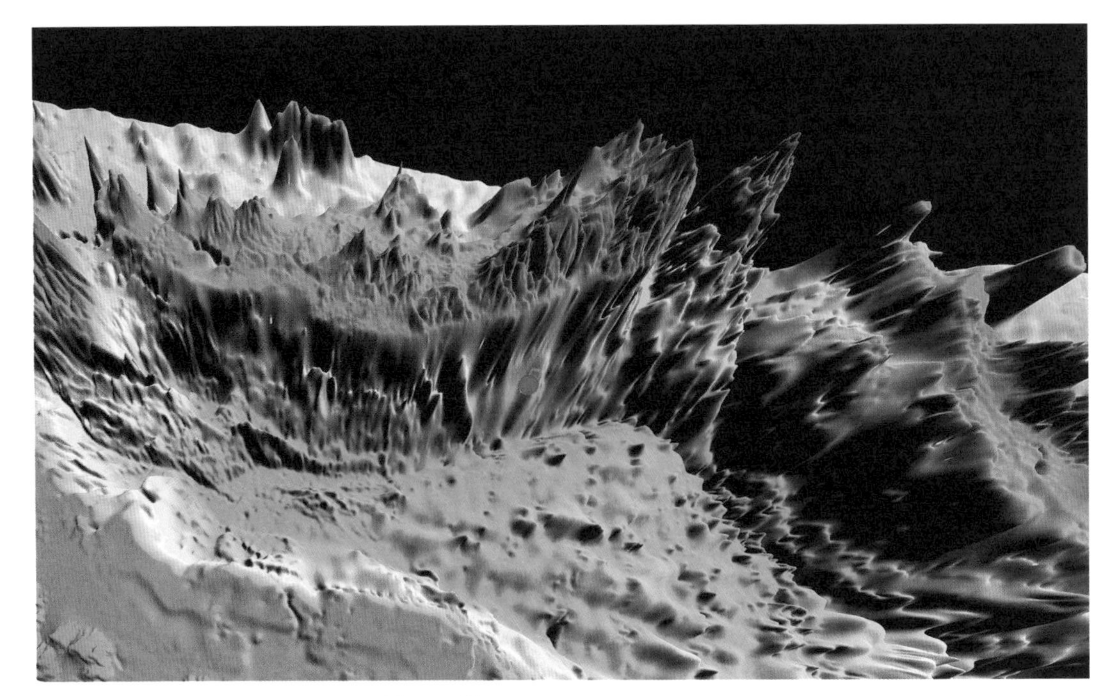

新不列颠海沟的 3D 地形图，红点处为“张謇”号调查位置

謇”号。

许强华仔细检查了大大小小的诱捕笼，却是一无所获。

“深海宏生物敏感多疑，加之这片海域生物量并不算高、诱捕时间也不够，采集样品的成功概率很低。”她分析道，“不过，诱捕笼的网眼也过大。还有更多的小型宏生物，钻进诱捕笼里饱餐一顿后，又钻了出去。从吃剩的饵料看，带鱼、鲐鱼是它们偏爱的食物，大多吃得只剩下骨头了；而海鳗、大黄鱼、披肩瞻星鱼等饵料，碰也没碰。”

在黑暗无边的深海世界，生活了哪些种类的宏生物？它们如何适应巨大的海水压力？有哪些独特的生理机制和特殊基因？这些都是海洋生物学家致力于探索的科学之谜。

样品获取难度大，是研究深海宏生物的一大难题。现场观察，是了解深海宏生物种类和生活习性的第一步。

科普

“冥界之王”哈迪斯统治的深渊世界

海水以下 6 000 米的深渊区，是迄今人类尚不了解的一个神秘世界。这个世界主要有海沟和海槽两种地形。

据统计，地球上共有 46 个深渊带，平均深度达 8 216 米。其中，33 个是海沟，13 个是海槽。33 个海沟中，有 26 个位于太平洋。由于深渊带如此神秘、如此与众不同，在现代海洋科学中，专门为“深渊”设立了一个专业术语“Hadal”。这个词来源于希腊神话中的“冥界之王”哈迪斯（Hades）。

传说中的这位冥界之王，是黑暗无边的世界统治者。外貌伟岸、行事冷酷、理智傲慢，身上总有一股驱之不去的死亡气息。他酷爱黑色，喜欢坐在四匹黑马拉的战车里，手持双叉戟，严禁他的臣民离开自己的属地。冥界之门，由一只三头狗看守，不让死去的人出来，也不让活着的人进去。

现代海洋科学家用“冥界之神”哈迪斯来命名“深渊”，因为那里正是“海

全球海洋最深处——马里亚纳海沟

洋板块走向死亡的墓地”。

板块学说认为：在洋中脊产生的新洋壳，通过地幔热对流“传送带”被运往大陆边缘，使海洋板块与大陆板块产生碰撞。海洋板块岩石密度大、位置低，俯冲插入大陆板块之下，进入地幔后逐渐融化而消亡。发生碰撞的地方，通常会形成深渊海沟。

深渊海沟，是地球表面最深的“负地形”构造。

巨大的“静水压力”，仿佛是“冥界之王”哈迪斯布设的“深渊结界”，使外界生物难以抵达，深渊生物也难以离开；甚至不同深渊带的生物，互相之间也难以“串门”。每一个深渊带，都好像一个黑暗无边、自成一体、独特奇异的世界。

一直以来，人类对海下难以抵达的深渊世界充满了好奇。

早在一个半世纪以前，法国著名作家儒勒·凡尔纳就在他的科幻小说《海底两万里》一书中，畅想了人类驾驶着“鹦鹉螺”号，在海底遨游的奇幻经历。

凡尔纳穷尽当时已知和揣测的海洋生物、机械、气象、采矿、动力、电力、地理、考古等科学知识，与“海上乌托邦”探险文学叙事形式相结合，通过主人翁阿罗纳克斯的一路所见所闻，向读者展示了神奇的海洋世界。例如，海洋生物、海底森林、太平洋黑流、墨西哥湾暖流、海上飓风、马尾藻海、海洋深度、海水中声音传播等。其中一些科学预测竟十分准确。

1959 年，美国一艘同样取名为“鹦鹉螺”号的潜艇，曾沿着《海底两万里》书中描述的“鹦鹉螺”号航行轨迹，在北冰洋海底做了一次冒险航行。发现海洋中的许多细节，竟然与小说中所写的不谋而合。

在马里亚纳海沟采集的火成岩

当然，随着科学探索的深入，人们发现深海中还有许多奇妙的现象，是凡尔纳无论如何也想象不出来的。

例如，在书中，凡尔纳想象中的海底森林是“垂直线的王国”。所有植物的枝叶都是垂直向上生长，直冲洋面。任何一根细茎、任何一条叶带，无论多细多薄，都像铁杆一样挺拔向上。这是作家当年基于“万物生长靠太阳”的合理想象。

又如，在暗无天日、“压力山大”的深海极端环境中，竟然还有一片片生机勃勃的“生命绿洲”——热液、冷泉和深部生物圈。

在马里亚纳海沟采集的蛇纹岩

1977 年，如果不是科学家乘坐“阿尔文”号在海底亲眼所见，人类也许永远都想不到：地球上

“冥界之王”哈迪斯统治的深渊世界，令人充满遐想

除了光合作用产生有机质的“有光食物链”之外，在幽深的海底，还存在着一个通过化合作用生产有机质的“黑暗食物链”。

海底喷出含硫化物的热液，冷却后形成一座座耸立在海底的“黑烟囱”。那里的生物多样性和生物密度，简直可以和陆地上的热带雨林相媲美。

全球海洋最深的海底，是怎样的一番风景呢？

凡尔纳在《海底两万里》一书中，也发挥了充分的想象。在书中，他安排了“鹦鹉螺”号抵达全球海洋的最深处。不过，受制于当时的科学水平，凡尔纳在书中描写的全球海洋最深处，是在大西洋的海底，深度为 16 000 米。

故事情节是这样安排的：尼摩船长驾驶“鹦鹉螺”号从托雷斯海峡脱险后，驶入了印度洋。随后，穿过红海与地中海之间的“阿拉伯隧道”，进入了大西洋。在大西洋的海底，夜游了沉没大陆“亚特兰蒂斯”；随后进入马尾藻海。在南纬 45° 37′、西经 37° 53′ 海域，尼摩船长驾驶着“鹦鹉螺”号潜入到海底的最深处 16 000 米。

全球海洋最深处的风景，凡尔纳通过描写尼摩船长在海底拍摄的一张极其清晰的照片，是这样想象的：

“照片上展现的是从未见过日月星辰的原生石，构成地球坚实基底的底层花岗岩。岩石堆里幽深的岩洞，以及由阴影衬托的无比清晰的轮廓，犹如出自某些佛朗德艺术家之手的水彩画。远处，山峦重叠，起伏不平，构成了这幅风景画的远景。我无法描绘出这一堆堆牢牢地扎根在灯光闪烁的沙地上的岩石，滑溜、黝黑、光泽、不长苔藓、毫无斑点，并且奇形怪状。”

事实上地球上共有 5 个超过万米的海沟，分别是：马里亚纳海沟、菲律宾海沟、汤加海沟、千岛 - 堪察加海沟、克马德克海沟，全都分布在太平洋。

新不列颠海沟位于巴布亚新几内亚所罗门海、新不列颠岛以南的海底洼地。海沟大致为东西向延伸，总长度为 750 千米，平均宽度为 40 千米，最深处达 8 320 米。

作为全球最深的海沟，马里亚纳海沟全长 2 550 千米，平均宽 70 千米，最深处“挑战者深渊”，曾经测到的最大深度为 11 034 米，这也是全球海洋最深的地方。

山高不如水深。如果将陆地上的最高山峰——珠穆朗玛峰，放进马里亚纳海沟，峰顶距离海面还差 2 000 多米。

1960 年，美国海军中尉唐・沃尔什 (Don Walsh) 和瑞士工程师雅克・皮卡德 (Jacques Piccard) 乘坐“的里雅斯特”号，第一次下潜到马里亚纳海沟 10 916 米处；2012 年，世界著名导演卡梅隆单人驾驶“深海挑战者”号，成功下潜到马里亚纳海沟 10 908 米处。他在自己的文章中，这样描述全球海洋最深处的风景：

“我的一只手短暂地离开推进器控制杆，把探照灯向远方打去。水像金酒般清澈，可以望而及远：只见一片空旷。整片海底的外貌完全一致，唯一的特点就是没有特点，没有维度和方向感。我深潜探底不止 80 次，从没见过这样的海底。从来没有。”

“我转动潜水器，通过各架摄像机扫视我所抵达的这个世界。海底四方全都平坦无奇，如同外星荒原。”“推进器间歇性地短暂运作，载着我越过这片沉积物蓄成的平原，向北而去。地面就像新雪覆盖的无垠停车场。我没有看见下面有任何活的东西，只偶尔有片角类动物飘过，小得像雪花。”

马里亚纳海沟捕获的未知生物

“冥界之王”哈迪斯统治的深渊世界，到底是怎样的呢？如果能乘坐我国科学家研制的万米级载人深潜器，自己下去看一看，那该有多好！

微信扫码看视频

一群追梦的海洋人

科考手记

一位科学家，为了追求梦想，辞去了职位头衔、舍弃了局级待遇，拿出家里仅有的 200 万元存款、向亲朋好友四处“化缘”，只为贴补自己的科研团队早日“走向深渊”。2013 年 6 月，当我第一次采访崔维成教授的时候，被他这种近乎疯狂的科学精神震撼和感动。

崔维成是我国的“深潜英雄”，曾担任过“蛟龙”号第一副总设计师、总体与集成项目负责人。他的梦想，就是研制我国能到达 11 000 米的载人潜水器，开创我国深渊科技新领域。

当时，美、日、英等国都在竞相研制 11 000 米的全海深载人/无人潜水器。他在接受我采访时说：“一个人的精力是有限的，只有大舍才能大得。我舍弃了成功后的鲜花与掌声，舍弃了一般人看重的局级待遇，但我得到了追求梦想的时间与空间，早日抢占世界深潜制高点填补我国空白，是我最为看重的大得。”

记得那次采访，是在上海交通大学的职工之家。我一边听着崔教授谈着自己的宏大梦想，一边心里敲着小鼓：崔教授的梦想真的能实现吗？

毕竟，深渊科技梦可不是一般的科学梦，没有上十亿元的资金投

崔维成（左）和吴辛（右）

入，恐怕谁都难以实现。当时，国家连预研都没有立项，仅凭科学家的一腔热血，能行吗？纵然是英雄，也难为无米之炊呀。

2013 年底至 2014 年初，我到南极去采访了半年。

半年后，当我从南极采访归来，再次见到崔教授的时候，惊喜而诧异地看到他在英国留学时的师弟吴辛加盟帮助下，深渊科技梦正变得越来越清晰，追梦的步伐也越来越稳健。

在他们的推动下，上海海洋大学与上海彩虹鱼海洋科技股份有限公司采用“国家支持 + 民间投入”“科学家 + 企业家”的创新模式，共同搭建“深渊科学技术流动实验室”。

更令人欣喜的是，万米级载人潜水器“彩虹鱼”的科考母船“张謇”号，也计划全部由上海彩虹鱼科考船科技服务有限公司独家投资。“张謇”号预计造价不菲，大约需要 2.2 亿元，一家民营企业为何投资如此前沿的科学项目，能赚钱吗？

当我采访上海彩虹鱼科考船科技服务有限公司董事长卢云军，将心中的疑问抛出的时候，他淡定地笑笑说：“我热爱海洋，投资这个项目，是做自己喜欢做的事，追求的不是暴利，不过可以收回投资，至少需要 10 年吧。”

那时，我国的科考船服务市场还是一片空白，卢云军是第一个吃螃蟹的人。

2012 年，他与国家海洋局第二海洋研究所合作建造了新“向阳红 10 号”。“当时，身边所有的人都觉得我做事冒失，投资科考船怎么能赚钱呢？如今，‘向阳红 10 号’虽然回报率还比较低，但能维持下去，这给了我投资‘张謇’号的信心。”他说。

他心目中的“张謇”号，除了为“彩虹鱼”号在马里亚纳海沟进行 11 000 米载人深潜提供科考服务外，还具备进行一般性深海海洋科学调查、海洋事故救援与打捞、海底探险、海底考古、深海电影拍摄等多种功能。在卢云军的计划中，他要打造我国第一支民营科考船的服务舰队。

这是一位说到做到的民营企业家。

2016 年 3 月，“张謇”号成功建造。2018 年，卢云军又投资建造了“沈括”号小水线面双体船。他说：“沈括是我国北宋著名科学家，他撰写的《梦溪笔谈》是我国古代科学史上一部光辉巨著，被誉为‘中国科学史上的坐标’。命名为‘沈括’号，是希望他的科学探索精神

全球海洋最深处——马里亚纳海沟的星空

激励我们，海水不干，创新不断！”

作为一支体制创新的科考队伍，2016 年 7 月“张謇”号首航南太平洋的时候，上海彩虹鱼海洋科技股份有限公司董事长吴辛曾带领游客上船参观，与科学家们在海上会合。

吴辛也是一位充满激情、热爱探险的企业家。

2013 年，他在英国留学的同门师兄、上海海洋大学深渊科学与技术研究中心主任崔维成教授找到他。希望与他联手，采取“国家支持 + 民间资金”“科学家 + 企业家”的创新模式，研制中国的万米级载人深潜器。经过慎重考虑，吴辛放下原有的公司业务，全力投身于将万米级载人深潜器的科研成果进行全方位、全过程的产业化。

“研制万米级载人深潜器，是当今海洋领域最有标志性和影响力的重大科技工程。崔师兄希望打造全球首个万米级深渊科学技术流动实验室，这个宏大的科学梦想打动了我。”吴辛说，“让中国的万米级深渊科学技术流动实验室走出国门、让彩虹鱼成为具有全球影响力的海洋科技服务公司，这是我的梦想。”

当时，站在“张謇”号的甲板上，凭海临风，极目广阔的南太平

深邃的海洋吸引了人们前赴后继来追梦

洋，吴辛豪迈地说：“你看，这一望无际的海洋，为人类可持续发展提供了巨大空间和丰富资源。但同时，我们要对人类活动给海洋环境造成的影响进行评估，将影响降到最低。彩虹鱼的目标就是要让中国的深海科技走出国门，提供全海深的海洋科技服务。”

建设海洋强国、提升全民海洋意识，需要大力加强海洋科普、宣传海洋文化。上海彩虹鱼海洋科技股份有限公司还致力于创新科普活动形式，组织深渊探索爱好者与科学家们一起体验深渊探索，直接到浩瀚无垠的大海上，学习海洋知识、体验海洋文化。

这是一群追梦的人！

把我国建设成世界海洋强国，正是由千千万万这样的梦想，聚沙成塔、集腋成裘。每一个人梦想的涓涓溪流，汇聚在一起，最终必将成为浩瀚无际的海洋强国。

张謇、张謇精神、“张謇”号首任船长

科考手记

“张謇”号由泰和海洋科技集团与上海彩虹鱼海洋科技股份有限公司共同投资建造， 船长 97 米，船宽 17.8 米，设计排水量 4 800 吨，设计吃水 5.65 米，巡航速度 12 节，续航力 15 000 海里，载员 60 人，自持能力 60 天。

2016 年 3 月 24 日，“张謇”号成功建造，在浙江温岭天时造船有限公司举行了盛大的上水仪式。

那是一个初春的日子。海风中，白色的“张謇”号显得十分雄伟高大。在热闹的鞭炮声中，船通过滚木滑进了海里。船身一度倾斜得很厉害，但入水后，很快依靠自身强大的稳定性，浮了起来。

在上水仪式上，崔维成说：“张謇是我国近代著名状元实业家、教育家、上海海洋大学创始人。万米级载人深潜器的科考母船以‘张謇’号命名，激励着我们要继承张謇先生的‘父教育、母实业’精神，在实现中华民族伟大复兴的征程中建功立业。”

崔维成是江苏南通人，张謇从小是他心中的偶像。

2016 年，张謇逝世九十周年之际，张謇侄孙、著名作家张光武推出了新著《百年张家：张謇、张詧及后人麟爪》，我应邀参加了新书分享会，对百年张家的“张謇精神”有了更深入的了解。

张謇，清咸丰三年（1853 年）出生于江苏省海门长乐镇（今南通市海门市常乐镇），共有兄弟五人，他排行老四。张詧排行老三，比张謇大两岁。张光武是张詧的孙子、张謇的侄孙。在《百年张家》一书中，他讲述了祖父张詧和四祖父张謇“蛩蟨相依”的兄弟深情。

崔维成教授在海上指挥科考作业

从小，张謇和张詧兄弟俩志趣相投，在五兄弟中关系最为要好，一起玩耍、一起读书。长大后共图强国、相互扶持，终其一生，不离不弃。

蛩蟨（qióng jué），是古时形影不离的两种兽。张謇曾将自己与三哥张詧的关系比喻为：“蛩蟨相依，非他人兄弟可比。”“謇无詧无以至其深，詧无謇无以至其大。”

没有张詧的鼎力支持，张謇的伟大理想和实践，也许走不了太远；没有张謇的高瞻远瞩，张詧的人生也许只能重蹈寻常干吏轨迹，毫无华彩。

我国著名状元实业家、教育家张謇

由于张謇祖上三代没有获得过功名，是所谓的“冷籍”。当时科举制度规定：“冷籍不得入试。”为了获得应试资格，张謇曾冒充江苏省如皋市的张家子嗣，报名获得学籍。此后，如皋市张家以冒名一事要挟张謇家，不断索要钱物，甚至将张謇告上了公堂。

这场诉讼延续数年。张謇父亲张彭年为支应此事，几近耗尽家产，负债累累，从而引发了激烈的家庭矛盾。张謇的兄弟中，除了张詧挺身而出，愿意和弟弟一起承担一切外，其余的兄弟都苦苦相逼，强硬要求父亲析产分家。

面对困顿的家境，张詧还主动将读书的机会让给了弟弟，自己从事生产，赚钱养家。张謇经此大难，感奋于心，从此更加苦读不已，屡挫屡进，终于在光绪二十年（1894 年）的甲午会试中，大魁天下。

二十一年，中日甲午战败，清政府被迫签订丧权辱国的《马关条约》。张謇洞察到“国事亦大坠落，遂一意斩断仕进”，认为“中国须振兴实业，其责任须在士大夫”，毅然辞官，下海经商。同时，力促担任江西学政的三哥张詧，弃官返里，共图民生大计。

在面临人生选择的关键时候，张詧再次选择了与弟弟并肩战斗。兄弟二人从此“詧内謇外”，共同在家乡南通开创了“父教育、母实业”智民强国的宏大事业，共创办了 20 多个“中国第一”：中国第一家民营纱厂（大生纱厂）、第一所民营师范学校（南通师范学校）、第一所民营纺织学校（南通纺织学校）、第一所博物馆（南通博物苑）等，同时还创办了 370 多所学校，在中国近代史上留下了浓墨重彩的一笔。

1926 年，73 岁的张謇因病去世。张詧悲痛欲绝，在《哭弟文》中写道：“昔贤有怀，世世兄弟。愿吾两人，再来可冀。”泣血之言，生死誓愿。张謇临终前交接后事的时候，有三个人在他的身边——张詧、张孝若和张敬礼。

张孝若是张謇的独子，张敬礼则是张詧的第四个儿子、张光武的父亲。

1935年，张孝若不幸在上海遇害，24岁的张敬礼承担起家族重任，成为张氏事业的第二代传人。

在《百年张家》一书中，张光武回忆说，从能记事起，父亲给他的印象就是整天忙碌，对子女要求非常严格，也从不为子女的事托关系走后门。张家人平素说话不多，这习惯在父亲和三嬢张敬庄身上尤为突出，因此张光武从小对他们的话就奉若圭臬、令行禁止。

譬如平日吃饭，尽管清淡素净，很少有大鱼大肉，仍是顿顿庄敬自敛，如赴大宴。哪怕饿得饥肠辘辘、前胸贴后背，晚辈也须站得离餐桌远远的，等大人们入席后，方能坐下。大人们不动筷的菜，小孩不能先动第一筷。偶尔有人冒失犯禁，所有人眼光都会齐刷刷地扫过来，盯得当事人脸上火辣辣的。饭毕离席，不能忘记将手中筷放回原处，目视席上众人，说一声“慢用！”

将教育比喻为“父亲”、实业比喻为“母亲”的张謇，对家族子女的教育高度重视。为勉励子孙后代，他曾收集了7位古人的教子警言，亲自书写，请著名刻工，书刻于石，作为“家诫”世代珍藏。他告诫后人说：“天之生人也，与草木无异。若留一二有用事业，与草木同生，即不与草木同腐。”

在张光武的记忆中，父亲张敬礼的一生都在学习践行这句话。直至年逾七旬，还积极以自己在海内外的影响，为祖国统一和香港回归，做了许多有益工作。“老牛明知夕阳短，不须扬鞭自奋蹄”，是他在各种场合最爱说的一句话，真诚表达了他报国之日苦短、报国之心倍切的心情。

张光武的母亲徐姮系出名门，是近代著名学者徐乃昌的女儿。张敬礼接掌家族企业之际，徐乃昌鼎力相助。当时正值日寇入侵，上海沦为孤岛。徐乃昌断然与沦为汉奸的故旧绝交，并要求女儿、女婿背诵文天祥的《正气歌》。临终前留下遗言：“中国人要有志气，要学伯夷叔齐，宁饿死首阳山下，也不做亡国奴！凡是当汉奸的戚友，必与之断绝往来。牢记，牢记！”

面对外敌入侵、民族存亡的关键时刻，张家子孙前赴后继、热血可歌。1938年，日军侵占南通后，张謇的孙女、张孝若的女儿张聪武参加了当地的抗日游击队，在战地服务团做宣传工作。是年中秋节夜，遭遇日军突袭，壮烈为国捐躯，年仅16岁。

张謇倾尽全部心血建设的家乡南通，被誉为“中国近代第一城”。

“张謇”号在太平洋航行景象

如今的南通，四处可见张謇的雕像。在南通人心里，张謇就是“张南通”，是他们的自豪和骄傲，是许多孩子心中的偶像。其中，有一位孩子长大后成为我国的“深潜英雄”，将万米级载人深潜器科考母船命名为“张謇”号，他就是崔维成。

在《百年张家》新书分享会上，崔维成说：“我从小就崇拜张謇，是在张謇精神的鼓舞下成长起来的。张謇的实业教育救国理念，对实现伟大的中国梦有重要指导意义。我们既要学习他的坚韧不拔精神，更要学习他的‘借力使力’智慧。”

“我相信，在张謇精神的鼓舞下，只要我们齐心协力，努力去做，彩虹鱼挑战深渊极限项目的目标就能实现。我还希望在中国科技界设一个张謇奖，让更多的科技工作者能摆脱钱的困扰，潜心搞科研，更好地帮助社会、改造社会。”

“张謇精神”超越了时代，影响深远！

2016 年 7 月，“张謇”号首航奔赴南太平洋。对于一艘刚刚建成的新船来说，所有的机器零件都尚待在大海中磨合检验，有很大风险。“张謇”号首任船长查达武，以自己的丰富经验和刚毅品格，成功地带领全体船员化解了这种风险。

“面朝大海，春暖花开”是当代著名诗人海子的经典诗句。查达武与海子一样，都出生于安徽省安庆市怀宁县高河镇查湾村。

“海子 15 岁就考上北京大学，是村子里的传奇人物，也是我父亲的学生。父亲从小要我向他学习。不过，我走上航海这条路，完全是出于偶然。”查达武说。

1976年出生的查达武，比海子小12岁。高考那年，没有考好，家里准备让他复读。不承想，接到了青岛远洋船员学院的录取通知书。不想复读的他，就这样学了船舶驾驶专业，从此与大海结缘。

“前些年，也曾有过困惑彷徨，也想过上岸改行。但近些年，这种念头越来越淡了，我已经越来越喜欢这种面朝大海的日子。”倚靠在“张謇”号的甲板栏杆，查达武眺望着浩瀚无际的西北太平洋说。

自从驾驶“张謇”号首航以来，查达武每天最重要的工作之一，就是对大海“察言观色”，与一个又一个气旋“周旋”。在驾驶台，时常看见他拿着卫星气象云图，仔细揣摩、研判气旋的走势，审慎权衡，定夺每一天的航线。

航行在西北印度洋的一天，“张謇”号遇到了刚刚过境不久的气旋，海面上刮起了六七级大风，并留下了长长的灰色涌浪，船身随之剧烈摇晃。窗外飘起了雨，打在驾驶台的玻璃上，前方的海面看上去一片模糊。

突然，值班水手发现船上的舵失灵了，无法控制航向。查达武见状，立即命令值班水手启用应急舵，紧接着通知轮机长和电工在机舱和驾驶台分别检修。很快，原因查明，是手动舵的一个连接零件松动导致的。

作为一艘刚刚下水的新船，“张謇”号首航就奔赴远洋，风险较大。船长的坚毅沉稳、谨慎认真、经验丰富，让船上的人心里感觉很踏实。

“作为船长，最重要的是对船的安全负责，海上情况千变万化，要有‘将在外，君命有所不受’的指挥气概。”查达武说。

大学毕业后，查达武曾在一家国有远洋船舶公司工作。勤奋好学的他，从水手、三副、二副，做到大副，职位步步上升，收入也还不错。但他不想按部就班，总觉得人生中还应有更多的挑战，于是辞职单干。

“张謇”号首任船长查达武

35岁那年，查达武在自己的航海生涯中第一次担任船长。那并不是一艘普通的船，而是当年亚洲最大的起重船“天一”号。由中铁大桥局投资1.45亿元、自行设计建造的“天一”号，起重量3 000吨、起升高度53米、吊距达 16 米。

年轻的查达武担任“天一”号船长的时候，曾经有人担心他“拿不下来”。然而，他凭着坚毅沉稳的性格，带领全体船员，在海上连续奋战了 16 个月，圆满完成象山大桥、港珠澳大桥的艰巨施工任务。从此，在我国航海界树立了良好口碑。

中海油“蓝鲸”号，是我国目前单臂起重能力最大的一艘起重船。总重达 6.4 万吨，起重吊梁高 98 米，最大起重能力 7 500 吨。可以将吊具深入水下 150 米，在水上也能升高 125 米，最高点相当于 40 多层楼高。在海上施工，对船舶驾驶的要求极高。

“张謇”号搭载的水下飞行器

乘坐水下飞行器探秘海洋

水下飞行器回到“张謇”号

2014年，查达武曾应聘担任了“蓝鲸”号两任船长，圆满完成南海、渤海湾的钻井平台安装工程任务。此后，他还担任过4万多吨的“辽河一号”风电安装工程船船长。在各种复杂的海况下，完成风电设备的安装任务。

在近20年的航海生涯中，查达武到过地球上除南极以外的所有海域，经历过无数的大风大浪。有一次，他在一艘3万多吨的大型散货船上担任二副，从美国阿拉斯加运输木材，在白令海遇到冬季大风。船上木材上浪结冰，导致船体严重倾斜，横摇20多度。船长几乎被吓蒙了，船员们也非常恐惧。好在船后来驶进了浮冰区，才化险为夷。

还有一次，他在一艘5万多吨的大型散货船上运输小麦，航经西北太平洋，在两个强台风的“夹击”下，船被挤到了台风的风暴眼里。海面上呈现200多米的长涌浪，船身横摇近30度，滔天巨浪打到了驾驶台，甲板上全部浸水。第二天早上一看，船上胳膊粗的栏杆全都被巨浪折弯，“趴”在了甲板上。

2004年12月16日，印度尼西亚苏门答腊岛附近海域发生强烈地震，继而引发印度洋海啸，瞬间夺走了近30万人生命。海啸发生之时，查达武正航行在印度洋附近海域。

他回忆道：“当时，船在海上航行几乎没有任何异常感觉，只记得那天当班结束后，查看GPS记录时很奇怪：明明是正常的航速，怎么船跑不动了？没有到达预计的坐标位置。难道是自己把起始的坐标位置写错了？”一周后，船靠港，他才得知印度洋发生了大海啸。也许正是海啸的波，把船的位置向后推了一把。

“尽管常年与大海打交道，但大海对我而言，依然是很神秘的。我们对海洋的了解还很不够，需要大力加强科学研究。”查达武说，“‘张謇’号是万米级载人深潜器的科考母船，我是抱着学习的目的上船的。”

圆满完成首航任务后，查达武船长因为种种原因离开了“张謇”号。偶尔，他还会在朋友圈中为我发的微信点赞。每当看到他的名字，我总是想起了大海。或许，他正驾驶着一艘大船，面朝大海，春暖花开……

年轻能干的“彩虹鱼”技术团队

科考手记

2016年7月，“张謇”号科考船从上海临港芦潮港码头启航，踏上其航海生涯中第一次远航，奔赴“海上丝绸之路”南线，前往南太平洋岛国巴布亚新几内亚及其附近海域，开展经济、科学与文化交流活动。

登上崭新的“张謇”号，生活舒适、心情愉快。印象最深的是“彩虹鱼”深潜器的研制团队成员真年轻，当年成员的平均年龄仅35岁，真是一群充满了智慧和斗志的年轻人。

根据设计方案，“彩虹鱼”号与“蛟龙”号一样，均采用无动力下潜上浮的原理。但与“蛟龙”号在海里垂直的下潜上浮方式不同，“彩虹鱼”号在海里将采取倾斜的、盘旋式下潜上浮方式。通过水平舵、垂直舵的合理操作，使潜水器在上浮和下潜过程中不产生迎流阻力，以提高速度，将下潜上浮的时间控制在5小时以内，延长在海底作业时间。

为了实现这一技术目标，潜水器本体的水动力布局十分关键，承担这一重任的是一位34岁的年轻人姜哲，他曾经参与过我国981石油钻井平台水动力设计。

当时，“彩虹鱼”项目设计了3台万米级着陆器，各有分工，一号着陆器主要用于海下拍摄，二号主要用于沉积物取样，三号主要用于诱捕宏生物。34岁的潘彬彬是万米级着陆器的总设计师，并已完成了一台着陆器的研制，计划在“张謇”号首航科考中投入应用。

高达4米、近一吨重的着陆器放置在“张謇”号的尾甲板，十分醒目。这是一个六边体金属结构设备，看上去并不是很复杂。设备最上端安装了12个橘黄色浮球和水面定位通信系统，中间搭载了摄影机、摄像机、闪光灯、采水、温盐深传感器等设备，最下端是释放机构，还携带了两个宏生物诱捕器。

潘彬彬正在紧张检修着陆器

着陆器的两个最关键设备——水下控制

布放“彩虹鱼”第一代万米级着陆器

布放“彩虹鱼”第二代万米级着陆器

系统和能源供给系统，藏在最中间的两个浮球里。这些玻璃材质的浮球，能抵抗 11 000 米的深海压力，通过万米级密封技术研制成的“电控舱”和“电池舱”。

“电控舱”能实时与着陆器上的各种设备保持联系，就像人体的“大脑”一样，控制着各类设备在海底自主进行科考作业。“电池舱”里的大容量锂电池是着陆器的“心脏”，可以提供着陆器在海底作业的能量，每次作业完上岸后还能充电。

“彩虹鱼”万米级着陆器是“深渊科学技术流动实验室”最早投

入应用的一个科考设备。为了让“张謇”号上的操作人员尽快掌握万米级着陆器的布放与回收操作，潘彬彬带领研制团队在南海进行了着陆器的深海布放与回收演练，并在南海海底进行拍摄和宏生物取样作业，以便今后在 8 000 多米深的新不列颠海沟投入科考应用。在演练的同时，采集南海海底的生物、海水样品。

在南海一处水深 1 400 多米的海域，“张謇”号上科考队员开始布放着陆器。

随着大吊车缓缓启动，通过挂钩，着陆器与底座分离，从船的右舷边送到海面，再脱钩。很快，海水就淹没了着陆器最顶端的一面小红旗，在海面上消失得无影无踪。

在整个操作过程中，“张謇”号上设立了机械、电控、定位、安检 4 个岗位，着陆器的系固、布放、抛载、回收都有一套严格流程，每一步操作都需填写表格。

更加小巧实用的“彩虹鱼”第二代万米级着陆器

年轻能干的“彩虹鱼”技术团队

着陆器布放完毕后，“张謇”号就离开了这一海域，继续进行其他的科考项目。次日一早，“张謇”号返回布放海域，回收着陆器。此时，着陆器在 1 400 多米深的南海海底已经“潜伏”了 10 多个小时。

只见潘彬彬将两个黑色的小箱子拿到了后甲板，其中一只箱子打开后是一台电控系统，上面写着“全海深着陆器水面控制单元”；另一只箱子里面装的是声学释放器水面单元。一个小小的圆柱状“声学信标”，连着电缆线被放进海水里。通过水声通信，这个仪器向“潜伏”在海底的着陆器，发出了“抛载压铁”的释放命令。

近一个小时过去了，怎么还没有看到着陆器浮出水面？大家不禁着急起来。许多人纷纷拿起望远镜，在海面上不断搜寻。

作为万米级着陆器的总设计师，潘彬彬却胸有成竹。他已经在“全海深着陆器水面控制单元”里，读到了着陆器不断上浮的数据。“着陆器出水以后，水面定位通信系统就会唤醒，然后与天空中的卫星建立联系，通过卫星把自己所在的精确位置发回母船。这一过程需要 20—30 分钟。”潘彬彬说。

终于，大家通过望远镜，在灰蓝色的海面上看到潜水器的小红旗。几乎就在同一时间，“全海深着陆器水面控制单元”的邮箱和手持单元，也收到了着陆器发回来的坐标位置。

“张謇”号启动发动机，缓缓向着陆器所在的海域靠近，然后放下小艇。3 位操作人员乘坐小艇，来到着陆器旁边，用缆绳“牵引”着它回到了“张謇”号船舷边，再用大吊车吊回母船的底座上，整个回收过程一个多小时。这种回收方式，比较费时耗力，一旦海况不好，还充满了危险。

此后，潘彬彬领导的“彩虹鱼”万米级着陆器团队，一直致力于改进着陆器海上回收的方法。与当年研制的第一代万米级着陆器相比，如今的第二代“彩虹鱼”万米级着陆器更为精巧、智能、实用、便于操作，关键设备基本实现了国产化。

真是一群好样的年轻人！

微信扫码看视频

西太平洋

海山如此多娇

引子

科考探秘

陆地上，江山如此多娇，引无数英雄竞折腰。海里的海山也一样。

海山又称“海底山”，是指从海底高度超过 1 000 米、但仍未突出海平面的隆起。全球海底超过 1 000 米高的海山，超过 3 万座，其中 60% 以上分布在太平洋，其中尤以西太平洋居多。

海山按其地貌形态和构造特征，可分为平顶型海山和尖顶型海山。平顶型海山的山体规模较大，在发展历史上，曾经露出海面遭受较长时期风化剥蚀，形成大规模的山顶平台，后沉没水下，山顶沉积物多；尖顶型海山的山体较小，一般未突出海面或突出时间较短，未能形成大规模的平台，山顶没有沉积物或沉积物很薄。

目前，国际上对海山的研究和开发活动日趋活跃。科学规范海山系统的资源开发活动、保护海山生态系统，也越来越受到国际社会关注和重视。

中国科学院海洋研究所徐奎栋研究员是我国研究海山的权威科学家。2017 年底，在上海自然博物馆举办的“绿螺讲堂”科普活动上，我有幸结识徐奎栋老师。那次活动我应邀主持，徐老师是演讲嘉宾。他对海山的生动介绍，不仅打动了听众，更深深打动了我，当场提出希望能和他一起去出海采访，通过新闻报道，让更多的人认识海山。

徐老师很讲信用。2018 年 3 月至 4 月，他在执行国家科技基础资源调查专项“西太平洋典型海山生态系统科学调查”项目中，盛情

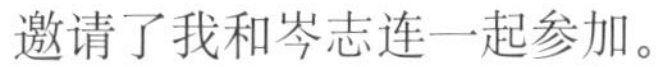
邀请了我和岑志连一起参加。

那次采访是我第一次乘坐“科学”号，第一次通过“科学”号科考船上的海下机器人，亲眼看到海山上生长着无数的“奇花异草”，令我惊叹不已，更被大自然的瑰丽神奇深深折服。

徐奎栋研究员

在麦哲伦海山的上方“犁田”

科考探秘

我们乘坐“科学”号科考船抵达目标海域的时候，受台风“杰拉华”外围影响，海面上刮起了7—8级大风，涌浪3—4米，船身最大摇晃幅度超过20度。

恶劣海况令人很不舒服，但并没有影响“科学”号对海下的麦哲伦海山进行地形地貌探查。船上探查海底地形地貌的“神器”，专业名称叫“多波束测深系统”。

利用安装在船底的多通道换能器阵，以一定的频率向海面下方的海山定向发射声波，并定向接收声反射和声散射的信号。根据声速剖面获取水体的水深、振幅和声强数据；再通过数据转换，就能得到海

“科学”号抵达西太平洋的目标海域

科考队员进行海洋微生物调查

山的地形数据。

在麦哲伦海山的上方，“科学”号沿着测线，像“犁田”一样，来来回回航行了三天。

随着数据不断积累，海山地形地貌逐渐显露。这是一座高达4 300多米的平顶海山，在海底巍然耸立，山顶位于海面下1 200多米，山顶平台呈不对称的三角状。

自从抵达海山，首席科学家徐奎栋每天就坐镇“发现”号集控室，一丝不苟地观察记录海山景象。自2014年以来，他带领科研团队先后对西太平洋雅浦海山、马里亚纳海山、卡罗琳海山进行过多次探访。

“全球3万多座海山中，有生物取样的海山仅300多座。由于研究的欠缺和认识的不足，国际对于海山的区系和生物多样性认知存在较大分歧，海山还有许多科学上的未解之谜等待我们去探索。”徐奎栋说。

例如，海山为什么能成为“海底的花园”？

有的科学家认为是由于海山周围有“泰勒柱”。“泰勒柱”是指稳定的海流在流进海山时形成逆时针环流，将物种幼虫滞留于海山区域，使海山相较周边深海具有更高的生物量，从而造就海山的高物种多样性。

但也有科学家认为，并不是所有的海山都有“泰勒柱”。还有的科学家认为，海山如同海洋中的“孤岛”，海山生物与周围深海平原和其他海山的生物之间，很少“走亲戚”，生物连通性很差。但也有科学家认为，海山是海洋中的“绿洲”，有些物种能扩散很远，在相隔较远的海山也有分布。

“海山支撑了独特的生物群落，是海洋生态系统中物种扩散和进化的重要节点。”徐奎栋说，“加强海山生物区系和多样性研究，不仅有望获得大量分类新发现，填补我国海山研究空白，证实或证伪各类学术假说，同时还能为海洋生态系统和功能、生命现象和生命过程研究，提供一种新的视角。”

海山生态系统对人类干扰的耐受力较低，而且受干扰后恢复周期较长。一旦受到破坏，恢复需要几十年甚至几百年的时间。未来海底矿产资源的开发，无疑将会对海底的环境和生物产生巨大影响，对该类生境的本底资料的调查和评估，是资源开发的必要条件。

深海物种生命周期长、成熟期晚、生长率低、繁殖力差。许多海山生物，尤其是形成生源生境的生物（比如石珊瑚）和表明群落结构复杂化的生物（比如大型垂直生长的黑珊瑚、柳珊瑚、海绵和海百合）等更是十分脆弱，破坏很容易，恢复起来非常难。

“科学”号的调查目的，不仅是为了进一步了解海山生态系统，加深对特殊生境生物多样性和生态系统的认识。同时也是为了掌握海山本底资料，为今后计划在麦哲伦海山链建立一个国际合作的深海保护区做前期准备。

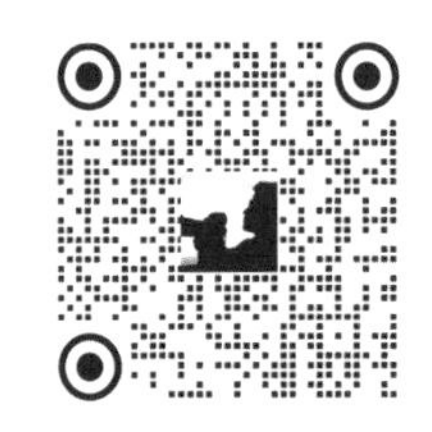

微信扫码看视频

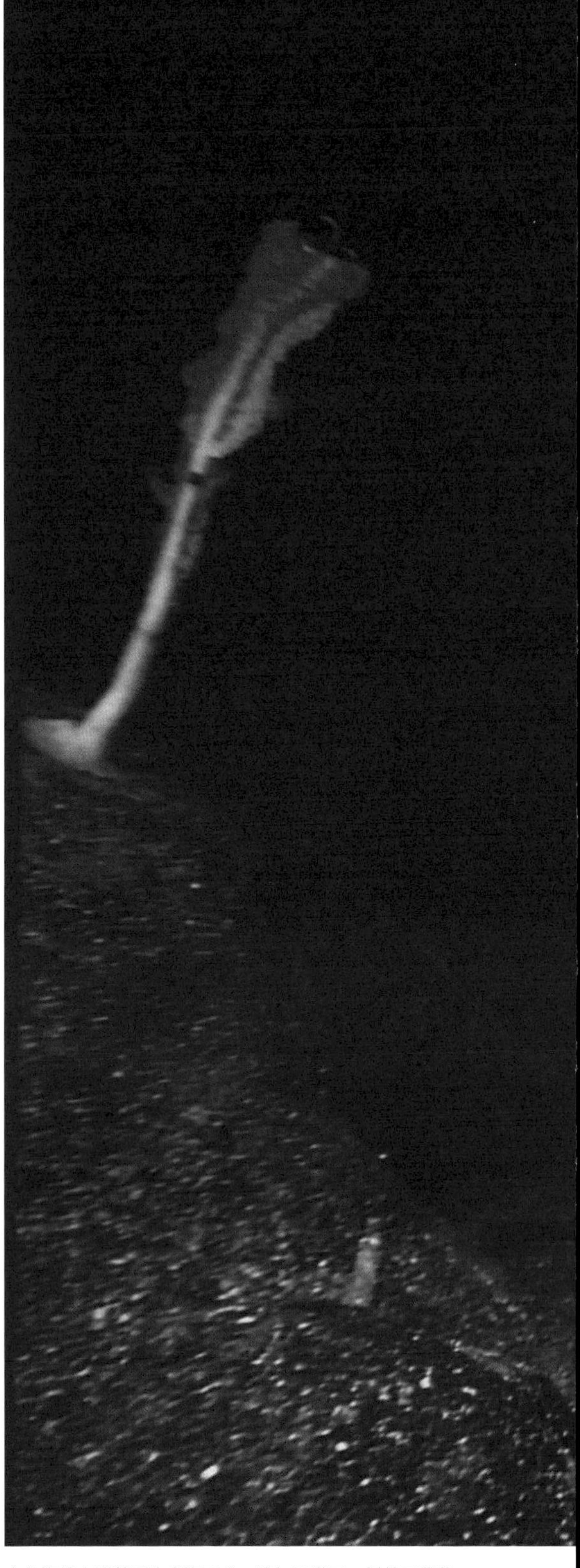

白色海绵上附着了许多海百合，犹如开满了一树美丽黄花

海山上的“奇花异草”知多少？

科考探秘

抓住一个有利的天气“窗口期”，首席科学家徐奎栋决定让“科学”号科考船上搭载的“发现”号深海机器人，深潜到海下，实地探访麦哲伦海山。

终于可以“委托”机器人带我们去看一看海山了，我和岑志连兴奋极了，做好一切报道准备。一路上，这是最为期盼的一个科考项目。

黄色四方体的“发现”号水下缆控潜器，是目前我国最能干的深海机器人之一。它的最大下潜深度 4 500 米，耳聪目明，干活麻利。由 6 盏 LED 水下灯和 4 盏卤素水下灯构成的“视觉”系统，集照明、拍照与摄像功能于一体，同时能将自己在海底所看见的一切，实时传回母船。

“发现”号还有两只机械臂，左手“干粗活”，可抓取450千克样品；右手“干细活”，可进行精细采样作业。两只手由船上的机械师模拟操控。

新华社卡通人物“小新”也来到海山

考虑到平顶海山的山顶沉积物多，“发现”号首次海山探访选择在海面下 1 300 多米的山顶边缘，从西南向东北方向，“爬山”行进。

在 1 300 多米的深海，“发现”号拖着长长的电缆，好像一位独自行走在苍茫夜色中、身上系着保险绳的探险者，将沿途所见所闻一一揽入眼里，并实时传回母船。

在船上集控室，通过“发现”号进行的“现场直播”，我第一次目睹了幽暗神秘、生机勃勃的海山世界。

“发现”号在海山采样

只见“发现”号在海水里穿越了一段无边的黑暗后，最后终于着陆了。打开灯光，海底腾起一阵细细的沙尘烟雾。

在海水浮力下，重达 4 吨的“发现”号轻盈地掠过浑浊的沙尘雾，很快就看清了脚

海百合 + 海绵

海百合 + 海绵

海百合 + 岩石

海百合 + 竹柳珊瑚

下路面。与陆地上“白山黑水”景色相似，海山表面布满了斑斑驳驳的“白沙黑石”。

没走多远，“发现”号就看见前方有一株巨大的淡粉色竹柳珊瑚和一株白色玻璃海绵，比邻而居，在灯光照射下，熠熠生辉。

竹柳珊瑚是柳珊瑚的一种，枝繁叶茂，枝丫上附着了一只黄色海百合。根据“发现”号激光测距判断，竹柳珊瑚至少有一米多高。

海绵是最原始的多细胞动物，6 亿年前就已经生活在海洋里，至今已发展到 1 万多种，是深海世界一个庞大家族。

“发现”号还看见一株玻璃海绵，形如两片美丽的百合花瓣，附着在“花瓣”上的一只黄色海百合，像极了百合花的花蕊。

随着“发现”号不断行进，“电视直播”的画面越来越精彩。沿途所见的海山生物，好像生长在海底花园里的一株株“奇花异草”！

在一株已死亡的海绵上，附着了一个怪异而艳丽的“捕蝇草海葵”。

捕蝇草是生长在陆地上的一种食虫植物。而海山上的“捕蝇草海葵”，是我国海洋科学家于 2014 年在雅浦海山首次发现的一个新种，并以我国海洋生物学家刘瑞玉的姓氏，将其命名为“刘氏捕蝇草海葵”。

屹立于山顶的巨大海葵

海星

伞花海腮

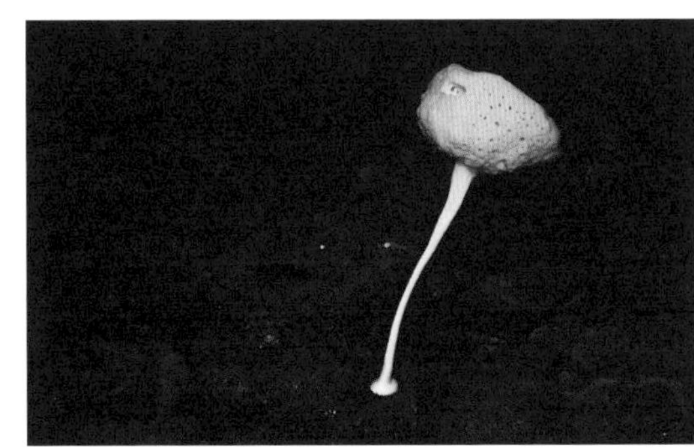

海绵

竹柳珊瑚

红色的海百合与白色的竹柳珊瑚

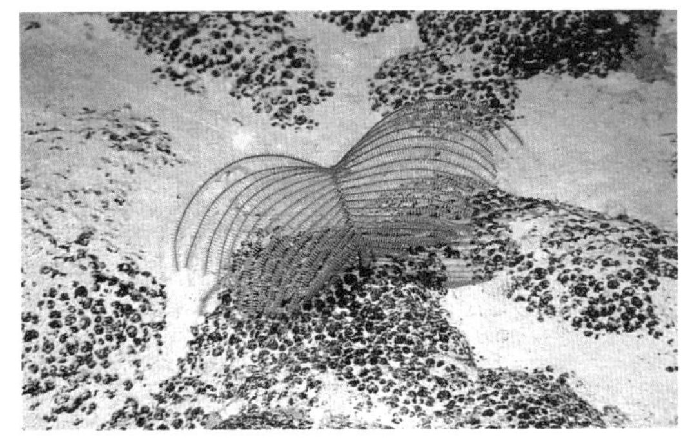

裂黑珊瑚

金柳珊瑚

这次在麦哲伦海山，又看见了一株捕蝇草海葵，大家都很高兴。

我国海洋科学家2014年在雅浦海山发现的另一个新种——“偕老同穴”海绵，在麦哲伦海山也看见了。

在一堆黑石缝隙中，一株细长的白色海绵亭亭玉立，优雅而醒目。

海绵体内有一个大的空腔，好像一个“袋子”。“袋子”里有一对俪虾。当俪虾还是幼体时，一雌一雄结对进入海绵腔体内。长大后，就被滞留在海绵编织的“袋子”里再也出不去了，“白头到老”，因此被称为“偕老同穴”海绵。

在麦哲伦海山，科学家们发现了一种从未见过的“偕老同穴”海绵，中空的“袋子”外面，长满了荆棘般的白刺。

在“发现”号的直播镜头中，我还看到了像花朵一样盛开的海葵、像一株小草的伞花海鳃、像一片水杉树叶的裂黑珊瑚、像刺猬一般的海胆、散发珍珠般光泽的深海扇贝、硕大的海星、红色的深海虾、线足虾等许多海山生物。

镜头中，还不时闪过海鳗、海蜥鱼、深海狗母鱼的曼妙身影。

多么令人难以置信的绚丽多姿、生机勃勃的海山！

捕蝇草海葵附着在死亡的海绵上

海绵编织的“袋子”

偕老同穴海绵

微信扫码看视频

科普

海山是海底的大花园

在科学家眼里：海山是海底的花园、大洋迁徙动物的驿站、古老海洋生物的避难所。迄今，人们几乎在所有调查过的海山都发现了新种。

2015 年以来，在中科院先导专项支持下，中科院海洋研究所对西太平洋的雅浦海山、马里亚纳海山、卡罗琳海山开展了生物多样性和生态系统调查。共获得海山大型底栖生物标本 740 号、400 种生物；发现大型生物 1 个新属、20 个新种，多个疑似新种；共分离培养 5 000 多株细菌，获得 800 多株不同细菌，发现 46 个潜在深海细菌新种，已发表 4 个新物种。

海山十分富饶。

海山区具有独特的水动力环境。除了引起上升流，还通过海山上方的流场改变，形成“泰勒柱”，对其附近的生态系统产生作用与影响，控制着其周边的物质和能量的输送以及时空分布，形成独特的生态系统。

海山不仅生物多样性高，还蕴藏了丰富的矿产资源。生物、化学和地质的相互作用，使海山及周边形成了高浓度的多金属结核。海山的存在是海底富钴结壳形成的基本条件，为富钴结壳成矿提供了一个长期稳定的“容矿空间”。西太平洋是全球富钴结壳资源最富集的洋区。

在太平洋板块扩张和板块内地幔柱的共同作用下，西太平洋底发育了众多海山。这些海山并不是无序地散落在大洋盆地上，而是按照一定的规律排列，形成了多个海山区或海山链。

例如，夏威夷 - 皇帝海岭、莱恩海山链、中太平洋海山区、马绍尔海山链、马尔库斯 - 威克海山区、吉尔伯特海山链、麦哲伦海山链等。

麦哲伦海山链位于西太平洋的东马里亚纳海盆，西邻马里亚纳海沟，由十多座大型平顶型海山组成。“科学”号此次探访的海山位于麦哲伦海山链的北端。

微信扫码看视频

“绝遇”海底珊瑚林

科考探秘

为进一步摸清海山状况，考察队决定派“发现”号从正北、东北、西南和东南四个方位，对麦哲伦海山进行登山探查。

在接下来的几天里，“发现”号就像一名十分称职的向导，带领我们从海下 2 000 米的半山腰向上攀登，一直攀登到海下 1 300 多米的山顶平台，一路实地观察海山地貌和生物生长情况，同时采集生物、岩石、沉积物、海水等样品。

有一天，“发现”号在海下 1 400 米左右的海山上攀登的时候，意外地发现了一大片美丽的“珊瑚林”，最大一株珊瑚高达 2 米多，这在热带西太平洋的海底十分罕见。

看到“发现”号深海机器人传回的视频，我们在监控室里不断地惊呼：“哎呀、哎呀！太美了！”

幽深暗蓝的海山上，2 米多高的粉红色水螅珊瑚生机勃勃，好像

在海下 1 400 米的海山上，意外发现一大片珊瑚林，是一场黑暗中的“绝遇”

金柳珊瑚，丝丝缕缕的“穗花”，像极了一枝正在开花的芦苇

金柳珊瑚

竹柳珊瑚

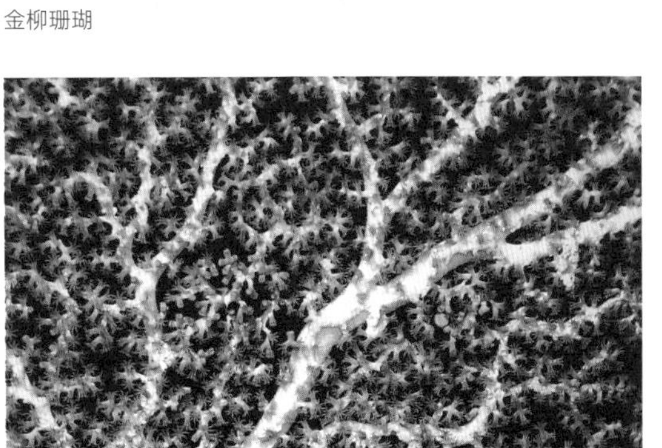

水螅虫

竹柳珊瑚虫

满树的桃花正在盛开，繁茂的花枝上，附着了海百合或捕蝇草海葵；

近 3 米宽的竹柳珊瑚，牢牢地固着在海山的岩石上，枝丫上生长了无数的珊瑚虫；

竖琴结构的白色丑柳珊瑚，枝繁叶茂；

螺旋状生长的金柳珊瑚，丝丝缕缕的“穗花”，飘逸潇洒，像极了一枝正在开花的芦苇。

无限风光在险峰，爬海山也一样。

随着“发现”号在海山上越爬越高，现场直播的镜头也越来越精彩。尤其是接近 1 300 多米山顶平台附近，生物量激增，个头也变大。

有时，能遇到一只硕大的海葵附着在山顶岩石，好像一朵盛开的淡紫色雪莲花；

有时，在幽暗的海水中，突然出现一株一米多高、两米多宽的粉色竹柳珊瑚，好像一棵深山涧谷里盛开的桃花；

有时，“发现”号还能采集到珍贵的红色拟柳珊瑚、层层伞花状的金柳珊瑚等深海生物样品。镜头前面，还常常游过海鳗的肥硕身影。

科学家们调查发现，麦哲伦海山最大的特点是水螅珊瑚中的“柱

竖琴结构的丑柳珊瑚，枝繁叶茂

水螅珊瑚，是海山优势种，在镜头前时常可觅“芳踪”

星螅”数量多、个头大，是海山优势种。“柱星螅”属于水螅纲，可以造礁。

在海山上，还发现了黑珊瑚、柳珊瑚等许多美丽的珊瑚，共同构成了麦哲伦海山的生境基础，为铠甲虾、蛇尾、海百合等其他生物提供了栖居场所。

“珊瑚是海山中生物量最高、数量最大的一个类群，对于我们了解海山的生物多样性、生物量非常重要。海山上的优势类群，包括珊瑚、海绵、棘皮动物等，都是我们考察中重点关注的对象。”中国科学院海洋研究所李阳说，“由于海山具有硬底，拥有相对高的生产力，具有水流速度大的特点，因此能维持珊瑚的高物种多样性和很高的生物量。”

珊瑚虫纲隶属于刺胞动物，包括海葵、石珊瑚、软珊瑚、柳珊瑚、海鳃等主要类群，是一类非常古老的多细胞动物，起源于约 6 亿年前。

目前，全世界已记录了 6 000 多种珊瑚虫纲物种，其中一半都生活在深海的海底。

鲜为人知的海底宝藏

科考探秘

“发现”号对麦哲伦海山的第二次探访，从海底 2 000 多米的北麓山坡向上爬，沿途一度看到成片的结壳区，大大小小的圆球状石头铺满了山顶的斜坡。

这片全球关注的富钴结壳海山区，果然名不虚传！

通过“发现”号进行的现场直播，可以看到，麦哲伦海山“上半身”布满了巨大的灰黑色岩石，高山峡谷、沟壑纵横，山势陡峭。

近 2 000 米的幽深海水下，海山大多被一层黑色的“结壳”紧紧包裹，“结壳”上时常可见各类海洋生物附着；山坳峡谷里，满山遍野散落着大大小小的黑色圆石头；山顶平台或一些山间平地，则覆盖了一层厚厚的白色有孔虫砂。一些山谷地带，还散落了大大小小成片的圆石头。

“发现”号的机械手将一些岩石样品采集上来，经初步分析这些

满山遍野的富钴结壳，印证了海山的富饶

海山采集的富钴结壳

“圆石头”就是富钴结壳!

富钴结壳是生长在海底岩石或岩屑表面的皮壳状铁锰氧化物和氢氧化物，因富含钴而得名。除了钴之外，结壳中还含有钛、镍、铂、锰、铊、钨、铋、钼及稀土等多种金属元素，是一种重要的矿藏资源。

考察队员张吉介绍说，富钴结壳据其形态，可分为结壳、结壳状结核、结核三大类。其中，结壳是主要类型；结壳状结核是结壳和结核的过渡型；结核以球状、瘤状光滑型结核为主。“发现”号从麦哲伦海山区采集的样品，这三种类型都有。

海山为何多富钴结壳呢?

科学家研究发现，富钴结壳一般形成于最低含氧层之下、碳酸盐补偿深度以上，水深在 1 000—3 000 米的平顶海山。海山的存在是海底富钴结壳形成的基本条件，为富钴结壳成矿提供了一个长期稳定的“容矿空间”。

在营养贫乏的大洋水体环境中，高耸于洋底的海山系统能为中、浅层海水环境提供相对丰富的矿物质，为海洋生物大量繁殖提供必要的营养物质，并通过生物富集和分解，成为富钴结壳的直接物质来源。

同时，海山区发生的涡旋和上升流等，将富氧、富铁的深层和底层海水，提升到最低含氧带，成矿金属离子在此被氧化，发生胶体凝聚沉淀，历经长期地质过程后，就会形成富钴结壳。

西太平洋是全球海山分布密度最大的海区。由于海山密集，太平洋海区的富钴结壳资源量远超大西洋和印度洋，是全球富钴结壳资源最富集的洋区。

其中，麦哲伦海山区是海山富钴结壳资源调查和研究最受关注的地区，中、俄、日、韩四国均在此有海底合同区。我国的合同区在附近的采薇海山和维嘉海山，面积 3 000 平方千米。

海山的矿产资源丰富，但生态也十分脆弱。

新近的调查表明，多金属结核区具有十分丰富的底栖生物多样性，而且大多数巨型动物的多样性与多金属结核本身呈现关联性，在锰结核丰度较高的地区动物更多。

未来的海底矿产资源开发，无疑将对海底环境和生物产生巨大甚至毁灭性的影响，对矿区生境进行本底资料调查和评估，是资源开发的必要条件。

"科学"号调查的目的，就是为了获得这个矿产资源丰富的海山区的环境本底数据以及生物和岩石样品，为未来在麦哲伦海山链建立一个国际合作的深海保护区，开展前期的科学研究。

铠甲虾 + 玻璃海绵

海葵

竹柳珊瑚 + 玻璃海绵

海鳗

“追捕”趋磁细菌

在海山众多考察项目中，中国科学院海洋研究所海洋生态与环境科学重点实验室的潘红苗副研究员，主要从事趋磁细菌研究。

“科学”号科考船搭载的“发现”号深海机器人从海山采集的沉积物主要是有孔虫砂，潘红苗在显微镜下仔细观察，期待从中搜寻到趋磁细菌的身影。

强大的地磁场是地球天然屏障，既能保护地球生物免受太阳风和有害宇宙射线的袭击，也直接影响部分生物的行为和生理活动。能沿着地磁场磁力线方向运动的“趋磁细菌”，就是地球微生物家族中的代表。

“趋磁细菌在地球上广泛存在，目前已在淡水湖泊、河流、海洋潮间带、潟湖、盐湖等 700 多种生境中被发现，其多样性等特征也获得深入研究。”潘红苗说，“但趋磁细菌在深海环境中的群落结构和多样性特征，还缺乏系统性和针对性研究。尤其是在海山特殊生境中的多样性特征，至今还未见系统性的报道。”

海山是深海海底既独特又普遍的地形之一，是高生物量、高物种丰富度的热点区域。2015 年以来，中国科学院海洋研究所海洋生态与环境科学重点实验室的科研团队，在西太平洋马里亚纳海山和卡罗琳海山的科学考察中，均发现了趋磁细菌的身影。

其中，在马里亚纳海山鉴定出 14 个新属、16 个新种。“鞭毛”是细菌的运动器官。在马里亚纳海山，科研团队发现了一类特殊的趋磁球菌，鞭毛以一种从未报道过的方式排列，这可能是趋磁细菌适应海山特殊生境的一种特征。相关研究论文 2017 年年底已发表在国际权威学术期刊《科学报告》上。

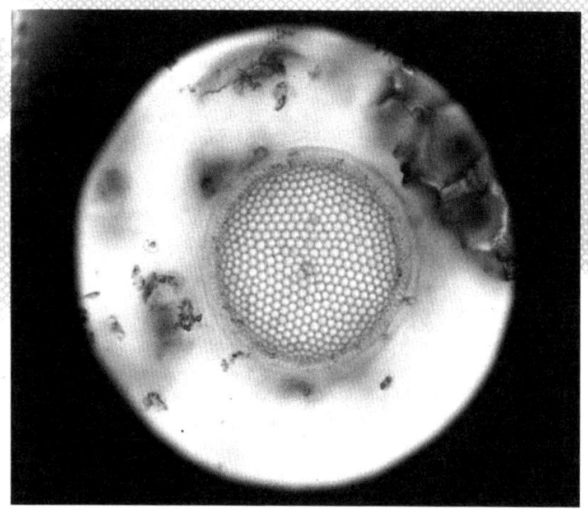

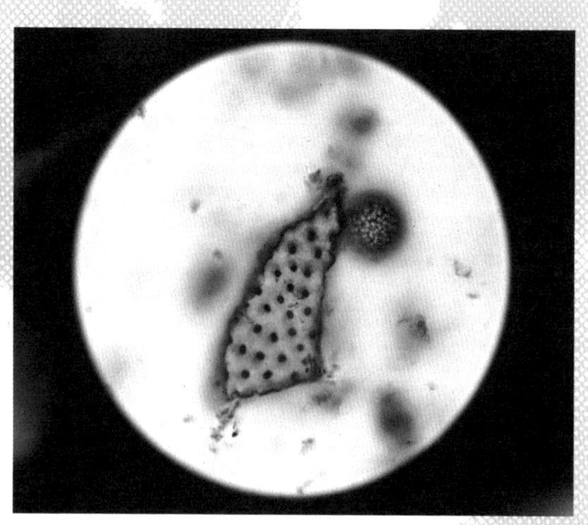

显微镜下的有孔虫砂

趋磁细菌为什么能趋磁？

原来，趋磁细菌能够吸收自己生活环境中的铁，形成“磁小体”。磁小体的形状不一，有棱柱状、立方八面体、子弹头状等，大多在菌体中呈链状排列，相当于在菌体内形成一个“生物磁罗盘”，使趋磁细菌能有效地感受到外界的磁场；并利用地磁场磁力线，快速定位到最佳的生态位。

科学研究发现，趋磁细菌不喜欢生活的环境中含有过多氧气。为了寻找最适宜的氧浓度生活环境，南半球的趋磁细菌喜欢往南运动，北半球的趋磁细菌喜欢往北运动，赤道附近则存在着向南北两个方向运动的趋磁细菌。

利用这一快速定位特点，趋磁细菌可以在药物研发上大显身手。由于提纯的“磁小体”毒性低，生物相容性好，可作为多种药物和大分子化合物的载体，应用于定向治疗肿瘤。

趋磁细菌在地球上分布广泛、数量众多，参与了铁、硫、碳、氮、磷等元素循环，在海洋生物地球化学循环中扮演着重要角色。在一般细菌中，铁占细胞干重的 0.025%，而在趋磁细菌中的铁，可占细胞干重的 3.8%，是一般细菌的 100 倍以上。

趋磁细菌死亡后，部分“磁小体”可形成磁小体化石。磁小体化石中携带的古地磁和古环境信息，是研究生物地磁学与生物矿化作用理想的“模式生物”，可为科学家重构地球古气候环境提供重要依据。

如果在麦哲伦海山的沉积物中搜寻到趋磁细菌，潘红苗将结合光学和电子显微技术、系统发育学和宏基因组学等方法，研究趋磁细菌在不同海山沉积物之间的分布、种群结构及多样性等特征，分析其与环境因子的相关性，并探索海山趋磁细菌特殊种类及进化起源。

海底“平顶山”

科考探秘

麦哲伦海山链由几十座大大小小的海山构成。

在一个多月内，考察队对其中一座位于北纬17°、东经153°的海山，进行了地形地貌、底质环境、底栖生物、水体理化环境和生物生态等多学科综合调查。

调查表明，这是一座平顶海山，海山最大水深5 500米，山顶最浅水深约1 200米，海山高于基底4 300多米；山顶面积约188平方千米，呈不规则的三角形状；海山东北和东南方向各有一个延伸较大的海岭，西南方向有一个陡峭崖壁。

考察队员利用温盐深仪、垂直拖网和分层拖网等调查设备，完成了海山十字断面22个全水深站位的水文、化学和生物生态调查。“科学”号科考船上搭载的“发现”号深海机器人进行了7次下潜作业，共获取巨型和大型底栖生物样品356个，涉及刺胞动物、棘皮动物、多孔动物、甲壳动物、软体动物和多毛类等135种生物，包括许多从

从海山采集的金柳珊瑚＋铠甲虾标本

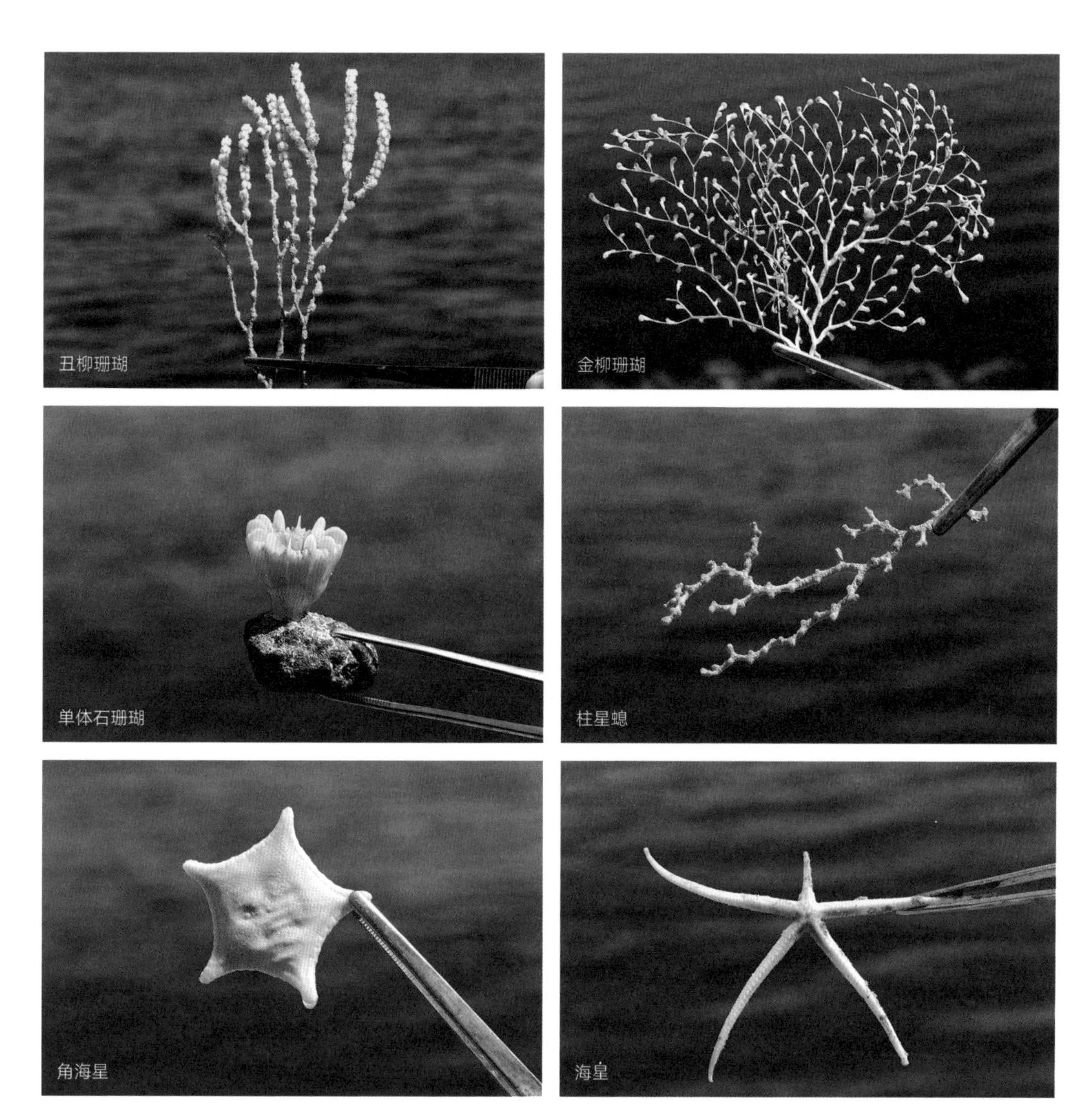
丑柳珊瑚
金柳珊瑚
单体石珊瑚
柱星螅
角海星
海星

未见到的新奇物种。

考察还获得了海山岩石样品 33 个，主要为玄武岩、铁锰结壳和铁锰结核；获得 4 个站位的沉积物样品，以及大量原位实测数据和影像资料；探索开展了海山区中层游泳动物拖网作业，进行了频密的走航观测和采样分析，获得一系列样品和数据。

这座海山位于国际海底，我国海洋科学家通过此次调查首次获取了海山地形地貌、海洋地质、海洋水文、海洋化学、海洋生物多样性、海洋生态等方面的基础数据。根据国际惯例，可以给这座海山命名。

来！给海山起一个“中国名”

科考探秘

给国际海底地理实体起一个中国名字，是我国海洋科技综合实力的体现，也是我国在国际海洋事务中掌握话语权的象征。

在考察队的支持下，在麦哲伦海山科考结束之际，我们新华社报道团队决定面向社会公众征集一个响亮的中国名字。

这是我国自2010年正式开展给国际海底地理实体命名以来，第一次面向社会公众征名。

我国自2010年正式开展国际海底地理实体命名工作以来，已经命名了多处地理实体。太平洋海底的中国名字最多，许多出自《诗经》的名字，文字优美、意蕴深厚。例如，在西太平洋麦哲伦海山区，“采薇海山”和“维嘉海山”是我国富钴结壳合同区的两座海山。采薇出自“采薇采薇，薇亦作止”的诗句，意指人们辛勤劳作，采集一种可食用植物。维嘉出自“物其多矣，维其嘉矣”的诗句，意指大自然物产丰富，人们只采集其中最好的。

在中太平洋海山区，我国将四座相邻的平顶海山分别取名为“如竹”“如松”“如翼”“如翚”。这些名字都取自于《诗经·小雅·斯干》中的“如竹苞矣，如松茂矣”“如跂斯翼，如矢斯棘”“如鸟斯革，如翚斯飞”等诗句。在本书《印度洋篇》介绍西北印度洋中脊时，也提及一组用中国古代乐器命名的海山。

李白、苏洵、苏轼、苏辙、王勃、杨炯、卢照邻、骆宾王等我国古代诗人名字，给国际海底带来了“东方的诗情画意”。“太白海脊”“太白海渊”位于西经101°、赤道附近的东太平洋海隆上。“苏洵海丘”“苏轼海丘”“苏辙海丘”位于北纬8°、西经146°附近的东太平洋上；在北纬7°、西经145°的东太平洋上，还有“王勃圆海丘”“杨炯海丘”“卢照邻海丘”“骆宾王海丘”。

为我国古代航海和文化传播作出杰出贡献的名人，也被“镌刻”在国际海底。郑和是我国伟大航海家、世界航海史上的杰出先驱者，在东太平洋上，我国命名了一座“郑和海岭”；郑和的下属巩珍著有《西洋番国志》，记录了下西洋所经各国的风土人情，东太平洋有“巩珍海丘群”“巩珍圆海丘”。

鉴真是我国唐代著名高僧，六次东渡日本，历经艰险传播中华文化，在中日航海交流史上留下美谈。在东太平洋我国命名了一座“鉴真海岭”；法显也是著名高僧，根据亲身经历撰写了名著《法显传》，我国在中太平洋海山区命名了一座“法显平顶海山”。

为我国科学事业和海洋事业作出重要贡献的人物，也在国际海底千古留名。

在东太平洋，有以我国著名地质学家张炳熹院士命名的“张炳熹海岭”；以《海录》一书作者谢清高命名的“清高海岭”；以《海国闻见录》一书作者陈伦炯命名的“陈伦炯海山群”；以开发南海西沙、南沙的先驱者郑庭芳命名的“郑庭芳海山群”。根据国际惯例，我国一般不以在世的人命名海底地名。

此外，我国还选择了树名作为海山的名字。例如，水杉、银杉是我国的珍稀树种，在中太平洋莱恩海岭，我国命名了“水杉海山”“银杉海山”“柔木海山”等。

在“科学”号开展综合调查的麦哲伦海山区，已经有10个中国名字，分别是：骐骆平顶海山群、鹿鸣平顶海山、采薇海山群、采薇平顶海山、采杞平顶海山、采菽海山、嘉偕平顶海山群、维嘉平顶海山、维祯平顶海山和维偕平顶海山。

设计：程思琪

在新华社上海分社周琳、程思琪等小伙伴的协助下，我们设计了互动型科普产品《来！给这座“海山”取个响亮的中国名字》《史上最魔性的海草舞，太平洋底的“居民”给你跳》等报道，首次利用微信平台面向公众为海山征名，得到社会热烈响应。这组报道还荣获当年新华社的创新报道二等奖。

在全国各地读者的留言中，“弘毅、鲲鹏、岱舆、蓬莱、清晏、蒹葭、宏图、峥嵘、后羿、精卫”，这是我们最终遴选的10个名字。

我将这些名字报给了中国科学院海洋研究所。他们选择其中一个，向中国大洋协会申报，中国大洋协会再向国际上的海底地名分委会申报。一旦通过，将获得国际认可。

“发现”号深海机器人在海山上进行沉积物取样

如此美丽的拟柳珊瑚只能在海山上一睹芳容，一旦取到海面，就将面目全非

蓝色大海上的“红色风景线”

科考手记

雄伟的红色吊臂矗立在船舯，高大的红色吊架安装在船尾，大大小小的红色仪器错落有致地摆放在甲板上。第一次登上“科学”号科考船，第一眼就被船上亮丽的“红色风景线”吸引。深入采访后，方知船上还有一支专业的技术支撑团队，精心守护着这些红色的仪器设备。

作为我国新一代海洋综合调查船，“科学”号功能齐全，仅大的调查设备就多达50多套。例如，水体探测系统有万米温盐深剖面测量仪、走航式多普勒流速剖面仪（ADCP）、变水层拖曳系统、鱼探仪等。海底探测系统有多波束测深系统、浅地层剖面仪、海洋重力仪、磁力仪、多道数字地震系统等。深海极端环境探测系统有水下缆控潜器（ROV）、重力活塞取样器、岩芯取样钻机、电视抓斗等。

2012年9月“科学”号交付使用之初，中科院海洋研究所参照

“科学”号上的技术团队

国际先进的科考船管理模式，专门成立了工程技术部，配备船载实验室。经过五年发展，现已形成一支20多人专业技术支撑团队，平均年龄仅30多岁。

“科学”号船载实验室主任姜金光

35岁的姜金光是“科学”号西太平洋麦哲伦海山航次船载实验室主任。这位曾经在海军潜艇上工作过的小伙子，2012年转业后来到“科学”号。他说自己当初的第一个感觉“是从地下室搬到宽敞明亮的豪宅”；第二个感觉是面对众多从未接触过的仪器设备“头皮发麻心里打鼓”，一头扎进了船上的“机器丛林”。

在科考船上组建专业的技术支撑队伍，当时国内尚无先例。在海洋所工程技术部指导下，船上的技术支撑团队不断进行业务磨合和更精细化专业分工，目前分为操控支撑组、仪器设备组和水下缆控潜器组。

绞车和吊架是海洋考察中常用设备。“科学”号有5台固定绞车，其中4台是万米级绞车。此外还有集装箱式地震绞车、3 000米水文绞车，组装式地质绞车。船尾安装的A型吊架十分先进，但操作起来也极为复杂。

32岁的丛石磊是操控支撑组负责人，2012年从青岛科技大学毕业后来到“科学”号。“刚走出校门就挑上了重担，压力山大。每次设置软件开动绞车，将几千万元科考设备缓缓放入几千米深海，心里既充满自豪，更充满担心。每次出海都提心吊胆，生怕设备出现故障。”丛石磊说，“如今经过不断摸索，我对仪器设备的脾气性格已了如指掌，终于可以放下思想包袱，坦然出海了。”

最艰苦的时候，丛石磊一年有300多天都在海上。自从“科学”号从青岛起航，丛石磊就带领梁威、王世刚、蔡卫宁等操控支撑组技术人员，每天维护保养船上设备，确保抵达目标海域以最好的状态投入作业。

近年来，“科学”号上的“发现”号水下缆控潜器不断建功立业，在南海发现裸露可燃冰、在冲绳海槽发现热液喷口、在卡罗琳海山发现“珊瑚林”和“海绵场”，等等。当时，已下潜作业170次。每次海上作业，水下缆控潜器组的吴岳、高志远、王传波、陈宇等技术人员，在各个岗位各司其职，配合得十分默契。

32岁的吴岳是水下缆控潜器组负责人。他说，5年来，陪伴“发现”号水下缆控潜器的时间，比陪伴自己的儿子多得多。“科学”号此次出航前，依托中科院海洋所西海岸园区综合测试楼的良好条件，技术人员还对“发现”号水下缆控潜器进行了主浮体修复、控制系统调试、吊点更换等全面维护保养工作。这是“发现”号水下缆控潜器首次在母基地依靠自身技术队伍完成维护保养工作。

“由于历史原因，我国自主研发的海洋调查设备与国外相比整体上还有很大差距，‘科学’号上搭载的仪器设备，大部分是从国外进口的。”中国科学院海洋所工程技术部主任刁新源说，“保障维护这些仪器设备在海上正常工作，仅是我们工作的第一步。接下来我们要研发自己的海洋调查设备，进一步提升海洋技术水平。”2017年，海洋所工程技术部已申请了7项专利。

机舱是船舶的“心脏”。作为我国新一代海洋综合考察船，“科学”号还拥有一颗年轻而强劲的心。船上维护这颗心的轮机部船员也很年轻，平均年龄仅30岁刚出头。

上船后不久，船员们带我走进了“科学”号机舱。

满眼的仪器设备密集整齐地排列着，粗大的管道在空中纵横交错，正在运行的机器发出巨大轰鸣声；阵阵热浪扑面而来，仿佛令人真切感受到船舶的“体温”和正在跳动的“心脏”；宽敞明亮的机舱集控室却很安静，四周淡绿色的配电板上，安装了密密麻麻的各类按钮，这里是机舱各类设备的控制中心。

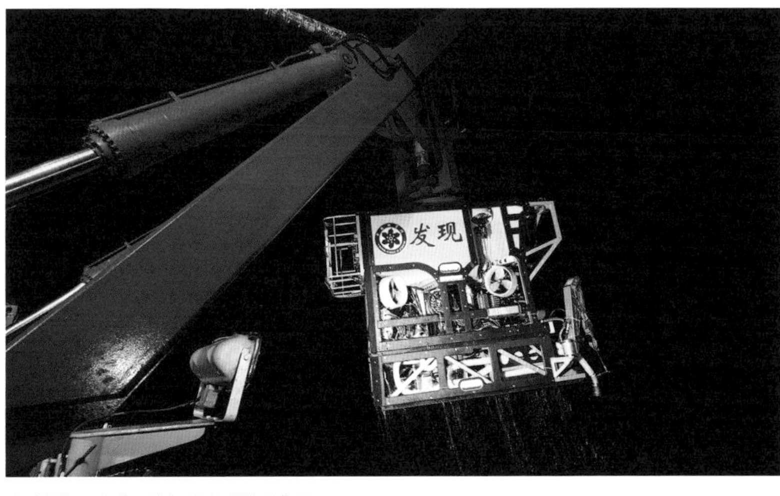

“科学”号上的深海机器人“发现”号

“科学”号的轮机长名叫靳宪芳，一位很内秀的小伙子。

他说，“科学”号打破了常规的船舶设计理念，采用吊舱式电力推进系统。推进电机不在船上，而是在水下，与螺旋桨形成一体，直接驱动舱体前端的螺旋桨旋转，省去了船舵，能量转换效率很高。船上共配有4台主发电机组，总装机容量逾8 000千瓦，可为船舶的推进系统、全船照明系统、空调系统、通风系统、消防压载系统、绞车和实验装备等提供充足的电力供应。

“科学”号轮机长靳宪芳

考察队里的共产党员在“科学”号上过党组织生活

“科学”号的自动化程度非常高，主机遥控系统、机舱监测报警系统、阀门遥控系统和船舶综合管理平台等方面均实现了自动化。船上还安装了动力定位系统，能够在1.5节流、5—6级风的海况下，实现1米内的精确定位。

船舶设备越先进、自动化程度越高，对维护保养水平和细节要求越高。2016年圣诞节前夜，“科学”号在西太平洋执行科考航次任务的时候，轮机部值班人员突然发现船上的“艏侧推”出现了报警信号，靳宪芳带着两个电机员和机工长赶紧检修。

刚开始，他们按照报警信号提示，检修了油压和螺距的传感器，但没有发现任何问题。大家百思不得其解。再顺着传感器的接线，找到了接线盒。接线盒安装在一个非常狭窄的位置，人根本无法靠近查看，只能把手伸进去，用手机拍照查看图像，才发现是一根电线接头松动，影响了信号传输。大家连夜抢修了四五个小时，“艏侧推”才恢复正常。

“船在正常航行中，艏侧推一般不用。可是船的颠簸也会影响它的身体健康，它也会生病。如果没有人去关心、爱护、问候、维修，它也会哭鼻子、流眼泪、甚至罢工。”靳宪芳说，“我们不能完全依赖各类传感器，一定要把自己的心留在机器上，就像对待自己的孩子一样，悉心照顾着这些机器。”

就像人体的心脏一刻不能停止跳动，船在大海中航行，所有的机器设备也不能出现故障。“我们轮机部的人都很胆小，哪怕机器有蛛丝马迹的不对劲，都放心不下，一定要查个究竟；我们轮机部的人也很胆大，哪怕再危险的故障，我们也会毫不犹豫地扑上去，一定要把它消灭。”靳宪芳说。

近年来，“科学”号上的轮机人员不断加强学习培训，努力提升业务技能。31岁的“科学”号大管轮吴征，曾在中国科学院海洋所“科学一号”上工作过五年。建于1980年的“科学一号”在海洋所共服役了36年，是我国海洋科学考察的一艘“功勋船”，已于2015年5月退役，将改造为海洋科普教育基地和海洋科技人才培训基地。

“从‘科学一号’来到‘科学’号，我深刻地体会到我国的造船技术突飞猛进，船上的生活条件也大为改善，心里很是高兴自豪。”吴征说，“但各种新的仪器设备检修维护，对我们轮机人员也是不小的考验，我们要向船上的科学家学习，努力成为一支学习型、研究型的轮机团队。”

常年工作在不见天日的船舱，天天与冰冷的机器打交道，生活难免单调乏味。30岁的“科学”号二管轮郭凯成说：“我们要用技术生存，用艺术生活。机器充满节律的轰鸣，是机舱里最好的音符；每天看着窗明几净、温暖舒适的船，在广阔无垠的大海上，欢快地撒着腿奔跑，是轮机人心里最大的安慰。”

“耕海探洋、唯真求实、博学创新、厚德致远”，镌刻在海洋所西海岸园区综合测试楼外墙的这句标语，是“科学”号的精神，也是中国海洋人的精神。

“科学”号上的“夜战”

这是你的船！

科考手记

“科学”号科考船从青岛起航以后，日夜兼程地航行并不是一帆风顺。没过多久，我们就遇到了一次比较大的气旋。

受2018年第3号台风“杰拉华”外围的影响，海面刮起7—8级大风，涌浪3—4米，船身最大摇晃幅度超过18度，许多人都严重晕船。就餐时间，餐厅里冷冷清清。

黑夜里，狂风暴雨在海面上掀起滔天巨浪，4 000吨级“科学”号如一叶扁舟，在伸手不见五指的大海里，一路颠簸着、轰鸣着、努力向前航行；密集的雨丝，在船头探照灯的光束里如箭矢一样射下；不时撞上迎面而来的大浪，从船头一直打到驾驶台玻璃窗，发出巨大声响。

这种恶劣的海况持续了大约一周。每天，无论怎么颠簸摇晃，在船上驾驶台，总能看见船长刘合义坐在电脑前，专心致志研究着各类气象卫星云图和海浪预报，密切关注着“杰拉华”动向，研判它给“科

“科学”号在风雨中夜航

“科学”号船长刘合义

学”号航经海域的风力、风向、涌浪等方面带来的影响，从而制定最佳航线。

“你看，‘杰拉华’在西太平洋沿着一条抛物线的方向运动，在菲律宾以东西进、北上、再东去。目前，我们已经与台风的中心擦肩而过，这点风雨和涌浪只是它的余威，根本不算什么。”刘合义指着电脑上气象云图对我说，“我最担心的是，‘杰拉华’北上到北纬16°以后，向东移动速度放慢，可能在西北太平洋长期滞留，给我们的科考作业带来影响。”

在20年的航海生涯中，经历过太多风浪的洗礼，让刘合义拥有丰富的航海经验。2013年底，“科学”号第一次从青岛“出远门”到西太平洋试航，航经海域受强冷空气影响，海面上刮起了9—10级大风。那年腊月二十九凌晨，“科学”号两个吊舱式电力推进器，在巨大的颠簸摇晃中“停车”了，全船失电，一片漆黑。

当时，失去动力的“科学”号，在海浪的横摇下，最大摇晃幅度达到了36°，驾驶台上各类报警声响声一片，情况十分危险。轮机部紧急抢修，全船很快恢复供电和动力。刘合义第一时间配合轮机部，将船调整到安全的顶风顶浪方向，化险为夷，全船的人都惊出一身冷汗。那一年，刘合义陪伴着“科学”号远洋试航，在海上过了一个年。

“我是看着‘科学’号诞生的。从它的第一次切割钢板，到第一次拼接钢材，从建造过程中的监理、验收，到第一次出海试航，我都陪伴着它。在我的眼里，‘科学’号比自己的孩子还熟。”刘合义说。

“科学”号是实现我国海洋强国战略、开展深远海综合科学考察研究的国家重大科技基础设施，也是我国新一代海洋综合考察船的“旗舰”。作为船长，刘合义深感责任重大，管理上要求很严格。登上“科学”号，给人的第一印象是窗明几净、一尘不染，各个岗位人员各司其职，井然有序。

2012年建成的“科学”号很年轻，船员也大多是“80后”。刘合义非常关心年轻人的成长。这些天，一些年轻的船员也出现了晕船，刘合义总是叮嘱厨房在伙食上要清淡些，同时以自己的亲身经历给他们打气。

“我第一次上船的时候，上下起伏的失重感也很严重，几乎天天呕吐，最后连胆汁都快吐出来了。直到三四年以后，才把晕船关克服过去。”刘合义说，“船上的工作一个萝卜一个坑，一般人很难体会，一边晕船呕吐，一边还要完成船上工作的痛苦。只有靠坚强的意志力，跨过这道坎，才能成为一名真正的航海人。”

海上生活的长期历练，使刘合义的性格果敢而坚毅，再大的风浪也沉稳应对。在中科院海洋研究所，“稳如磐石”是大家对刘合义的共同印象。每一个科考航次，哪怕再艰巨的任务，只要有他在船上，大家就很放心。

自从2017年承担起“科学”号船长的重任，刘合义几乎就在“连轴转”。从南海综合考察航次到深海探测设备研发海试，从西太平洋雅浦海山到麦哲伦海山综合科考，一次接一次的长时间出海，让刘合义内心充满了对家人的愧疚。

“对不起，母亲，我要出海了！我不敢去看您担忧的双眼，我怕我的转身，会让您看到我的泪流满面！对不起，爱人，我要出海了！我不敢把你搂入怀中多一点时间，我怕你的温暖，会徒增我漫长航路上的思念。对不起，孩子，我要出海了！我不敢聆听你稚嫩的哭喊，我怕我的软弱，会削弱我面对大海的挑战……”

一位航海人写的诗《对不起，我要出海了》，引起刘合义深深共鸣。他说：“正如诗中所写，我们在大海中奉献了青春。‘面对大海的风云变幻，面对潮起潮落的星移斗转！当青葱岁月历经磨难，才真正明白男人的誓言：责任，奉献！’”

“科学”号是实现我国海洋强国战略、开展深远海综合科学考察研究的国家重大科技基础设施。在船上各个重要岗位，一批“80后”“90后”的年轻人挑起了大梁。

1990年出生的孟庆超，武汉理工大学毕业，2013年来到“科学”号工作，并在中科院海洋研究所入党。这些年，孟庆超从实习驾驶员做到三副，再到如今的二副，每一步都走得脚踏实地，也走得相当艰难。

克服晕船，是出海的第一关。由于天生对摇晃非常敏感，孟庆超每次出海都晕得厉害，第一次出海在床上躺了两个星期，一边吃一边吐，最后连喝水都要吐，只能靠打吊瓶维持着，一个航次下来瘦了15斤。

面对自己如此严重的晕船，孟庆超不仅坚持出海，每年出海还超过了200多天。如此顽强的毅力，一般人很难做到。一般人也很难体会一位晕船的船员一边呕吐，一边还要完成船上工作的痛苦。

在大海中奉献青春

“让我坚持下来的，是‘科学’号给我的那份荣誉感、那种获得感。”孟庆超说。2015年10月，小孟结婚的前一天，中央电视台正好播放“科学”号的纪录片，亲戚朋友们都看到了小孟在纪录片里的镜头。小孟妈妈高兴地对儿子说：“这部纪录片是送给你结婚的最好礼物。”

如今，孟庆超的儿子已经一岁多了，儿子叫的第一声“爸爸”，他是从微信上听到。爷爷奶奶去世时，他也在海上，没能见到最后一面。“这是一个需要奉献精神的职业，最感到亏欠的是家人，只有拿出工作成绩才能对得起所有的付出。”小孟说。

作为一名共产党员，小孟严格要求自己以身作则，充分发挥模范带头作用。在“科学”号，他曾担任过好几个航次的党小组组长，积极组织船上的学习活动，被海洋所评为优秀共产党员。在他的影响下，“科学”号大副梁喜祥积极要求上进，递交了好几次入党申请书，目前已是预备党员。

“船上空间有限，大家朝夕相处，共产党员的模范带头作用不是挂在嘴上的，我要用自己的实际行动，来证明我是一名合格的共产党员。”梁喜祥说。到海洋所工作7年来，梁喜祥有6年的时间都在海上，最多一年达270天。

自2012年开始投入海洋科学考察以来，“科学”号的每一个航次，船上都要成立党小组。中科院海洋研究所党委委员、首席科学家徐奎栋担任这个航次的党小组组长。

徐奎栋是一名老党员。他说，26 年过去了，依然清楚地记得在大学时入党宣誓的情景。入党誓言从此深深镌刻在他心中，即使是远在海外，他的目标一直锁定在学习先进知识、训练科学思维，回来为发展祖国海洋事业作贡献，从未想过要留在异国他乡做一名“异乡客”。

1999 年，他从中国海洋大学博士毕业后，曾到韩国一所大学从事海洋生物的环境监测研究。当时，他在韩国做博士后收入就是国内大学副教授收入的十倍，但他从来没有太看重。每天散步时，内心深处总有一种莫名的紧迫感和恐惧感挥之不去。“当时出国目的就是希望提高自己，但总觉得在韩国没有学到太多，没有明显提升自己实力，担心回国后无颜见江东父老。”他说。

为了学到真本领，徐奎栋又联系了奥地利萨尔茨堡大学一位国际知名的生物分类学教授，申请做博士后。这位教授博学、严谨，但也非常骄傲、严苛，甚至不近人情。每天工作 16—18 个小时，中午从来不吃饭，周六从来不休息，甚至周日也加班。

许多博士后受不了这位“科学工作狂”的折磨，半途而退，但徐奎栋咬牙坚持了下来。在魔鬼般训练中，他也所学颇多、获益匪浅。3 年期满，导师很希望他继续留在那个风景优美的奥地利小城，但徐奎栋没有答应。2005 年，他与妻子和在奥地利出生的儿子，回到了中国科学院海洋研究所。

“我出国留学就是一心一意想学到真本领为自己国家工作，从来

海山科考首席科学家徐奎栋（右一）在“发现”号集控室工作

麦哲伦海山航次的共产党员在“科学”号留影

没有任何想留在国外的念头。只有把自己的工作热情与国家的需求结合起来，人生才有意义、工作才很快乐。”徐奎栋说。

“走向深海大洋”是国家的重大战略需求。回国以后，徐奎栋作为中国科学院“百人计划”领军人才，从事海洋生物分类和多样性研究，近年来主攻海山生物多样性研究。他带领科研团队，对海山区的原生动物、刺胞动物、多毛类、线虫等底栖动物等进行全方位研究。10多年来，厚积薄发，目前已在国际上脱颖而出。

“海洋科学研究与国家综合实力提升息息相关。作为一名海洋基础科学研究人员，我们现在经费充足，设备齐全，只要自己努力，就有望取得科学成果，这是最理想的工作状态。”徐奎栋说，“科学无国界，但科学家有国籍。我们有幸赶上中国科学发展的新时代。唯有竭忠尽智，才不负新时代。”

“科学”号上张贴了一张“全家福”照片，下面有一句话：“人在一起叫聚会，心在一起叫团队——这是你的船！”

在“科学”号，处处感受到党旗在海风中高高飘扬！

全球海洋最深处马里亚纳海沟的风景

南海篇

我有幸参加了 2017 年 2 月至 4 月的南海大洋钻探 IODP367 航次。那是我第二次上美国“决心”号，又在祖国的南海，再也没有在西南印度洋跟随采访时的无边寂寞。

2018 年 5 月至 6 月，我再赴南海，采访报道“南海深部计划”的最后一个航次——西沙深潜航次。在那个航次中，“南海深部计划”专家组组长、82 岁的汪品先院士，乘坐我国自主研制的 4 500 米载人深潜器“深海勇士”号，在南海三次下潜。

开篇的话

南海，是我国最重要的深海区，也是仅次于南太平洋珊瑚海、印度洋阿拉伯海的世界第三大边缘海。

2011 年，国家自然科学基金委员会立项启动了我国海洋科学第一个大规模的基础研究项目“南海深海过程演变”（简称“南海深部计划”）。

这项历时 8 年的计划，以“构建边缘海的生命史”为主题，以洋壳深海盆的演化为“骨”，生物地球化学过程为“血”、以深海沉积为“肉”，将南海作为一只全球边缘海的“麻雀”，进行深入研究。

春分时节，在南海万顷碧波中上演的“鲯鳅之舞”

在“南海深部计划”执行过程中，正值我国深海科技实力加速发展时期，我国自主研制的 7 000 米级和 4 500 米级载人深潜器“蛟龙”号和“深海勇士”号相继下水，都在南海大展身手。

利用国内外条件，“南海深部计划”还实现了 3 个深潜航次和“3+1”个大洋钻探航次。这其中，我有幸参加了 2017 年 2 月至 4 月的南海大洋钻探 IODP367 航次。那是我第二次上美国“决心”号，又在祖国的南海，再也没有在西南印度洋跟随采访时的无边寂寞。

科学考察之外，印象最深的是南海碧波中的“鲯鳅曼舞”。春分之际，一群群体态婀娜、长相清奇的鲯鳅，出现在船的周围，成群结队，围绕在船边悠游曼舞、流连忘返。这难得一见的景象，给爱拍照的我带来无限惊喜。鲯鳅还喜欢在海面上追捕飞鱼，时常看见它们小巧的身影，轻盈跃出海面。

2018 年 5 月至 6 月，我再赴南海，采访报道“南海深部计划”的最后一个航次——西沙深潜航次。在那个航次中，“南海深部计划”专家组组长、82 岁的汪品先院士，乘坐我国自主研制的 4 500 米载人深潜器“深海勇士”号，在南海三次下潜。我跟随这位科学大家，全程报道了他在耄耋之年深入海洋科考一线、三潜南海的壮举。系列报道在社会上引起强烈反响，也在我心里引起了深深震动。

现代地球科学起源于欧洲，许多现有理论都带有明显的“欧洲中心论”烙印，全球深海研究也以欧美为主，并以北大西洋作为“标准”。长期以来，南海科学研究以国外科学家为主，南海主要科学问题模糊不清，中国科学家没有发言权。

如今，经过全国 32 家单位、700 多人次科学家长达 8 年的共同努力，“南海深部计划”取得了丰硕成果，我国科学家在南海深部重大科学问题上，提出了挑战传统认识的新观点。在汪品先院士的带领下，中国科学家取得了南海深部研究的科学主导权！

辉煌落日，在南海弹奏了一曲科学探索之歌

南海深钻

研读南海天书

引子

科考探秘

如果将地球的形成与演化比作一部“天书”，南海就是这部书中最精彩的篇章之一。千万年来不断堆积在海底的沉积物，为科学家研读“南海天书”，提供了最真实、最珍贵的“历史档案”。

为了从海底深处“查阅资料”，我国科学家共主导了三次南海大洋钻探。

1998 年，我国正式加入国际大洋钻探计划以后，上海同济大学汪品先院士提交的《东亚季风在南海的记录及其全球气候意义》建议书，在专家委员会评审中排名第一，争取到第一个南海钻探航次，即 IODP184 航次。

1999 年春，美国“决心”号大洋钻探船首次驶入南海，实现了我国深海科学钻探零的突破。首次南海大洋钻探，目标是取得深海沉积的连续记录，以研究气候系统尤其是东亚季风的演变历史及其原因。

“决心”号在南海 6 个深水站位共钻了 17 口钻孔，从水深 2 000—3 300 米的海底钻入地下，最深的一口钻孔深入海底以下 850 米， 取得高质量岩芯总计 5 500 米，取芯率将近 95%，超额完成任务。

为了更加深入解读南海的“生命史”，2014 年，通过 PPP 方式，我国科学家主持了第二次南海大洋钻探。“决心”号再次来到南海，执行 IODP349 航次任务。这次钻探，科学家的研究对象是南海海盆大洋岩石圈演化以及深水沉积环境变迁，钻探对象从沉积岩拓展到火成岩，研究目标从环境演变扩大到海盆成因。

当年，“决心”号在南海共完成 5 个站位的取芯和 2 个站位的地

南海大洋钻探 IODP349 航次 LOGO

南海大洋钻探 IODP367 航次 LOGO

南海大洋钻探 IODP368 航次 LOGO

球物理测井工作，钻探深度共 4 317 米。其中，沉积岩取芯 1 503 米、基底玄武岩取芯 83 米，获得最大井深 1 008 米，首次获取了南海深海盆的沉积岩和大洋玄武岩岩芯记录。

2017 年 2 月至 6 月，我国科学家主导的第三次南海大洋钻探再次拉开序幕。与前两次相比，这次钻探目标更深、难度更大，“决心”号两个航次均聚焦于南海扩张之前的大陆破裂，力争能钻到南海张裂前夕的基底岩石，从南海形成的最早源头研读“南海天书”。

第三次南海大洋钻探共有 IODP367 和 IODP368 两个航次。此后，“决心”号利用在香港修理设备的机会，又到南海“补了半个航次”，将一个没有完成的钻孔，继续完成了。

2017 年 2 月至 4 月，在 IODP 中国办公室的支持下，我参加了第三次南海大洋钻探的“上半场”IODP367 航次。

第三次南海大洋钻探的科学目标是揭示南海的成因，检验国际上

第三次南海大洋钻探的科学目标是揭示南海成因

以大西洋为“蓝本”的大陆破裂理论，揭示“海洋盆地怎样形成”的科学之谜。

科学研究认为，大陆岩石圈的破裂一般有两种机制：一种机制从下面起作用，炽热的地幔岩浆上涌，大量的火山活动造成破裂；另一种机制是从上面起作用，地壳中的深断裂带造成海水下渗，海水和地幔坚硬的橄榄岩发生化学反应后，就会生成强度较弱的蛇纹岩并放热，从而导致大陆板块的弱化破裂。科学家将这种破裂称为“地幔剥露式破裂”。

目前，通过多次大洋钻探，科学家已在北大西洋发现了一个“地幔剥露式破裂”的证据：西班牙岸外的“伊比利亚大陆边缘”和加拿大的“纽芬兰大陆边缘”，在白垩纪的时候曾经连在一起，后来由于地幔的蛇纹岩化机制，造成了大陆破裂，中间产生了大西洋。

但这是全世界的“孤例”。

地震波研究发现，位于南海北部的大陆边缘，与北大西洋的“大陆破裂蓝本”有着相似地质特征，洋陆过渡带可能孕育了剥露的蛇纹岩化地幔。

如果“决心”号在南海北部陆缘发现蛇纹石化地幔，将证明北大西洋的蓝本并不是唯一。地球在漫长的海陆变迁过程中，弱化的岩石圈可能将水引入到地幔，这可能是大陆解体期间一种常见的现象。

而如果没有发现蛇纹石化地幔，也将是大洋钻探第一次证明还有另一种大陆破裂机制。

无论哪种结果，都很有科学意义！

微信扫码看视频

维多利亚海湾的月圆之夜

2017年2月，从上海飞到香港。在香港维多利亚港的招商局码头，我和来自中国、美国、法国、意大利、挪威、日本、印度等国家的33名科学家一起，登上了美国“决心”号大洋钻探船，参加我国科学家主导的第三次南海大洋钻探。

上船4天后，就是中国传统的元宵节。

一轮皎洁的圆月高挂在维多利亚港上空，与鳞次栉比的高楼大厦里万家灯火交相辉映。元宵之夜，维多利亚港的招商局码头灯火通明，停靠在码头补给的“决心”号进行离港前的紧张作业。

船内，充满了宁静浓郁的学术氛围。

科学家们上船以后，按惯例，是一堂接一堂的培训课。从登船注意事项、消防救生演习到每一位科学家的分工分组、熟悉工作场地、培训工作流程、交流学术目标等，环环相扣、有条不紊。

这是我第二次登上“决心”号，在船上熟门熟路，已不再陌生。所不同的是，这是中国科学家主导的航次，中国文化氛围很浓。元宵节那天，IODP367航次首席科学家、中科院南海海洋研究所孙珍研究员专门下船，到码头附近超市里买了很多汤圆。

元宵之夜，她邀请船上的30多位中外科学家一起品尝汤圆，并向外国科学家们介绍了中国民俗文化。大家一边吃着汤圆一边聊天，“决心”号的餐厅里十分热闹，还给一位科学家过了生日。

大家都对即将开展的南海钻探充满了期待。

“这是我第一次过中国的元宵节，感到很新奇。”来自美国得州农工大学的IODP367航次项目经理亚当·克劳斯（Adam Klaus）说，“再过两天，‘决心’号就要启航前往南海，我这个航次最大的期盼就是钻探一切顺利，让科学家们高兴而来、满意而归。”

根据计划，在IODP367和IODP368两个航次，“决心”号将在南海北部三四千米的深海海底，选取4个站位，往下钻探千余米，钻取南海张裂前夕的基底岩石。难度很高、挑战很大，但也令科学家都充满期待：南海大陆边缘的基底岩石到底是什么样？

“我期待第三次南海大洋钻探有更多的科学新发现，最好能在南

大家在“决心”号餐厅给一位科学家过生日

海的基底岩石之上再次发现红层沉积。”同济大学的海洋沉积学家刘志飞教授说，“2014 年我参加了第二次南海大洋钻探，有许多令人惊喜的新发现。例如发现了多期海山喷发形成的火山碎屑岩，在南海海盆洋壳钻取了玄武岩，在玄武岩中间还意外发现了红层沉积。如果在南海北部也发现了，那科学意义就会非常重大。”

通过获取南海 3 200 多万年来的深海沉积记录，我国科学家首次“回眸”探讨了 2 000 多万年以来气候周期性的演变；发现大洋碳循环的长周期，揭示了气候周期演变中热带驱动的作用；用深海记录中的多项指标获得了东亚季风演变历史，证明和南亚季风的演变有十分相似的阶段性；取得南海演变的沉积证据，证明海盆扩张初期已经有深海存在，最强烈的构造运动发生在渐新世晚期，到 300 多万年前，南海沉积环境才出现强烈的南北差异。

通过“解读”来自南海海盆的珍贵样品，我国科学家还绘制出南海的“生命地图”：南海东部次海盆“出生”于 3 300 万年前，“死亡”于 1 500 万年前；西南部海底“出生”于 2 360 万年前，“死亡”

参加 IODP367 航次的中外科学家在“决心”号起航时合影

于 1 600 万年前。此外还发现：南海在形成过程中有多期大规模火山喷发，南海深海盆有反复变化的沉积历史等。

第三次南海大洋钻探的科学目标是揭示南海的成因，检验国际上以大西洋为“蓝本”的大陆破裂理论，揭示“海洋盆地怎样形成”的科学之谜。

首席科学家孙珍说：“目前，国际科学界对大陆和大洋之间的过渡带——大陆边缘的结构、演化和发育机制的认识，正在经历一场前所未有的变革。我期待通过南海第三次大洋钻探及航次后的国际合作研究，在南海海盆的生命史研究上取得新突破。”

我国科学家为何要如此执着地研读“南海天书”？

这是因为南海是我国最重要的深海区。中国科学院南海海洋研究所副所长林间研究员说，在 4 000 万—5 000 万年前，我国大部分地区还是干旱少雨的一片荒漠。南海形成以后，给这片大陆送来了丰沛的雨水，焕发了勃勃生机。

作为地球上低纬度最大的边缘海，南海地处全球最高的珠穆朗玛峰和全球海洋最深的马里亚纳海沟之间，位于全球最大的海洋板块（太平洋板块）向全球最大的大陆板块（欧亚板块）的俯冲之处。特殊的地理位置，使南海研究对气候变化、板块构造、地质灾害等研究都具有重大意义。

研读“南海天书”对了解整个地球“生命史”都具有重要学术意义。太平洋是全球最大的海洋，东西两边却非常不对称。太平洋西部边缘有众多的边缘海，包括鄂霍次克海、东海、南海、苏禄海等，而太平洋东部边缘却很少有边缘海。以南海为样本，解读这一重要而奇异的科学问题，对研究地球的板块演化有重要意义。

此外，如今的南海洋中脊已经死亡，而如今的太平洋、大西洋、印度洋、北冰洋底的洋中脊，绝大多数都是活的。与南海洋中脊进行对比研究，还可以读懂地球洋中脊的“生命故事”。

再登“决心”号，充满欣喜与期待

科普

解析南海基底岩石的“构造密码”

在南海漫长的生命历程中，她是如何从华南大陆的张裂中孕育，并诞生新的洋盆？

为探寻这一科学之谜，中科院南海海洋研究所副研究员张翠梅，计划从南海海底钻取的基底岩石中解析“构造密码”。在“决心”号，她每天最重要的工作是描述岩芯。

张翠梅说：“通过岩芯构造的观察和描述，记录断层、脉体和褶皱等变形；再通过角度测量，计算其在岩芯尺度上的倾角、倾向和走向；辅以古地磁场数据的矫正，就可以把这些岩芯样品中的构造恢复到原位，从而获得不同层段的构造变形样式和变形强度，以此探寻华南大陆边缘如何破裂、南海如何孕育诞生的蛛丝马迹。”

科学研究发现，在海陆变迁过程中，从陆壳到洋壳的转变并非“一刀切”，两者之间存在着一个广阔的洋陆过渡带，称为大陆边缘。

根据大陆边缘的结构和地质构造特征，一般可分为“主动大陆边缘（汇聚型大陆边缘）”和“被动大陆边缘（离散型大陆边缘）”两大类。其中，“被

南海基底岩石有“构造密码”

张翠梅副研究员

动大陆边缘”又分为“火山型（岩浆型）被动大陆边缘”和“非火山型（贫岩浆型）被动大陆边缘”。

迄今为止，世界上唯一被大洋钻探证实了的贫岩浆型被动大陆边缘是“伊比利亚 - 纽芬兰大陆边缘”，该地区破裂并孕育“中大西洋”的模式是：共轭的陆缘经历了强烈的减薄过程，随后发生破裂；导致深部地幔岩石开始出露，并出现了地幔橄榄岩的蛇纹石化；持续的拉伸，最终导致了地幔也出现破裂，从而开始了真正的大西洋海底扩张。

南海北部大陆边缘也是开展大陆破裂研究的“天然实验室”。由于强烈的拉伸作用，地壳厚度在南海北部，由北向南从大约 30 千米减薄到 8 千米，再减薄到 3 千米左右，最终破裂，产生了南海。

南海北部陆缘与伊比利亚 - 纽芬兰陆缘有极为相似的超级伸展特征。但南海作为西太平洋最大的边缘海，西侧印支地块、北侧欧亚板块、东侧太平洋和菲律宾板块等周缘板块动力学事件，均制约了南海的形成和演化，这决定了其演化具有自身的独特性。

“在南海孕育之前，华南陆缘由中生代的主动陆缘，转变到新生代受太平洋板块俯冲后撤形成的伸展背景。俯冲和伸展构造，共同构成了南海扩张前的背景。”张翠梅说，“极其复杂的构造背景，如何影响南海的孕育和扩张？沉积地层和构造变形记录了哪些伸展演化和大陆破裂的信息？如何恢复南海海底扩张前岩石圈的伸展—破裂过程？这都是我最关心的科学问题。”

“决心”号在南海北部的 U1499 站位发现了大套的砾石层，在 U1500 站位钻取了南海基底上百米的玄武岩。

“这些第一手的岩石资料，为我们从中提取构造信息、解析构造密码，提供重要研究资料。在今后的研究中，将结合高分辨率的地震反射资料，在钻井—测井—地震综合解释的基础上，深入探究南海的孕育和诞生之谜。”张翠梅说。

南海的“历史档案”是怎样的？

科考探秘

“看，多美的样品，真漂亮啊！”

“这里还有个凸起，可能是有孔虫吧？”

在“决心”号大洋钻探船的岩芯实验室里，许多科学家围在一起，对着刚刚从南海海底钻出的第一管岩芯样品，热烈地讨论着，连声赞叹着。

我也挤进人群看了一眼，只见一根根对半切开的取样管里，装满了深灰色、好似水泥一般的沉积物，整整齐齐排列在桌面上。

外行人看来“其貌不扬”的科学样品，科学家们却“视若珍宝”。

“决心”号抵达南海目标海域

船上的科学家对第一管岩芯进行检测

许多人俯身低头围着样品，翻来覆去、左看右看，充满了兴趣。

在他们眼里，这些科学样品是南海用自身“文字”书写的一页页“历史档案”。只要运用一定的科学研究手段，将这些博大精深的“历史档案”翻译还原，就能读懂“南海天书”中的某些篇章。

“决心”号千里迢迢奔赴南海，就是为了获取这些“比黄金还宝贵”的岩芯样品。

我们乘坐“决心”号从香港起航后，经过一天一夜的颠簸，抵达目标海域。

船上先进的动力定位系统，将船稳稳地停泊在北纬 18.40952°、东经 115.85979°，这里是第三次南海大洋钻探的第一个钻孔 U1499 所在位置，水深约 3 770 米。

一眼望去，深蓝色的海面上波涛起伏，没有什么特别之处。

不过，就在海底 800 多米厚的沉积物下方，这里有一个相对凸出的“小山丘”。“小山丘”长约 30 千米、宽约 10 千米、高约 1 200 米。U1499A 钻孔的位置，就位于这个“小山丘”顶部的正上方。

第三次南海大洋钻探的目标，就是钻穿海底沉积物，钻取这个“小山丘”顶部的岩石样品。

首席科学家孙珍说，通过地震剖面、重力数据和磁力异常等多种科学研究方法综合研究，可以确认目前“决心”号所在的位置，是南

黄昏时分，到船尾欣赏南海日落

海北部大陆边缘、地壳减薄到最小的地方，“小山丘”很可能就是由于地壳减薄、莫霍面上扬、下地壳出露所形成的。因此，在“小山丘”顶部打钻，最有可能钻取到下地壳的岩石。

“决心”号的钻探计划是：首先获取海底浅层松散的沉积样品，然后用钻头取得部分固结的沉积物，向下钻650米，提取沉积物样品，进行测井，获取井壁的密度、伽马射线、磁化率等科学数据。为了保证钻孔质量，“决心”号会放弃第一个钻孔（A），在附近再打第二个钻孔（B），放入套管和再入锥，再用钻头打穿沉积层，从“小山丘”顶部向下钻取岩石样品。

一切都按计划进行。抵达南海目标海域的当天，“决心”号顺利开钻。当船上的液压取样设备将第一根长10米的透明取样管带回船上的时候，人群里一阵沸腾。取样管里装了2.5米海水和7.5米沉积样品。

这意味着海底的泥水交界面被成功捕捉，第一钻成功了！

在“决心”号的操作甲板平台，技术人员十分娴熟地忙碌着。他们将完成“全身体检”后的沉积样品送到专门的切割室，连同取样管一起，切割成相等的两半。一半用于取样研究，一半用于存档，分别摆放在不同的桌子上。

对于存档的样品，科学家对其进行颜色、粒径、磁化率等概况描述后，就将统一存入岩芯库。

而对于另一半的样品，科学家将在“决心”号上继续对它们进行各类“深度体检”。目前，他们已分成沉积组、岩石构造组、地球化学组、古地磁组、古生物组、岩石地球物理组，24 小时值守在越钻越多、越钻越深的珍贵样品旁边，从各个专业角度分析研读南海的“历史档案”。

这些岩石到底是什么性质的，科学家充满极大的期待。

他们的科学目标是探寻“大陆如何破裂，陆地为什么会变为海洋”的科学之谜，检验国际上以大西洋为“蓝本”的非火山型大陆破裂理论——“地幔剥露式破裂”。

南海北部的大陆边缘，与大西洋的“大陆破裂蓝本”有着相似地质特征，但却具有截然不同的发育条件。

因此，如果“决心”号在 U1499 钻孔，从南海北部大陆边缘的“小山丘”里钻取到“蛇纹岩”，就说明大西洋的“地幔剥露式破裂”并不是地球上的“孤例”。这种奇特的大陆破裂方式，可能是大陆解体期间的一种常见现象。

但如果在 U1499A 钻孔没有钻取到“蛇纹岩”，而是钻取到其他类型的岩石，这也将是大洋钻探第一次证明还有另一种大陆破裂机制存在。无论哪一种结果，都会极大地提升科学家关于沧海桑田、海陆变迁的认识。

南海收藏了台湾自然灾害的“历史档案”

古人云：“观今宜鉴古，无古不成今。”为了在科学研究领域“以今鉴古”，中国台湾大学海洋研究所苏志杰教授参加了第三次南海大洋钻探，致力于从南海沉积记录中“研读”台湾自然灾害的“历史档案”，并进行古今对比研究。

“从长期视野看，人类历史的发展，即是与天灾抗衡的历史。许多民族的兴衰与自然灾害息息相关，因此留下了许多脍炙人口的神话传说等文学艺术作品。例如，中国的大禹治水、西方的诺亚方舟故事中的大洪水。文学艺术作品常常反映创作者的生活经验。借由这些作品，可让我们重新审视过去曾经发生的自然与气候变化现象。”苏志杰说。

例如，有科学家从16—17世纪画作中荷兰运河的冰上活动、英国伦敦泰晤士河的冰封状态，重新审视了小冰期对欧洲气候的影响。中国也不乏类似的文学作品，家喻户晓的名著《三国演义》在全书的开头篇章，就以文学的笔触描写了当时的极端气候、地震、海啸、疫疾、龙卷风、山崩等自然灾害现象。

不过，对于科学家而言，对各种现象的猜测与推测，都必须在掌握一系

南海收藏了台湾自然灾害的“历史档案”

苏志杰教授

列科学数据的前提条件下，经过严格的科学论证，方能成为被接受、有证据的科学成果。

自 20 世纪中叶至今，由于人类活动造成自然环境变化、进而引发极端气候事件频发，科学家们不断发展出新的分析技术和数值模型，希望通过对地球历史上环境变迁的了解，找出人类未来的因应之道。其中，关键点在于如何连接“事件”与“沉积记录”。

“例如，地震所引发的浊流事件，是否可与洪水泛滥所引发的浊流记录相互区分。如果无法了解两者之间的差异，我们就无法正确分类并重建过去各项自然灾害的沉积记录。”苏志杰说，“这项工作，就必须通过现代科学仪器所记录的自然灾害事件，与沉积记录进行对比，以了解各种不同原因所形成的沉积记录的时空分布与形成机制。”

近十多年来，台湾地区发生了多次自然灾害事件。

例如，2006年的屏东地震、2009年的莫拉克台风、2010年的甲仙地震等。这三次大型自然灾害事件不仅造成严重的生命与经济财产损失，还造成了台湾西南外海至马尼拉海沟间的大规模海底电缆断裂。

“这一方面显示，大型自然灾害事件引发的海底浊流，具有强大的破坏力；另一方面也暗示，这类海底浊流所形成的‘浊流岩’，具有成为大型自然灾害事件‘天然地质记录器’的潜能。可供我们进一步利用，以评估自然灾害的发生频率、规模、是否具有回归周期等特性。”苏志杰说。

自 2006 年以来，苏志杰一直深入研究台湾自然灾害事件中输入到南海的现代沉积。通过研究现代灾害事件在南海的沉积记录，他不仅进一步了解到深海沉积的形成机制，同时还感到，科学界严重低估了“历史上的事件性沉积作用”重要性。

“例如，台湾西南外海的深海岩芯研究显示：屏东地震与莫拉克台风输出至台湾西南外海的沉积物总量，大约等于过去 100 年的沉积量总和。其中，有机碳埋藏量更超过了过去 100 年的一个数量级以上。这表明这类事件型沉积物输出，对全球碳循环作用有一定的影响力。”苏志杰说。

通过对现代沉积作用的研究，不仅可以了解深海沉积机制，其成果还可以应用推广到更长的时间尺度，进行深海沉积记录的“回推”工作。

“灾害性事件的陆缘有机碳大量输出与埋藏，对全球碳通量都具有一定的影响与冲击。通过研究灾害性事件的沉积历史档案，不仅可以使我们更深入认识地球的环境变迁，也对地球未来的环境与命运，提供更深一层的思考空间。”苏志杰说。

南海的春天印象

万物复苏的春天，不是地球陆地上的专利，大海里也有生机盎然的春天。

进入三月，南海迎来了春天。

从西伯利亚和蒙古高原吹来的东北季风，渐行渐远；而从赤道热带海域吹来的西南季风，还未生成赶到。春天，是南海冬夏季风转换的“空档期”，也是进行南海科学考察的“黄金期”。

“决心”号大洋钻探船在南海北部海域进行钻探的大多数日子里，南海都是春光明媚、风平浪静。“决心”号上先进的动力定位系统，将船牢牢固定在万顷碧涛中。走在船上如履平地，几乎感觉不到海水的波翻浪涌。

3 月 20 日是北半球的春分。这天，太阳直射赤道，全球各地几乎昼夜等长。停泊在北纬 18° 18´、东经 116° 13´ 的“决心”号，当时顺利完成了第二个钻探站位的第二个钻孔前期准备工作。

这个钻孔编号为 U1500B。经过艰难钻探，“决心”号在钻孔里成功安装了长达 850 米的“保护套管”，接下来钻取“保护套管”下方的岩芯样品，目标是争取钻到南海的基底岩石。

碧海蓝天下，矗立在“决心”号中部高达 45 米的钻塔，十分醒目；钻探平台发出的巨大轰鸣声，夜以继日，响彻云霄。

随着波涛的起伏，悬挂在钻塔中间的升降补偿装置，一上一下运动着。这一装置有 400 吨的牵引力量，可及时消化船体随波起伏给钻杆带来的不利影响。4 000 多米的长钻杆穿过 3 800 多米深的海水，不停地向海底转动着、转动着，给船上科学家带来春天般的希望。

每天，面对广袤无边的南海，虽然不能欣赏到“雨霁风光，春分天气，千花百卉争明媚”的姹紫嫣红春景，但却能在船上凭栏临风，在碧海扬波中，尽情欣赏“鲯鳅曼舞”的美妙海景，同样令人心旷神怡。

自从 2 月中旬“决心”号抵达这片海域以来，一群群体态婀娜、长相清奇的鲯鳅，就出现在船的周围。它们成群结队，围绕在船边悠游曼舞、流连忘返，似乎比公园池塘里的“锦鲤”还温顺听话。鲯鳅喜欢在海面上追捕飞鱼，时常看见它们小巧的身影，轻盈跃出海面。

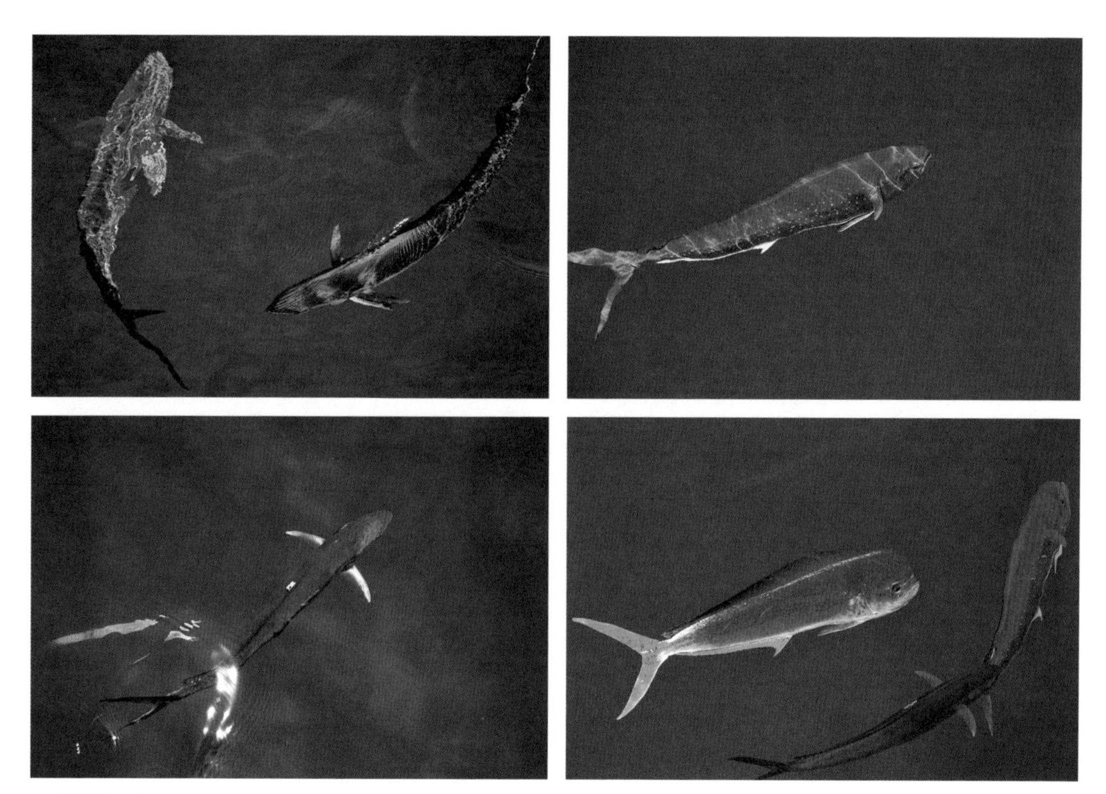

一群群体态婀娜、长相清奇的鲯鳅，围绕在船边悠游曼舞、流连忘返

鲯鳅属于硬骨鱼纲、鲈形目、鲯鳅科，系暖水性大洋中的上层鱼类。它们的鱼鳞能够反射光线，是最美丽的海洋鱼类之一。

明媚阳光下，在海水中游动的鲯鳅，浑身上下散发出五颜六色的幻彩光芒，令人惊艳不已。在海明威的名著《老人与海》、李安导演的电影《少年派的奇幻漂流》中，都曾出现过美丽的鲯鳅身影。

在这片海域以东的南海陆架区，中科院南海海洋研究所的科学家出海考察期间，还曾发现过特大鲯鳅群。他们推测：可能是西太平洋深层水“贯入”南海后，导致南海东北部陆架的生源要素从陆坡底部向海水上层涌升，致使浮游生物繁茂生长、鱼类饵料丰盛，吸引了鲯鳅前来觅食。

春季，正是鲯鳅“谈情说爱”繁殖产卵的季节。经常出现在“决心”号周围的一群鲯鳅中，有好几条脊背上明显受过伤，不知是因为争夺配偶，还是因为逃避“敌人”的追捕而受伤？一旦失去了生命的活力，鲯鳅身上的鱼鳞就不再呈现出美丽光芒，立即还原为一般鱼鳞的银灰色。

万物复苏的春天，不是地球陆地上的专利，大海里也有生机盎然的春天

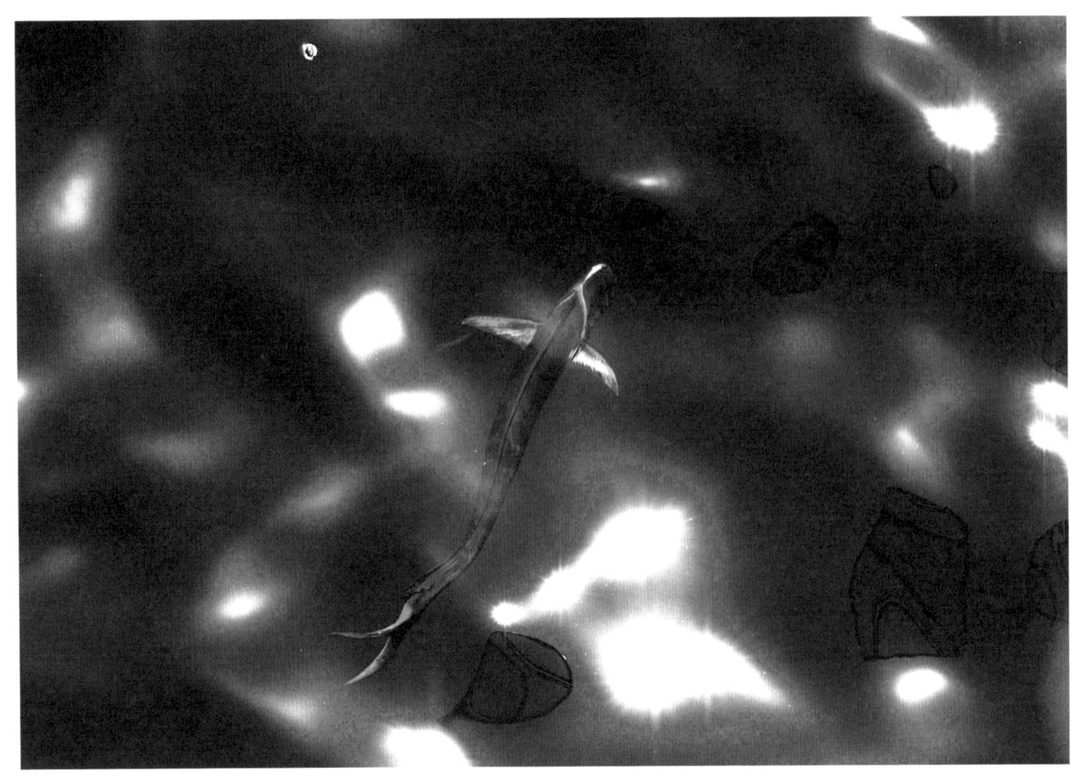

南海的每一滴浪花中都蕴藏着无边春色

倘若在显微镜下观察，南海的每一滴浪花中都蕴藏着无边春色。

海洋中，许多肉眼看不见的硅藻、颗石藻、甲藻、有孔虫、放射虫、真菌、细菌、古菌等海洋微生物，都在万物复苏的春季，焕发出勃勃生机。它们分布广泛、生物量巨大，对海洋环境和气候冷暖变化极其敏感，许多种类都成为科学家潜心研究的对象。

在“决心”号，研究古海洋学的赵宁博士，对南海海底沉积物中的微体古生物（如有孔虫）相关问题有浓厚兴趣。

他说，从沉积物中寻找到的有孔虫，都是经过漫长沉积过程积累起来的。有孔虫的生长具有季节性，每只有孔虫的壳体里，都记录了它们生长时的季节信息。如果能对这些信息加以提取，将有助于更精确地了解南海古环境。

微信扫码看视频

科普

南海，请问你的“芳龄”几何？

我的书桌上，总少不了一个地球仪，这是从小养成的习惯。

写作闲暇之余，常常喜欢凝视或者转动地球仪，想象着自己是站在太空，俯瞰这个蓝色的星球。

宽广的太平洋，几乎占了地球仪面积的 1/3。

太平洋的蓝色跨度很大，从白色的南极大陆海岸，一直延伸至北极的白令海峡，与白色的北冰洋相通。与太平洋交界的大陆有亚洲、大洋洲、北美洲、南美洲和南极洲。这些大陆以不同的姿态，布放在太平洋周围，相互之间相距遥远，必须转动一下地球仪，才能看齐全。

从地球仪上看，太平洋东西两边的风景完全不一样。

东边，与我们中国所在的亚洲大陆交界处，绿色的大陆边缘地带“镶嵌”了一连串浅蓝色的海，从北到南有：鄂霍次克海、日本海、中国东海、中国南海、菲律宾海、苏禄海。好像一大串浅蓝色的“珍珠手链”，戴在了西太平洋与亚洲交界的“手腕”上。

而把地球仪转到西边，太平洋与南美洲和北美洲交界处，则像是光滑的人体曲线。南美洲和北美洲，苗条而优雅的大陆身体曲线，直接面对着雄壮浩瀚的太平洋。

这真是很奇怪的现象！

太平洋西边的风景，科学家们称为“沟—弧—盆体系”。这里是全球最复杂的大陆边缘。

在西太平洋周边，整齐地排列着一串串的弧形岛链。

从阿留申群岛迤逦向南，经过堪察加半岛、日本诸岛、琉球群岛、马里亚纳群岛，直达菲律宾群岛。这些弧形岛链，一座接着一座，弧弧相套，岛岛相望，犹如花瓣一般，“镶嵌”在东亚大陆边缘。

南海，请问你的“芳龄”几何？

岛弧的内侧，镶嵌着一连串的“边缘海”。

阿留申群岛后面是白令海；堪察加半岛后面是鄂霍次克海；日本诸岛后面是日本海（韩国称为东海）；琉球群岛后面是中国东海；菲律宾岛弧后面是中国南海；马里亚纳岛弧后面是菲律宾海。

岛弧的外侧，则分布着世界上最壮观的海沟体系。

地球上已知超过 6 000 米深度的海沟有 33 条，其中 24 条在太平洋。西北太平洋边缘有 11 条海沟，分别是：阿留申海沟、千岛 - 堪察加海沟、日本海

在西太平洋一连串的边缘海“兄弟姐妹”中，南海卓尔不凡

沟、伊豆-小笠原海沟、马里亚纳海沟、雅浦海沟、帛琉海沟、日本西南海沟、琉球海沟、菲律宾海沟和马尼拉海沟。其中，马里亚纳海沟是全球最深的海沟。

南海，就“出生”在西太平洋这么复杂的“大家庭”！

这个“大家庭”里，拥有地球上最古老的洋壳、最年轻的洋壳、最深的海沟、最具破坏性的地震、最大的火山、最大的弧后盆地、最活跃的造山带、最活跃的海陆相互作用、最大规模的俯冲。

在这个“大家庭”一连串的边缘海“兄弟姐妹”中，南海卓尔不凡。

因为，南海的面积最大、经历也最为丰富。她的演化形成的时间虽然较短，但位于欧亚、印—澳和太平洋三大板块的交汇处，几乎经历了一个完整的“地质演化旋回”。

生与死，是人生中两件最大的事，南海也一样。

南海的形成，经历了海底扩张形成大洋壳、岩浆溢出造成火山链、板块俯冲消减等三个时期。海底扩张的最早年代，就是南海的出生年龄。板块俯冲消减停止之际，是南海的死亡之时。

不过，很长一段时期以来，科学家们对南海的年龄究竟有多大，她是何时出生的，何时死亡的，众说纷纭、难成定论。

这是因为南海的年龄难以从周边陆地剖面取得证据。而南海的海底，又覆盖了厚厚的沉积物，人们也很难从海底取样研究。

因此，世界各国科学家几乎全部依靠海盆扩张过程中、留在南海洋壳基底的“磁异常条带”，来判断南海的年龄。

20世纪80年代，美国科学家曾利用考察船测出南海海底的磁异常剖面，以此来判断南海的年龄。这些资料虽然代表了当时的最高水平，但是由于缺乏附近的日变资料，又受测量仪器和定位精度的限制，噪音干扰比较严重，导致推论存在不确定性。

此后，法国、德国和我国的学者，对此项研究进行了多种补充与修改，形成了新的不同看法，但同时也产生了更多的争论。

最早进行研究的美国学者，认为南海的扩张始于3 200万年前。但此后，有学者在南海中央海盆东北角也测量了磁异常，认为南海的扩张自3 700万年前就已经开始了。

德国的“太阳”号科考船，也曾在南海西南部进行了磁异常测量，他们认为南海的扩张历史应在3 100万—2 050万年之间，其中2 500万年的时候，“扩张轴”还发生了跳跃。

由于这些解释所依据的磁异常测线，都相当稀疏，且具有多解性，因此很难形成定论。

此外，对南海海底扩张的一些“家庭内部”事务，科学家们也有分歧。

南海的中央海盆，水深超过3 500米，略呈菱形，由玄武岩组成的大洋壳作为“盆底”。中央海盆又分成“东部次海盆”和“西南次海盆”。这两个“兄弟海盆”之间谁是“哥哥”？谁是“弟弟”？也有争论。

大多数科学家认为，东部次海盆形成在先，应是“哥哥”。然后拓展到西南海盆，西南海盆是“弟弟”；其间，还发生了“扩张轴”的跃迁。但也有科学家认为，西南海盆扩张更早，应是“哥哥”。

由于没有足够的科学证据，对这些南海之谜都争论了很多年。

在南海深部计划的支持下，我国学者通过坚持不懈的研究，终于揭晓了这些谜底。

2014年，我国科学家主导了大洋钻探349航次，在4 000多米的深海盆三个站位，成功钻取到78米玄武岩。经过科学检测发现，东部海盆形成在先。毫无疑问，东部次海盆是“哥哥”，西部次海盆是“弟弟”。

东部海盆约在3 300万年前、西部海盆约在2 300万年前开始形成，两者都在1 500万—1 600万年前停止扩张。“兄弟”俩不是同年同月生，但几乎是同年同月死。

南海的“芳龄”，至今至少有3 300万年！

南海海底：“海雪”飞扬

从海面到3 770米深的海底，南海一直在“下雪”！

通过“决心”号大洋钻探船水下摄像机，我第一次看到了南海海底景色，惊叹不已。

“五丁仗剑诀云霓，直取天河下帝畿。战罢玉龙三百万，败鳞残甲满天飞。”用宋朝诗人张元这首充满了豪迈想象的《雪》，来形容南海飞扬的“海雪”，似乎十分恰当。

为了给第二个钻孔U1499B孔安装“保护套管”，“决心”号上的钻探工人将套管装置系统和水下摄像机一起放到了海里，“现场直播”在海底的安装情况。

功能强大的水下摄像机，将自己从海面到海底的一路所见所闻，实时传输到船上的电视屏幕。

摄像机刚刚下水，深蓝色的海水背景下，就出现了无数飞扬的白色“雪花”。

这些“雪花”似乎受到来自同一个方向湍急的海流影响。在屏幕上，一直从右向左倾斜着，快速运动漂移。偶尔还有一些大片的“鹅毛大雪”，在镜头前一掠而过。从海面到海底，除了在几百米处“闪过”几条小鱼身影，就没有再看见任何大的海洋生物。屏幕上呈现的是一片静寂的海底世界。

这些“雪花”名叫“海雪”，是深海中的悬浮物。海水中各种生物死亡分解的碎屑、海洋生物排放的粪便团粒、大陆水体带来的颗粒等，在海水中相互碰撞、相互结合，像滚雪球一样越滚越大，形成雪花似的絮状悬浮物，最终降落到海底。

2015年12月，我曾见过“决心”号水下摄像机拍摄的西南印度洋中脊700米深的海底景象。那里是一片生机勃勃的海底世界，但“海雪”并不多。2016年8月，我还在“张謇”号上，目睹过南太平洋新不列颠海沟5 000多米深海底的一场“直播”。那里的“海雪”大

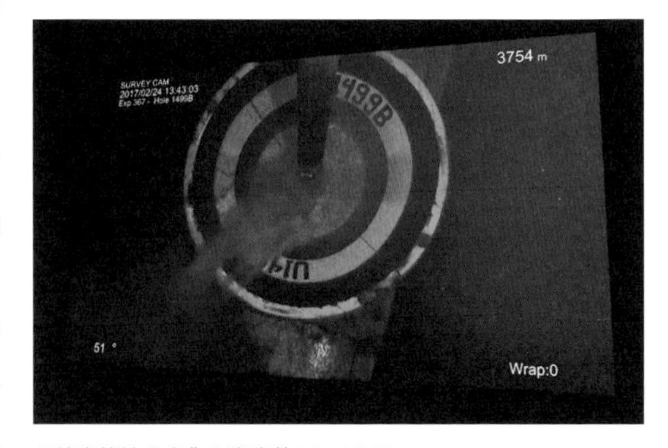

保护套管被“嵌”入海底的U149B孔

“决心”号运营负责人史蒂文·迈迪和首席科学家孙珍研究员研究钻探工作

部分时间都很细密，如空气中飘浮的无数尘埃，悠然浮过。不似南海的“海雪”这般行色匆匆，令人感觉“风雪交加”。

第三次南海大洋的目标是钻取南海的基底岩石，在 3 770 米深的海底，钻孔需打穿海底 800 多米的沉积层。为了防止钻孔在松软的沉积层里坍塌，钻孔最上面的 651 米，需要用套管保护起来。

将 651 米长的保护套管一点一点地“嵌”入海底，并不是一件很容易的事。船上采用了专门研发的新装置。装置最下方的套管，连接着钻头。钻头一边钻开海底沉积物，一边将套管“嵌”进海底。装置最上方是一个长方形的基座，中间放置了“返孔锥”，钻杆可从“返孔锥”重复进入钻孔。

伴随着机器的轰鸣，艰难安装的过程长达 20 多个小时。最后，套管保护装置最上方的基座，终于在南海“触底”了。一大团细腻的泥尘在海水中腾起，漫卷而过之处，屏幕上一片模糊。

随后，船上通过一个非常巧妙的触动装置，将钻杆从“保护套管”里拔了出来。此后，换一个专门钻取岩芯的钻头，通过“返孔锥”进入保护套管，就可从 651 米的下方继续深钻，直至钻取基底岩石。

在水下摄像机的“全程直播”中，我看到即使是在 3 770 米深的海底，镜头前的“海雪”依然纷纷扬扬，没有明显减少。

深海，收藏地球历史上的多少秘密？

近半个多世纪以来，从证明“洋底扩张”到发现“深海风暴”，

南海是海洋科学研究的“天然实验室”

从发现非光合作用的“黑暗生物链”到地壳深处的“深部生物圈”，深海里的一系列新发现，为人类认识自己的家园打开了新视野。

研究深海，是研究地球系统科学的突破口。

南海是西太平洋最大的边缘海，地处低纬区，具有一系列深海研究“得天独厚”的优越性。与古老的大西洋相比，南海的规模小、年龄新；与广阔的太平洋相比，南海的沉积记录保存得更完好。

在南海这个“天然实验室”里，地球动力学家可以研究大陆岩石圈的破裂机制，物理海洋学家可以探索深处环流的驱动力，生物地球化学家可以研究各类化学元素交互作用、生物耦合与非耦合过程，海洋沉积学家可以追踪颗粒沉积物的路径。

“海雪”飞扬的南海海底景象，仿佛拉开了这个“天然实验室”神秘的窗帘一角。

科普

有机质在海洋沉积物中长期保存的“奥秘”

深海沉积是地球表层系统演化重要的“信息载体”。

南海是西太平洋地区最大的边缘海，濒临亚洲大陆，每年要接受数亿吨周边河流的沉积物，加之西太平洋深层水贯入的长期影响，在南海深海形成复杂和活跃的底层海流搬运和沉积作用，使南海成为开展深海沉积过程研究的理想场所。

在“南海深部计划”支持下，经过多年努力，我国已在南海东北部建成全球先进的“深海沉积动力过程综合观测系统”。

这套系统由同步观测的 12 套综合锚系和 1 套海底三脚架组成，锚系长度在 1 000—3 300 米之间，水深主要分布在 1 500—3 900 米范围，主要观测深海海流温度、盐度、流速、混合强度等参数，并收集深海里的悬浮沉积物样品，成为我国科学家持续开展深海沉积学研究的“野外实验室”。

通过长时间的深海锚系观测，同济大学教授刘志飞带领科研团队已证实等深流在南海北部海盆长期存在，在国际上第一次定义深海等深流的速度结构及其季节性变化。他们发现海表生成的中尺度涡，能够穿透数千米水层，与等深流一起，共同对深海沉积物远距离搬运起到关键作用。

他们还鉴别出南海存在两种典型的深海峡谷，分别是浊流频繁活动的“高屏海底峡谷”和沉积动力相对安静的“台湾海底峡谷”，发现高屏海底峡谷长年频发的浊流事件是由途经台湾的台风引起的。

南海深处奥秘知多少？

每当超强台风登陆台湾，台风带来的超强降雨，将台湾大量沉积物通过河流灌入南海，从而沿高屏海底峡谷以浊流形式进入深海，是南海的深海物质侧向搬运最重要的过程。这些研究是深水沉积过程观测实验的先驱性工作，大大推进了我国南海深海沉积学发展。

刘志飞教授在“决心”号上

从达尔文时代开始，有机质长期保存就一直是困扰地球科学界的难题。

2019 年 10 月，刘志飞团队发现有机质在海洋沉积物中长期保存的“奥秘”。国际权威期刊《科学》杂志发表了相关论文。

由同济大学与瑞士联邦理工学院合作进行的这项研究，发现陆地来源的土壤成因有机质，在海洋里的搬运和沉积过程中，从“蒙脱石”表面被剥离分解，被海洋成因的有机质所取代。但同样是陆地来源的岩石成因有机质，在海洋环境中与“云母”和“绿泥石”紧密结合，则不发生变化。

“这个结果表明，陆地来源有机质在海洋沉积物中的长期保存，是由层状硅酸盐矿物这个一级因素所控制。”刘志飞教授介绍说，“有机质含量和矿物表面积之间存在的重要关系，前人进行了大量研究，但对这种关系的性质，却一直没能清楚解释。我国的南海及其周边，具有高度空间多样性的黏土矿物分布特征，为定量验证这种关系提供了天然实验条件。”

研究团队通过多年调查，发现南海北部的吕宋岛，仅提供土壤成因的“蒙脱石”；而台湾岛则仅提供岩石成因的“云母”和“绿泥石”。

他们通过在南海北部布设深海沉积物捕集器锚系观测系统，获得了在时间序列上源自吕宋岛和台湾岛的黏土矿物，及其携带的陆源有机质。然后，再进行放射性碳测年、有机碳稳定同位素、层状硅酸盐矿物表面积、以及矿物含量定量研究等高精度实验分析，从而首次清晰地揭示出：黏土矿物的种类是影响有机质保存的最重要因素。

刘志飞研究团队取得的这项最新成果，回答了有机质最终封存在海洋沉积物中的驱动机制，对于地球早期、甚至地外天体有机质长期保存研究具有重要科学意义。同时，也进一步拓展了南海作为海洋前沿科学问题“天然实验室”的研究空间。

南海海底惊现“大洋红层”

科考探秘

“决心”号大洋钻探船长达4 000多米的钻杆，穿过南海海底U1499B孔651米长的保护套管装置，日夜不停地向下深钻。

船上科学家们最期盼的，是早日钻到南海的基底岩石，那就能揭开争论多年的“科学之谜”了。何时能钻到南海的基底岩石？最老能钻到哪个地质年龄？船上还开展了“竞猜”活动。

每天，当“决心”号上响起“Core on Deck”（岩芯上甲板了）的通知时，大家就纷纷聚集到岩芯甲板，等待着新岩芯上来，盼望早点看到南海的基底岩石到底是什么样子。

连日来，理论上推测的南海基底岩石深度870米早已经钻过了，还是没有看到基底岩石的出现。大家惊奇地发现，从海底钻取出来的一管管样品，是一种看上去呈红棕色、细腻如巧克力的泥岩。

这种泥岩与此前一直出现的深绿色泥岩、深灰色砂岩有明显区别。

在海底下七八百米开始出现，有时断断续续，但越往深钻，就越有连续性。直至钻到海底下900多米，钻取的样品依然是这种泥岩。颜色从暗红色逐渐变成了深红色，就像我们平常吃的巧克力，纯度明显提高，并时而夹有绿色条带。

仔细观察这些“巧克力”，“决心”号上的海洋沉积学家、同济大

刘志飞教授（右一）在“决心”号上讨论“大洋红层”

像巧克力一样的“大洋红层”具有重要科学意义

学海洋与地球科学学院教授刘志飞很兴奋，他说，“这种红棕色泥岩就是典型的大洋红层，这已是大洋钻探在南海海底第二次发现‘大洋红层’了。”更重要的是，这次发现的“大洋红层”有100多米厚度，具有重要的科学研究意义。

刘志飞详细解释了什么叫“大洋红层”。“大洋红层”是一种远离陆地、在深水中慢速堆积的远洋沉积物，其主要成分是微米级的黏土矿物，也可能含有微体化石碎片等。由于细小的沉积物在海底停留时间很长，颗粒外表容易形成一层铁锰氧化物，沉积环境缺少有机质，这些偏红色的氧化物被埋藏后就将颜色保存下来，形成独具特色的远洋红棕色泥岩，因此被称为“大洋红层”。

在现今的太平洋、大西洋、印度洋海底，“大洋红层”均有广泛分布。不过，现今的南海却没有，只能在海底才能找到。

刘志飞说，“大洋红层”代表了远洋和极其安静的深海环境，在南海的海底沉积发现“大洋红层”，说明当时的南海是面向西太平洋开放的边缘海。而现今的南海是半远洋沉积环境，南海东部的菲律宾岛

“大洋红层”记录了南海一段生命旖旎的静好岁月

弧带向北移动，致使南海成为半封闭海盆，深海环境发生了巨大改变。因此，现今的南海海底再也没有“大洋红层”了。

“大洋红层”记录了南海一段生命旖旎的静好岁月！

这段美好的岁月有多长久？

为了判断“大洋红层”沉积年龄，来自北京大学的黄宝琦、日本岛根大学的古泽明辉和中科院南海海洋研究所的向荣，轮流值班寻找其中的有孔虫化石。

他们将坚硬结实的“大洋红层”样品敲成小块，用双氧水加热，搅拌两小时，熬成好似“巧克力酱”的泥浆后，再用水“冲样”筛选，发现其中有许多有孔虫化石。

刚开始出现的“大洋红层”的有孔虫，大约生活在 900 万年前，后来发现了最古老的有孔虫化石，大约生活在 1 900 万年前。

也就是说，这短短的几十厘米“大洋红层”样品，至少已经在南海海底地下深处沉积了 1 000 多万年。

看着美丽的“大洋红层”，令人不禁感叹地球上漫长的悠悠岁月！

追溯南海的“岁月之歌”

如果将地球磁场自形成以来的不断变化，比喻成一首“岁月之歌”，包含磁性颗粒的海底岩石或沉积物，就好比这首歌的“录音机磁带”。研究“磁带”最初的磁性记录，可以追溯“唱歌”年代，判断地层“年龄”。

这种研究方法被称为“磁性地层学”。

自20世纪60年代大洋钻探开展以来，磁性地层学就成为重要的岩芯样品定年方法，与有孔虫、超微化石等生物定年相互印证。

在“决心”号上，科学家团队中的古地磁组共有三人：同济大学海洋与地球科学学院的副教授易亮、美国普渡大学的博士生张杨、美国加利福尼亚州立大学的助理教授史蒂文·斯肯纳（Steven Skinner）。

他们在船上的主要任务，就是通过研究从南海海底钻取的岩芯古地磁，绘制出“磁性条形码”，判断岩芯样品“年龄”，追溯南海的“岁月之歌”。这不仅需要在船上对岩芯样品进行一些复杂检测，同时还需要进行修正研究。

“由于岩芯在海底钻取过程中已经受到了很多干扰，我们首先需要对样品进行清洗，即退磁处理；然后再用船上的低温超导磁力仪，测出岩石或沉

古地磁样品，可以追溯南海的“岁月之歌”

易亮副教授用低温超导磁力仪检测岩芯样品的古地磁

史蒂文·斯肯纳助理教授（左）和张杨博士分析岩芯样品的古地磁数据

积物最初记录的地球磁场特征，即天然剩磁。”易亮介绍说。

在自然界，比如岩浆和沉积物中，存在许多具有磁性的天然矿物。在岩浆冷却结晶或沉积物形成时，这些矿物会因地球磁场的作用，随当地磁场方向进行一致、有序的排列，将当时地球磁场特征的信息，稳定地保存在所形成的岩石中，这被称为“天然剩磁”。

由于船上的“磁屏蔽”条件有限，用低温超导磁力仪测出的“地磁极性倒转序列”数据有“噪音干扰”，因此还需要进行进一步检验和修正。在古地磁实验室，时常看见张杨拿着一个小小的正方形取样器，从海底沉积物岩芯中取“散样”。

“这些散样需用船上的热退磁炉进行处理，最高可达 700 摄氏度；再用旋转磁力仪测出磁倾角、磁偏角和剩磁强度，用以补充修正钻孔的地磁极性倒转序列，最终绘制出‘磁性条形码’。”张杨介绍说。

为什么将钻孔剖面的地磁极性倒转序列称为“磁性条形码”？

原来，地球磁场自形成以来，磁极位置不仅在一定范围内发生游移，还不时出现倒转。在研究中，科学家一般用黑色表示岩石的“天然剩磁”与今天地球磁极一致的“正极性”，用白色表示与此相反的“反极性”。

这些黑白条码，形象地显示了地球磁场在不同地质历史时期的频繁交替，仿佛地球自身独特的“磁性条形码”，每个“条形码”都有自己的年龄和持续时间，成为地球磁场的“指纹”。

“磁性地层学”经过半个多世纪发展，科学家们已根据地球磁场倒转的顺序和每一次磁场发生倒转的时间，建立起《国际地磁极性年表》，成为一把度量地层年代的“尺子”。

由于地球磁场倒转的全球性、同时性和可信性，这把“尺子”被广泛应用于海、陆相沉积序列的划分和对比中。

“决心”号上的古地磁组，绘制出南海海底岩芯的“磁性条形码”以后，用《国际地磁极性年表》的“尺子”量一量，就可以判断出岩芯样品的年龄。

镶嵌在“大洋红层”里的“花蕊”

在南海的两个钻孔里，“决心”号大洋钻探船都钻出了“大洋红层”。

在第一个钻探站位 U1499B 孔，大洋红层出现在海底以下约 800 米深处；

在第二个钻探站位 U1500B 孔，大洋红层则出现在海底以下约 1 200 米位置，整整加深了 400 米。

仔细观察，南海大洋红层的红层泥岩，质地极为细腻，颜色由暗红、到浅红、再到微红。红层中，有时夹杂着绿色的层段，有时呈现绿色的斑斑点点，有时还出现微小的砾石颗粒和金属颗粒。

在第二个钻孔，大洋红层之下，“决心”号紧接着在 1 380 米深处钻到了灰黑色的玄武岩。

刘志飞认为，南海大洋红色直接覆盖在玄武岩之上，说明当时的深海在玄武岩喷发之后，经历了一段长期安静的远洋环境，这进一步证实南海在演化早期是“远洋沉积环境”，与现今的“半远洋沉积环境”截然不同。

在远洋沉积环境里，海洋里的颗粒物自上而下地缓慢沉降，沉积速度慢，通常每千年仅沉积几毫米；而在半远洋沉积环境里，颗粒物从陆向海进行侧向搬运和沉降，沉积速度快，每千年沉积可达几厘米或几十厘米。

大洋红层在这个航次的钻探地层中出现，表明至少 1 000 多万年前的南海曾经开阔而安静。斗转星移，南海沿着自身地质历史发展的轨迹不断演化，深海环境也随之不断变化，再也没能回到史前安静祥和的沉积岁月。

“决心”号上的海洋古生物学家们还发现，南海大洋红层里普遍发育生物遗迹，尤其在底部层位中，含有大量的微体化石，如有孔虫和钙质超微化石等。

“多数的大洋红层里，基本是不含化石的。南海大洋红层表明：在史前那段安静祥和的岁月里，南海里的生命旺盛、旖旎多姿，令人浮想联翩。”刘志飞说，“这些富含微体化石的远洋沉积形成的岩石——白垩，通常是白色的。但在南海，白垩却是红色的，令人诧异。”

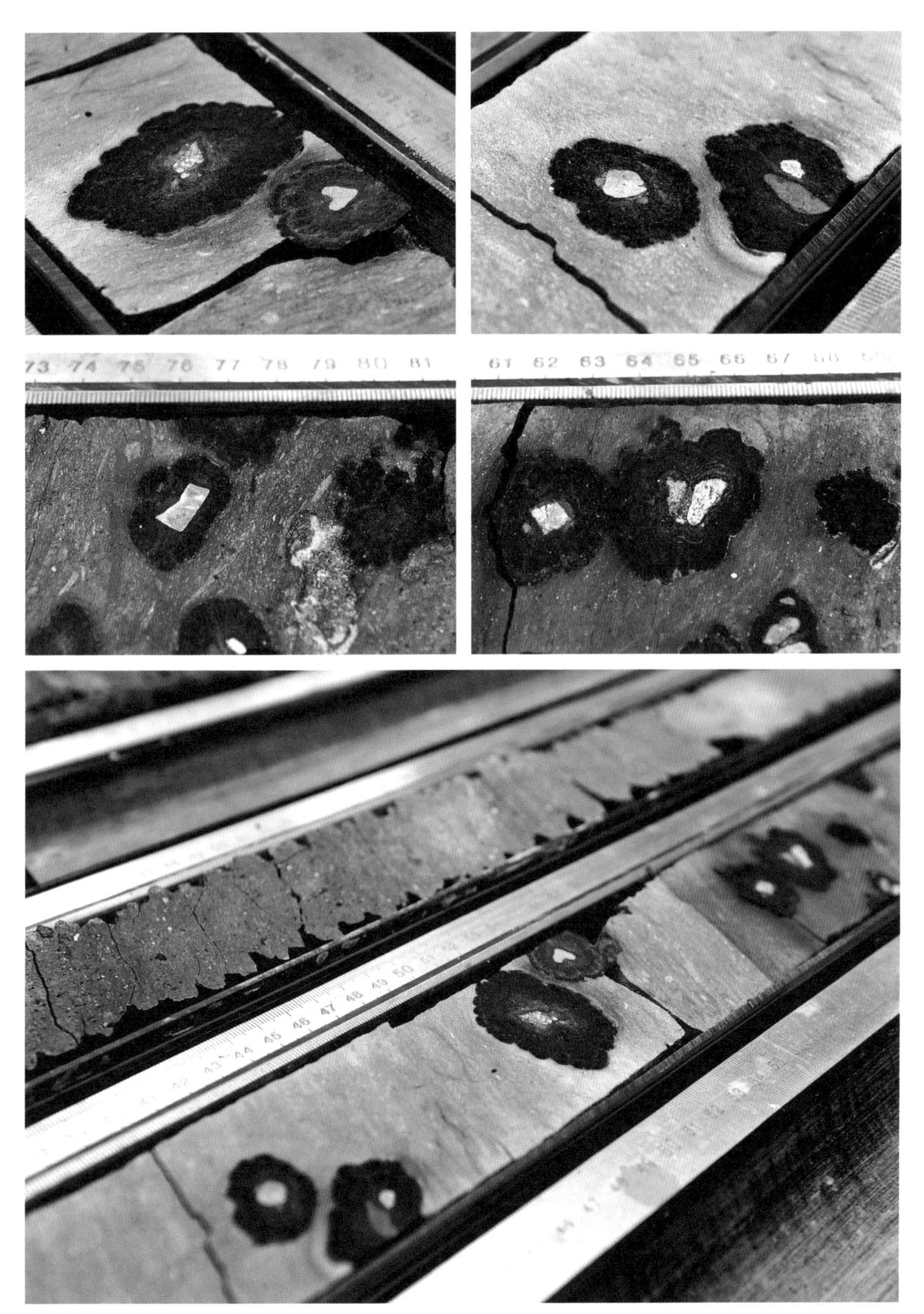

镶嵌在南海大洋红层中的美丽“矿物结核”，犹如一朵朵含苞欲放的“花蕊”，是开启南海历史画卷的“钥匙”

2014 年，在我国科学家主导的第二次南海大洋钻探 IODP349 航次中，“决心”号曾在南海中部海盆 U1431 和 U1433 等三个站位，第一次发现了南海大洋红层，当时也是位于大洋地壳玄武岩之上。

在航次后的研究中，刘志飞和他的博士生吕璇对 U1433 站位一段 40 多米厚的大洋红层沉积岩芯样品，进行了元素地球化学和矿物学的分析。结果表明：U1433 站位的“中新世”红层，是在富氧的水团环境下形成的；在沉积后，又有部分红层发生了热液蚀变。

刘志飞说：“在船上观察和描述大洋红层，是一件非常令人愉快的事。不但可以自己静静观察仔细描述，想象着 1 000 多万年前红色的南海深海世界；还可以与大家分享红色沉积的由来，一起深入探讨，将来共同揭开南海深海史前的神秘面纱。”

令人惊喜的是，在第二个钻探站位 U1500B 孔，海底 900 多米的“大洋红层”中，还“镶嵌”了好几处“矿物结核”，看上去像一朵朵含苞欲放的“花蕊”，别致而美丽。

南海海底史诗般的丰富沉积令科学家们笑逐颜开

观察南海洋陆过渡带的基底岩石

中国地质大学（武汉）资源学院雷超介绍说，这些“花蕊”就是开启南海历史画卷的“钥匙”。

深海科学调查研究发现，这种结核一般分布于水深 3 000—5 000 米的弱氧化环境、沉积物堆积速率较低的深海大洋表层，如生物软泥或深海黏土的表层。如果结核被沉积物覆盖住，这种结核就不会再生长。

“有了这把钥匙，根据地质学‘将今论古’原理，我们就可以推断当时的地质演变过程，通过航次后多学科的交叉研究，全面勾绘当时的深海全景图。”雷超说。

在第二个钻探站位 U1500B 孔，更多的惊喜接踵而至。

当“决心”号继续向下深钻时，还遇到了 150 多米厚的砾石层。呈现在大家面前的是一颗颗深灰色、坚硬光滑的砾石，大小在 2—3 厘米到 10 多厘米之间，与陆地河谷经常看到的“鹅卵石”十分相似。

“这种砾石需要在非常强的水动力条件下才会形成。在如此深的海底下，为什么也会有鹅卵石？这里曾经是深海峡谷吗？还是当时的陆地山脉峡谷？从大洋红层直接跨进如此深的砾石层，这足以让国际学术界惊讶，令人充满了无限的想象！”同济大学海洋与地球科学学院刘志飞教授说。

首席科学家孙珍也迷惑不解。

她说：“我们是来寻求答案的，原本希望通过钻探能解决我们心中的科学之谜。没想到钻探在给我们答案之前，先给我们提出了更多的新问题。比如说，我们急切地想看看南海洋陆过渡带的基底岩石到底是什么，钻探结果却是先让我们看一套砾石层，再看一套既像玄武岩、又像安山岩的火成岩。这些岩石代表了什么？是什么成因？这都是我们好奇的，但暂时都还无法回答。”

面对神秘未知的南海深部世界，科学家们充满了问号。南海海底史诗般的丰富沉积，更令他们惊叹不已！

探寻南海古环境“蛛丝马迹”

海洋是生命的摇篮。

在这个“摇篮”中，曾经生活过的各种生命，或多或少都会在海底沉积物留下自己的印记。有的用肉眼就能看到，有的需要用显微镜观察，还有的需要用化学方法才能提取出来，“分子化石”就属于最后这类“生命的印记”。

在“决心”号大洋钻探船上，同济大学海洋与地球科学学院李丽教授的研究工作，就与这些“分子化石”密切相关。

在安静的地球化学实验室，经常看到她忙碌穿梭在各类仪器设备和一些瓶瓶罐罐之间，专心致志地进行着岩芯气体分析和孔隙水提取，或利用精密的微量天平仪器和不停冒着气泡的碳酸盐装置，进行碳酸盐含量和有机碳、氮的元素分析。

“如同生物有各自特别的基因一样，每类生物也存在自己独特结构的有机分子，称为‘分子化石’或‘脂类标志物’。随着生物的死亡，基因分子DNA、RNA分子也将很快消逝，但一些难以降解的分子化石却能在沉积物中保存下来，为我们探寻古海洋环境留下了蛛丝马迹。”李丽说。

在海洋中曾经生活过的各种生命，或多或少都会在海底沉积物中留下自己的印迹

李丽教授在“决心”号上检测气体

了解过去，才能更好地预测未来。深入研究海洋古环境变迁，可以更好地了解当今全球气候变化。提取分析海底沉积物中的“分子化石”，追溯重建长时间尺度的古环境、古气候，是国际上方兴未艾的一种古海洋环境研究方法。

自 2003 年到同济大学工作以来，李丽一直潜心与南海的各类“分子化石”打交道。参加 IODP367 航次，她就是想到南海亲历见证一下自己研究多年的“老朋友”，参与到从海底深处采样提取的全过程之中，期待样品中能提取更多、更古老的“分子化石”。

“虽然分子化石看不见，也摸不着，但通过有机试剂和检测仪器，我能真切地判断它们的存在。这就如同侦探小说中的指纹痕迹一样，检测到分子化石，就可以判断古南海曾经生活过的生物类群，数量的多寡和变化。”李丽说，“通过海陆不同有机分子的相对含量的变化，我们就可得知地质历史时期的海陆变迁、海进海退。”

正如我们人类会随着天气冷热而增减衣服一样，生物也会感知环境的冷暖变化。

李丽举例说，海洋中有一种被称为“神奇分子”的长链烯酮，它的结构中含有 2—4 个双键结构，随着温度的升高，含有三个双键的烯酮减少，反之则增加。科学家据此建立了“海洋古温度计”，可以追溯过去几百万年以来的海水温度变化。

大洋中无所不在的古菌“分子化石”也非常独特，有别于细菌和真核生物的酯键结合，古菌分子合成特殊的醚键，更加稳定。它们也可以随着温度的升降，改变自己身体结构中的五元环数量。这些对温度变化十分敏感的生物留下的“分子化石”，为科学家研究地球海陆变迁、气候冷暖变化，提供了珍贵的“历史档案”。

不过，用化学方法将沉积物中的“分子化石”提取出来，是一个冗长复杂的过程。下船后，李丽需要继续进行各种复杂的试验和分析研究，通过气相色谱仪、液相色谱仪、质谱仪等众多仪器，鉴定出“分子化石”并分析其含量，以追寻南海古海洋环境变迁的“蛛丝马迹”。

邂逅南海的美丽有孔虫

如果将深海沉积看作是一部记录南海历史的卷帙浩繁的巨著，小小的有孔虫就是这部巨著的“书签”。

“决心”号大洋钻探船在南海展开钻探不久，在船上的显微镜下，我就“邂逅”了一群40万年前生活在南海的美丽有孔虫，它们是从南海海底钻取的科学样品。

当时的南海生活一定快乐而富足。因为尽管过了40万年，每一只有孔虫化石依然散发出白色珍珠般的温润光泽。它们有的像圆圆的乒乓球，仔细看皮肤却呈网格状；有的像含苞欲放的棉花，白色的花瓣清晰可见；还有的像扇形贝壳，中间包裹着一个小孔。在显微镜灯光照射下，玲珑剔透、美轮美奂，仿佛一张张迎面而来的笑脸。

自寒武纪至今，这些仅1毫米大小的美丽的单细胞动物，已经在地球上生活了5亿多年。它们祖祖辈辈以海洋为家，生生死死都不离开海洋。海洋的边界到哪里，它们就到哪里；没有海水的地方，不会找到它们的踪影。它们家族兴旺、种类繁多、分布广泛，对海洋环境因素反应极为敏感；某些种群演变迅速，在地球上生死留存的时间很短，因此成为相应地质年代的重要标准化石，成为科学家研读地球历史的“书签”。

为了在第一时间鉴定年代，船上的有孔虫学家们日夜忙碌。

来自中科院南海海洋研究所的研究员向荣，在“决心”号钻取的第3管沉积样品中，发现了几只粉红色的“红拟抱球虫”。这种在教科书中作为定年标志的有孔虫，生活在地球上的年代为12万—40万年前。因此可以判断，“决心”号钻取的第3管南海沉积样品，是在这段时间内沉积的。

尽管肉眼看上去，有孔虫小如针尖，但却不属于微生物，而是不折不扣的动物，隶属于原生动物界粒网虫门有孔虫纲，壳上有一个或多个开孔，以便伸出伪足，因此得名“有孔虫”。自寒武纪至今，已知其化石种类有4万多种，分布于五大洋不同海洋环境的现代有孔虫，种类有6 000多种，仅在我国海域就生活了1 500多种。

作为一位与有孔虫打了20多年交道的古海洋学家，向荣能一眼

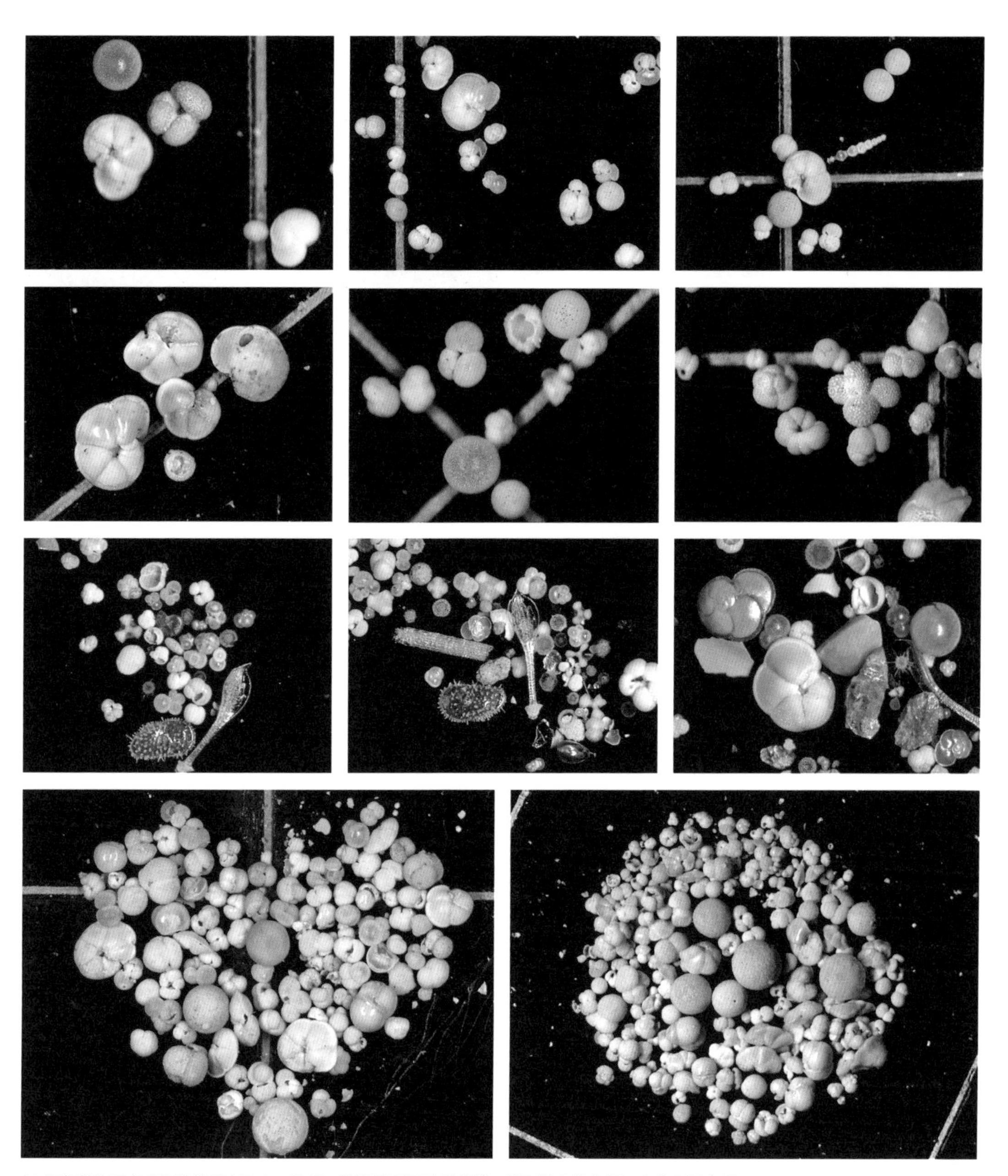

40 万年前生活在南海的美丽有孔虫，仿佛一张张迎面而来的笑脸，当时的南海生活一定快乐而富足

辨认出 200 多种著名的有孔虫，对它们的面貌特征、性格特点、出生和死亡的年代了如指掌。我在“决心”号初次邂逅的乒乓球状“圆球虫”、棉花状“弓鞭里抱球虫”、扇形贝壳状“圆辐虫”，在向荣的眼里，早已是相识相交多年的“老朋友”了。

在“决心”号，向荣和来自北京大学的黄宝琦、日本岛根大学的古泽明辉一起，24 小时轮流值班。每当一管新的沉积样品钻出来，他们就在钻头处取样，用 63 微米的筛子，将黏土和粉砂过滤掉。在筛子里剩下的样品中，就可以找到许多有孔虫化石。烘干后，在每一份样品里，用显微镜仔细地寻找标志性的有孔虫“面孔”，进行“生物化石定年”。只有构建了年龄框架，有了地层年龄，发生在不同时间段的构造与沉积事件才会“复活”起来，被编入档案，用来重塑不同时期南海的演化历史。

向荣研究员正在研究有孔虫

作为世界最古老的原生动物，有孔虫是地球沧海桑田变化的“见证者”。它们的身影最早出现在 5 亿多年前的寒武纪，在古生代的石炭纪和二叠纪，有孔虫家族兴旺发达，进入了极盛时期；在中生代初期，一度有所衰退；但是从侏罗纪开始，它们又再次勃兴，在白垩纪再次进入极度繁荣。第三纪则是有孔虫的全盛时期，其中有许多分支都延续到了现代。

因此，研究现今海洋中的有孔虫种类及数量、分布，总结其与所处环境因子的关系，科学家就可以推测出古海洋环境和古气候。有孔虫是古今海洋环境对比的优质“指示生物”，广泛应用于生物地层学、古海洋学等诸多科研领域，被誉为“大海里的小巨人”。

在 20 多年的研究中，向荣曾利用有孔虫进行过南海和冲绳海槽的温度、盐度、海流变化、边缘海的古生产力变化、底层水通风状况以及东亚季风变化在海洋中的响应等许多项研究。对此次在“决心”号上采集的有孔虫样品，今后还将继续进行氧、碳同位素、镁钙比值分析等多项指标的“身体检测”，以了解它们当时生活的海洋环境。

在南海北部 3 770 米深的海水下，“决心”号顺利钻取海底 1 081 米深的钻孔岩芯。在这些岩芯样品中，船上科学家还寻找到 3 000 万年前生活在南海的有孔虫。

3 000 万年的漫长岁月，有孔虫讲述了怎样的南海故事?

黄宝琦来自北京大学地球与空间科学学院史前生命与环境研究所，是一位优秀敬业的海洋古生物学家。在“决心”号的显微镜下，她与南海有孔虫展开了“对话”。

“钻探刚开始，在第二管岩芯样品中，我们就发现了一种名叫‘红拟抱球虫’（*Globigerinoides ruber* pink）的浮游有孔虫。这位‘美丽的小姐’生前最喜欢穿粉红色碳酸盐质的衣服，在南海、印度洋、太平洋的海域，她最早出现时间距今约 40 万年；但在 12 万年前，不知何故突然‘香消玉殒’。”黄宝琦说。

正当科学家们将南海地层确定在 40 万年序列的时候，连续的“地层画卷”突然被“撕裂”：有孔虫样品中发现了近400万年前的属种组合。

“从 40 万年瞬间跳跃到 400 万年，这期间到底发生了什么？间断？滑塌？当时我们的内心都充满了疑惑。”黄宝琦说，“直到钻到 100 多米的海底沉积后，正常的层序又恢复了，大家的思路豁然开朗：原来这是一个巨厚的滑塌体，突然闯入了正常的沉积系列，400 万前的有孔虫属种就保存在滑塌体中。”

随着“决心”号在钻孔里越钻越深，南海的深部世界变得更加“动荡”。原地的深海粉砂和黏土中，夹杂着不知从何处而来的浅海细砂，粉砂和泥，各种组分在岩芯中“你方唱罢我登场”，进一步增加了生物地层研究的难度。

在船上，黄宝琦、向荣、古泽明辉轮流值班、艰难寻找。他们将显微镜的放大倍数从 10 倍一直增加到 80 倍，终于在成分混杂的岩芯样品中，寻找到一些有效的地层标志种，标志着沉积年代从“更新世”进入到“晚上新世”。

钻到海底 700 多米时，仿佛一夜之间，整个南海环境发生了翻天覆地的变化。海底中氧气充足，原有的黏土矿物被氧化成漂亮的红色，其间点缀着成千上万的白色有孔虫。原来，再次在南海发现了“大洋红层”。

“大洋红层”岩芯比较坚硬。黄宝琦他们将岩芯磨碎，用双氧水加热，熬成浓浓的“巧克力奶茶”后，再用 63 微米孔径的筛子过滤，更多更大的有孔虫就呈现在显微镜下。它们表面粗糙、个体大、特征明显。有一种拉丁文名叫“*Globiquadrina binaiensis*”的有孔虫属种，在这个地层中一闪而过，成为黄宝琦进行定年的“标志性面孔”。

“大洋红层”之下，岩芯样品中还出现了深海的矿物结核，有孔虫的壳体也出现了变形和溶解，沉积样品的异地搬运特征明显，地层的年龄再次变得扑朔迷离。

恰在此时，一粒尘埃大小的有孔虫在 80 倍的显微镜下“登台亮相”。它就像一个可口的“奶油冰激凌”，拉丁文名叫“*Tenuitellinata juvenilis*”，在南海最早出现的时间大约在3 000万年前。

一起“登场”的，还有一种像“小麦穗”的有孔虫属种，拉丁文名叫“*Chiloguembelina cubensis*”。它生活的年代与“奶油冰激凌”差不多。两种“标志性面孔”组合出现，可以判断地层年龄在3 000万年前。

黄宝琦（左）和古泽明辉讨论有孔虫

“深海如此神奇，有孔虫如此美丽，时常唤起我内心深处的无限想象，仿佛自己可以像神话一般，跨越圈层、穿越时空、自由驰骋。这也是我为什么迷恋海洋微体古生物学的原因。”黄宝琦说。

有孔虫的壳体不仅承载了“海洋历史信息”，而且造型变化多端、精美绝伦，几可与鹦鹉螺比美，堪称“大自然的艺术杰作”。

国外科学家侯弗克(Hofker)曾经通过计算指出：有些有孔虫是依照“黄金比例”增长其房室的，其精致的内部旋向构造，完全符合“黄金比例”定律；他将某些有孔虫的旋称之为“哥德的生命旋”。

有孔虫之美也深深吸引了我国科学家。从事有孔虫研究半个多世纪的中科院海洋研究所郑守仪院士，不仅开创和发展了我国现代有孔虫研究、荣获世界有孔虫研究最高奖——“库什曼奖”，她还手工绘制了一万多幅有孔虫图，亲手雕琢了数百个有孔虫的放大原模，研制开发了有孔虫雕塑、科研教具、科普展品和旅游纪念品。

在她的大力推动下，中国科学院海洋研究所与中山市三乡镇合作共建了世界上独一无二的有孔虫雕塑园。114座大型的有孔虫石雕，以“宏观的微生物”“单细胞的雕塑品”的奇特方式，生动展示了集科学与艺术于一体的“有孔虫文化”，被国外权威机构评选为“世界十大进化旅游热点”。

今后，一定要去那里看看。大自然如此神奇，科学与艺术之美，原本相融相通。在“决心”号与有孔虫的美丽邂逅，更加令我对此深信不疑！

科普

在南海基底岩石里寻找“时间胶囊”

南海何时与华南大陆分离并生成新的洋壳，是构建“南海生命史”的一个重要时间框架。

在第三次南海大洋钻探成功钻取的洋陆过渡带基底岩石中，中山大学钟立峰研究员致力于寻找“时间胶囊”，展开深入研究。

经过长达一个多月的艰难钻探，“决心”号大洋钻探船在南海洋陆过渡带终于钻到了玄武岩。

玄武岩是洋壳上部的主要岩石之一。玄武岩的出现，表示第三次大洋钻探已经“触摸”到南海洋陆过渡带的基底岩石。

“当时，终于见到了自己朝思暮想的基底岩石，心情非常激动。但看着一段段黑糊糊的岩芯，表面上还镶嵌着的一颗颗大到肉眼轻易可辨的灰白色斜长石斑晶，心里不禁又咯噔了一下，难道这不是玄武岩？”钟立峰说，“后来，我仔细观察研究薄片，一颗悬着的心终于落地了。这就是玄武岩，而且还可能是洋中脊玄武岩！”

在“决心”号，用于研究的岩芯样品可现场切割、磨片，供科学家第一时间在船上研究。

在显微镜下玄武岩的薄片里，有许多大大小小灰白色或深灰色长条，横七竖八地堆放着，间或搭建了类似三角形的框架，框架中点缀着或黄或蓝或绿的色彩，美丽斑斓。

“这些灰色长条就是斜长石和单斜辉石，斜长石斑晶呈三脚架状的间粒结构，粒间充填有隐晶质的斜长石和单斜辉石，这就是玄武岩特有的‘间粒间隐结构’。”钟立峰说。

大洋环境中通常有两种玄武岩：洋中脊玄武岩（MORB）和洋岛玄武岩

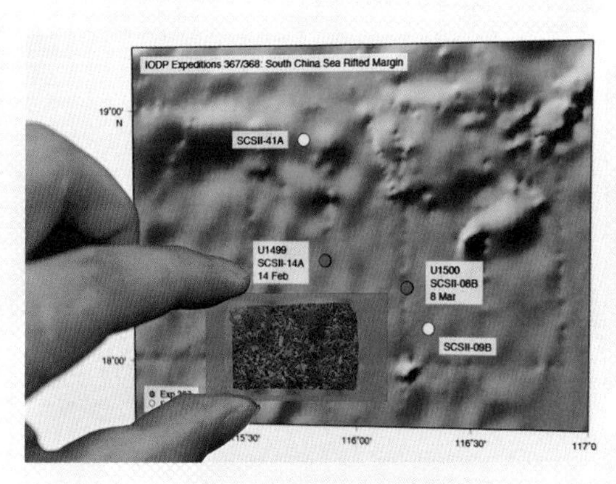

玄武岩薄片，在南海基底岩石里寻找“时间胶囊”

钟立峰研究员

南海的洋陆过渡带基底岩石——玄武岩

（OIB）。

钟立峰的判断，主要有以下三个证据：

一、这些岩石有对称的冷凝边构造，指示其可能为枕状玄武岩，这是洋中脊玄武岩的特征构造；二、这些岩石具有块状构造，表明它们不是具有气孔或杏仁构造的洋岛玄武岩；三、显微镜下发现斜长石都是基性斜长石，聚片双晶结构非常清晰，没有看到具有格子双晶的碱性长石，并且辉石为二级蓝色普通辉石，而不是带红色的钛辉石，进一步证实它们不是洋岛玄武岩。

多年来，钟立峰一直致力于对南海海底岩浆岩进行岩石学、地球化学和地质年代学研究。在建立时空框架的基础上，探讨南海海底岩浆岩的岩石成因，反演南海及其围区构造演化过程。

在航次后的深入研究中，他计划从南海洋陆过渡带的基底岩石中，分别挑选出斜长石、辉石和玻璃基质，进行 40Ar/39Ar 年代学测定。以期从多个角度来确定该玄武岩基底的形成时代，为第三次南海大洋钻探提供年代学数据。

“40Ar/39Ar 年代学测定，是同位素地质年代学最常用的方法之一。如果将斜长石、辉石和玻璃基质比作基底岩石中的‘时间胶囊’，通过检测这些‘时间胶囊’的同位素，我们就可以知道基底岩石的形成时间，从而揭开南海初始形成的时间之谜。”钟立峰说。

在显微镜下拍摄的玄武岩结构，色彩缤纷，其中隐藏了只有科学家才能读懂的“时间胶囊”

读懂“超微世界”的语言

如果将海洋生态系统比作一个庞大社会，肉眼看不到的海洋微生物堪称这个社会的“草根阶层”。在这个阶层中，有一群非常特殊的单细胞浮游藻类。

它们漂浮在200米深处的上层海水中，依靠光合作用生长；它们个头极小，直径仅几微米至几十微米，需将显微镜放大1 000倍以上才能看到；它们数量众多，平均1升海水中就生活了成千上万的“居民”；它们生命很短，多则数周，少则几天。

然而，就在这短暂的生命里，它们能分泌许多圆盘状的碳酸钙“骨骼”，一片一片包裹在身体外面，像穿上了一套盔甲。这种微小的“骨骼”，科学家们称为“颗石（Coccolith）”，这种藻类就被称为“颗石藻（Coccolithophore）”。

当颗石藻死亡后，记录它的生命及生长环境信息的“颗石”，就会慢慢沉降在大洋深处，逐渐变成化石，长久保存下来。科学家将这类微小生物成因的碳酸钙质化石，称为“钙质超微化石”。它们在海洋沉积物中分布广、数量大、演化快，是确定沉积物形成年代的极佳手段之一。

1836年，德国自然学家克里斯汀·戈特弗里德·埃伦伯格（Christian Gottfried Ehrengerg）在波罗的海吕根岛（Rügen）白垩纪灰岩中，第一次发现了钙质超微化石。此后，随着显微镜技术发展和深海钻探的开展，钙质超微化石越来越受到重视。由于具有演化快、分布广、全球可对比性好、样品制作简单、鉴定速度快等优点，钙质超微化石在生物地层鉴定和古海洋学研究中大显身手。

在本航次中，中国科学院南海海洋研究所苏翔和意大利帕维亚大学女科学家克劳迪娅·卢皮（Claudia Lupi）负责钙质超微化石地层的鉴定工作。

“钙质超微化石”又叫“超微化石”，它们的“个头”极小，一般仅有几微米。每次取样，只需用一根牙签，挑些样品涂在薄片上，固定后进行观察。利用“超微化石”，能在获得样品的第一时间，迅速处理观察得出样品的年龄，具有较高分辨率的生物演化界面，得出的沉积物年龄也较为准确。所以，在历次大洋钻探航次中，超微化石分析都是不可或缺的工作之一。

在每一管岩芯最底部的钻头样品中，苏翔和克劳迪娅 · 卢皮用牙签挑起一点点沉积物，然后涂片、封片、固定，仅几分钟时间就可制成超微化石玻片。放在显微镜下观察，寻找超微化石标志性属种，进行地层定年，与有孔虫化石定年相互印证。

“决心”号在北纬 18°、东经 115°的钻探位置，顺利完成首个钻孔任务，共从 3 770 多米深的海底钻取 71 管沉积样品。

苏翔和克劳迪娅 · 卢皮 24 小时轮流值班，从每一管样品中寻找“超微化石”。他们已经找到了 800 万年前的“盘星石”标志性属种。也就是说，目前钻取的南海沉积物最早是 800 万前沉积的，这与有孔虫化石定年相吻合。

“鉴定工作开始很顺利，在第一个钻探站位的第一管岩芯中，我们就发现了一个生活在 29 万年前的标志性属种，从而可判断第一管岩芯是小于 29 万年的中晚更新世沉积物。”苏翔说，“但是，随着钻孔越来越深，超微化石越来越难找。”

这是因为钻探海域水深有 3 770 米，在南海的这个深度，碳酸盐极易溶解、很难保存，钙质超微化石受到很大影响，很多化石都“缺胳膊少腿”，保存得很不完整。

克劳迪娅 · 卢皮（左）和苏翔讨论超微化石

“但从第六管岩芯开始，超微化石又变得健全完美了。在显微镜下，个个结实饱满、数量众多、密密麻麻。地层年龄上，从 40 万年直接跳到 300 万年左右。变化之大，着实令我们非常吃惊。”苏翔说。

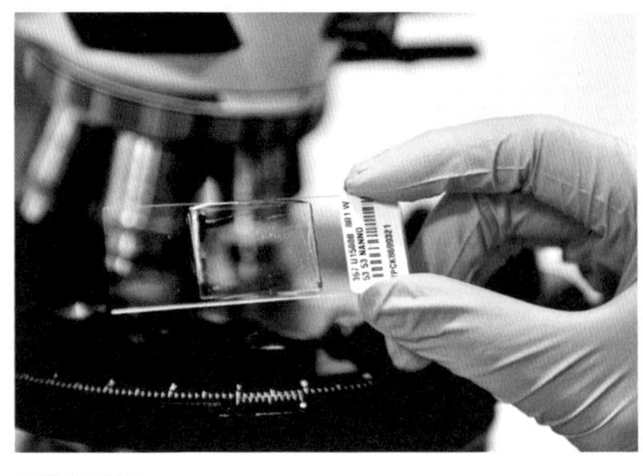

超微化石玻片

这种不正常的现象，在钻孔中从 50 米一直持续到 110 米左右。直到第 12 管岩芯才恢复到正常状态，超微化石指示的年龄在 70 万—80 万年。

“这种‘新—老—新’交错的地层年龄，在正常沉积过程中是不可能出现的。然而，超微化石用它们的亲身经历告诉我们：这里一定发生了一次翻天覆地的大事，彻底改变了地层面貌。此后，船上沉积学家也判断这是一个巨大的滑塌体，这些沉积物都是从其他地方整体搬运过来的。”苏翔说。

随着钻探不断深入，超微化石的世界越来越丰富多彩，个体差异也越来越大。既有 2—3 微米的“小网床石（small *Reticulofenstra*）”，也有直径 20 多微米的“盘星石（*Discoaster*）”；它们的身材有胖有瘦，个头有高有矮，形状有圆形、椭圆形、五角星形、六角星形等。

“在超微世界的江湖里，每一个超微化石属种就好像一个武林门派。各个门派从创立到兴盛再到衰落，在地层的历史舞台上，轮流坐庄，你方唱罢我登场，好不热闹。”苏翔形象地说，“对超微世界越了解，就越觉得每天在显微镜下看到的，不是一枚枚枯燥化石，更像是阅读一部用它们的语言书写的、跌宕起伏的武侠小说。”

精彩的小说都会在结尾留下许多悬念。在此次南海大洋钻探的第一个站位，超微化石书写的这部“地层小说”亦是如此。

在距今 2 000 多万年的地层之下，钻取出来的是一段段颜色和岩性都高度变化的沉积层。既有红色泥岩，又有灰绿色角砾岩，有的中间还“镶嵌”着花蕊般的矿物结核。超微化石的保存状况和组合变化都很大，所指示的地层年龄更是复杂。短短几米的沉积，时间跨度高达近 1 000 万年。在这些复杂的沉积之下，紧接着长达 150 米的砾石层，再也没有找到一枚超微化石了。

“这就像众多帮派云集、群雄争霸的武林大会。各个门派纷纷登台亮相，比试完了精彩武功后，便一起金盆洗手、隐退江湖，从此不

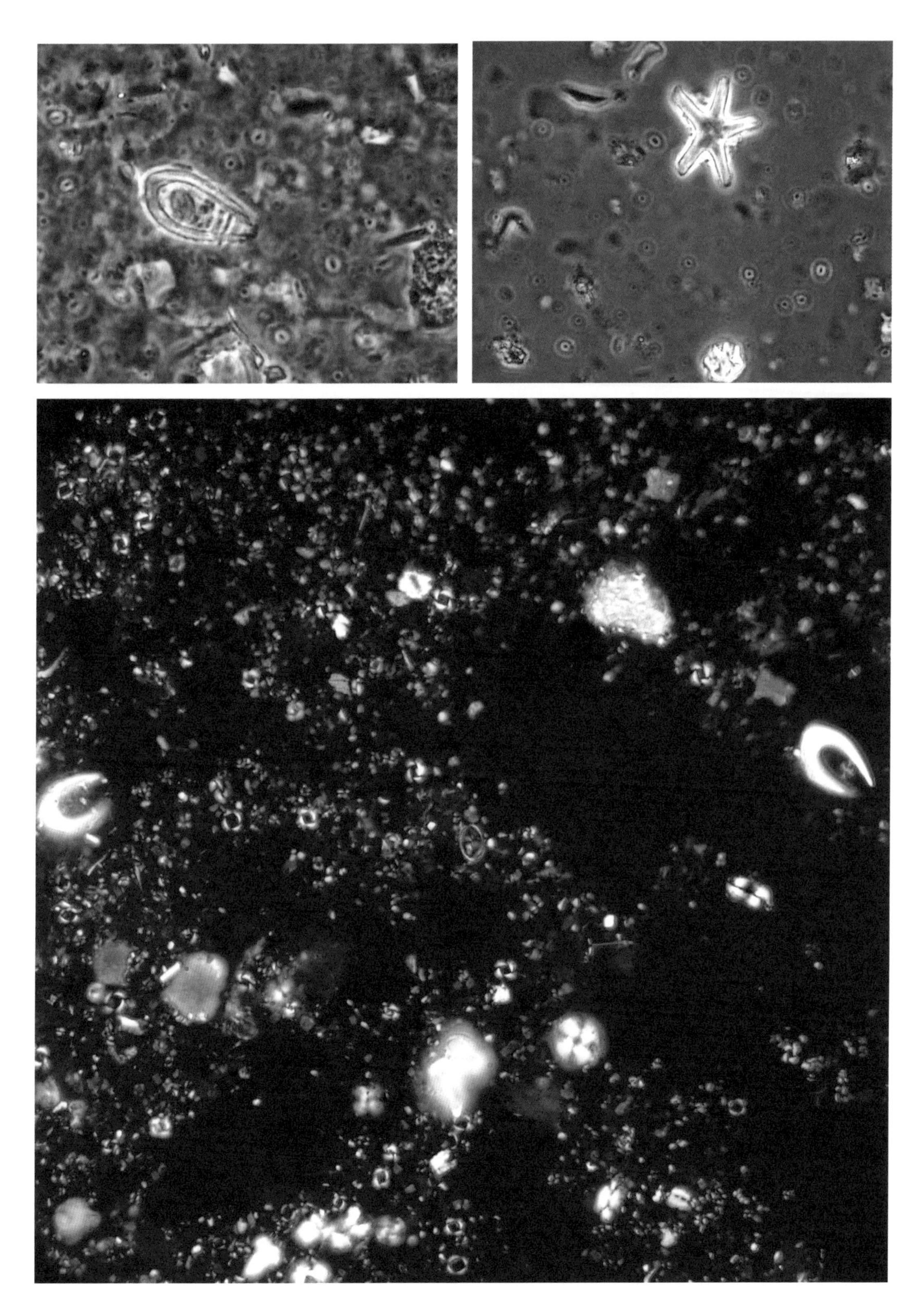

在超微世界的江湖里，每一个超微化石属种就好像一个武林门派

再过问世事。令人无限唏嘘，充满遐想。”苏翔说，“究竟是什么原因造成超微化石有如此巨大的变化？是沉积环境的演变？还是构造运动的影响？这些科学之谜，都有待在航次后进行深入研究，寻找答案。”

33岁的苏翔，身高1.9米，高大帅气。在“决心号”古生物实验室尽头，用黑色帘布隔开形成的一间被大家形象地称为“超微小屋”的地方，经常可以看见他全神贯注地观看显微镜的背影。

“超微化石是一项非常有趣的研究。从本科毕业论文开始，我已经研究了15年，乐此不疲。知道得越多，深感不知道的问题就越多。”苏翔说，“每当从样品中看到一些熟悉的面孔，就像看到老朋友一样开心；分析它们在不同地层出现的种类、频率、数量等数据，就好像在研读它们用身体写的信，信里告诉我地球的往事。”

自20世纪60年代以来，随着大洋钻探的开展和扫描电子显微镜的广泛应用，属于海洋“草根阶层”的“超微化石”越来越受重视，成为古海洋学和海洋地质的重要研究材料之一。我国超微化石研究始于70年代，同济大学海洋地质国家重点实验室刘传联教授，是我国长期研究超微化石的权威专家，苏翔是他带的第一位博士生。

“在同济大学求学12年，老师教给我的，不仅是超微化石知识，更是一种严谨认真的治学态度、一种科学家的社会责任感。”苏翔说，“这种责任感就是面向大众的科普宣传，让更多的人了解海洋知识、了解什么是超微化石。”

在同济大学读书期间，苏翔经常参加学校里的各种科普活动。他曾经到法国的欧洲地球科学教育研究中心联合培养一年。对于国外同学，苏翔心里触动最深的，不是他们的学习刻苦，而是他们广博的知识面。这些知识，来源于他们从小耳濡目染的高质量科普教育。

“比如说，‘决心’号几乎在每个钻探航次都设有科普教育专员，将正在开展的大洋钻探，直播到学生的课堂。许多新鲜的科学知识、新颖的科普方式，我国都还很欠缺。作为一名科学工作者，我感到责无旁贷，更期待国家在制度上多多鼓励。”苏翔说。

科普

在海陆变迁“经典地区”探索科学前沿

人杰地灵的华南，不仅在我国社会经济发展中具有极其重要的地位，在地质构造演化历史上也得天独厚，是科学家们认知大陆演化过程、创新大陆地质理论的“经典地区”。

参加第三次南海大洋钻探 IODP367 航次的黄小龙研究员，来自中科院广州地球化学研究所，他多年来一直致力于大陆岩石圈组成、结构与演化的相关研究，尤其是华南大陆岩石圈演化过程的研究。

“华南陆块是全球新元古代以来地质演化历史最复杂的地区之一，大规模的晚中生代岩浆活动是华南地质最显著的特征，但大规模岩浆活动的动力学机制一直存在争议。”黄小龙说。

科学家们最关心的问题是：这是否与太平洋板块的俯冲有关？如果有关，为什么太平洋西岸没有形成像太平洋东岸那样的安第斯型造山带？为什么濒临西太平洋俯冲带的华南大陆，在中生代表现为陆内再造？为什么在此后的新生代，又出现了大量的盆地及边缘海？

自 20 世纪 60 年代以来，板块构造理论成为固体地球科学的最重要基石。但经典的板块构造理论，无法解释华南大陆极其复杂的地质演化动力机制。

为了探索科学之谜，黄小龙从华南大陆来到了南海。

“这是因为南海作为独具特色的新生代边缘海，其形成和演化过程与周缘板块活动过程密切相关，特别是与华南大陆的陆缘裂解过程有关。”黄小龙解释说，“南海位于欧亚、西太平洋和印度 - 澳大利亚板块的交汇处，几乎

南海的形成与演化过程，与华南大陆的陆缘裂解过程有关

经历了从陆缘裂解到海底扩张、再到俯冲消减的一个完整的‘威尔逊旋回’，是研究各种类型板块构造活动的最佳场所。”

黄小龙在“决心”号钻井平台上

板块构造理论认为：在地球漫长的岁月中，海陆不断变迁，经历着“分久必合、合久必分”的历史过程。加拿大科学家威尔逊最先注意到大洋开启和闭合的不同发展趋势，将大洋盆地的演化过程归纳为“萌芽—幼年—成熟—收缩—结束—大陆碰撞造山”六个阶段，被称为“威尔逊旋回”。其中，前三个阶段显示大洋的开启和生成，后三个阶段代表大洋的收缩和闭合。

南海是全球少有的几个完整地保留了扩张前大陆地壳基底、扩张期洋壳、扩张后中央火山链、洋壳俯冲消减岛弧带的大陆边缘海，非常难得。通过研究南海的形成与演化过程，我们可探索一系列国际前沿的科学问题。

这些科学问题包括：从华南大陆岩石圈裂解演化到南海打开，所受控的深部动力学机制是什么？从陆缘张裂到海盆扩张的构造转换，经历了怎样的过程？地球深部地幔与浅部岩石圈之间的相互作用关系是什么？经历了怎样的物质循环过程？

2014 年，黄小龙曾经参加我国科学家主导的第二次南海大洋钻探 IODP349 航次。在那次钻探中，“决心”号首次成功钻取南海西南次海盆、东部次海盆的沉积岩，以及南海停止扩张之前形成的、“最年轻的”洋中脊玄武岩样品。

“经过航次后深入的岩石学、地球化学研究，我们意外地发现，南海西南次海盆和东部次海盆的洋壳成分有明显差别，这说明两个海盆的演化历史和深部地幔成分并不一致，给人很多科学猜想。”黄小龙说。

如果此次大洋钻探，能够成功钻取到南海北部的洋中脊玄武岩样品，就可以获得南海最初形成时的初始洋壳信息。与 IODP349 航次钻取的玄武岩样品进行对比研究，不仅可以相对完整地认识南海海盆扩张历史，同时也可进一步认识华南大陆边缘的岩石圈演化过程。

从华南大陆的陆缘裂解到南海形成与演化的相关研究，还成为在国际地球科学领域的前沿热点。深入研究南海地质成因和构造发展史，不仅可为研究华南大陆演变过程、全面认识东亚和西太平洋构造及大陆边缘盆地演化提供科学依据；还对研究全球板块构造格局演变、创新大陆地质理论，提供重要的科学机遇。

追梦南海，巾帼不让须眉

科考手记

追求科学梦想，巾帼不让须眉。

参加“决心”号大洋钻探船 IODP367 航次，印象最深的是船上的女科学家和一些朝气蓬勃的年轻人。不仅两位首席科学家都是女性，在整个科学家团队中，女性也几乎占了“半边天”。

“‘决心’号课堂”的女“班长”

面对一管接一管从南海海底钻取的岩芯样品，有什么最新研究进展？

每天中午，“决心”号上的科学团队都要在会议室“上课讨论”。IODP367 航次项目经理亚当 · 克劳斯（Adam Klaus）是“班主任”，事无巨细都要关心；两位首席科学家则是“班长”，每天听取班级里的沉积、岩石构造、地球化学、古地磁、古生物、岩石地球物理等各

IODP367 航次女性队员合影

乔安·斯道克教授（左）和孙珍研究员

个小组的汇报，带领大家从不同角度分析讨论。

经常扎着马尾辫、穿着蓝白相间套衫的孙珍研究员是“班长”。这位看上去充满了浓浓“学生味”的“70后”女科学家，来自中科院南海海洋研究所，是我国从事深海地质构造与模拟的权威专家，也是我国第一位担任国际大洋钻探首席科学家的女性。

三年前，对地球系统科学前沿探索充满了热情与执着的孙珍研究员，对我国开展第三次南海大洋钻探提出了自己的科学设想。这种设想在同济大学汪品先院士、李春峰教授、汉斯·克里斯坦·拉尔森教授和中科院南海海洋研究所林间教授等多位科学家一起深入讨论、不断“打磨”下，最终形成了《在南海张裂陆缘钻探：检验大陆裂解期间岩石圈的减薄过程》的科学建议书。在科技部的大力支持下，顺利申请到“决心”号两个钻探航次。

“南海是我国深海研究最重要的海域，在洋陆过渡地带，我们已经做过大量的地震波研究，但那毕竟是间接的研究手段。利用大洋钻探，直接钻取南海的基底岩石，是我多年来的科学梦想。如今梦想正在变成现实，我深感幸运，同时也深感责任重大。”孙珍说，“随着决心号越钻越深，揭露出的沉积和构造，都比我们原先的设想更丰富、更奇异、更瑰丽，南海的生命历程，也变得更加神秘和未知。”

优雅的乔安·斯道克（Joann Stock）教授是“决心”号上的另

一位首席科学家，来自美国加州理工大学，主要从事加利福尼亚湾被动大陆边缘破裂的科学研究，第一次来到南海。她说："南海经历了新生代拉张和破裂过程，地理位置特殊，通过大洋钻探，和许多科学家一起合作，研究南海大陆岩石圈的破裂，有助于我对加利福尼亚湾进行比较研究。"

两位首席科学家不仅在船上是科学团队的核心和灵魂，本航次结束后，还需协调整个团队进行深入的后续研究。"南海如此浩瀚无垠，如此神秘广袤，我们只有加强国际合作、加强各个专业交流沟通、相互碰撞，才能讲好南海故事。我们每个人都带着自己的科学梦想而来，我们是一群一起到南海追梦的人。"孙珍说。

李丽教授

岩芯实验室的女"实验员"

在"决心"号宽敞明亮的岩芯实验室，各种科学仪器发出阵阵响声，科学家们24小时"值守"在一管管从南海海底钻取的岩芯周围，描述它们的面貌、检测它们的"身体"指标、判断它们的身份和年龄。

张翠梅副研究员

在科学家团队中，来自美国的杰西卡(Jessica Hinojosa)、张杨、澳大利亚的伊莎贝尔(Isabel Sauermilch)、意大利的克罗地亚(Claudia Lupi)、日本的熊衔昕等都是女性。每天，中科院南海海洋研究所副研究员张翠梅与她们一起工作，相处十分融洽。她说："这是我第一次参加大洋钻探，非常兴奋。尤其是围绕着共同感兴趣的科学问题，与国内外同行交流讨论，大大拓展了自己的科学视野和研究思路。"

陈毅凤副研究员

张翠梅曾在"决心号课堂"上，介绍了自己对广东荔湾凹陷扩张前伸展构造的科学研究。荔湾凹陷处在地壳超级伸展的减薄带，与“决心”号正在钻探的南海北部洋陆过渡带密切相关。大家不停地提出问题，讨论热烈。

在“决心”号安静的地球化学实验室，还经常看到两位兢兢业业的女“实验员”的忙碌身影。她们是同济大学海洋与地球科学学院李丽教授和中科院广州地球化学研究所陈毅凤副研究员。

研究南海“分子化石”的李丽，在船上承担了岩芯样品中“顶空气体”和碳酸盐分析等工作。为了确保钻探安全，样品中的气体含量和成分需要在第一时间测出来。每当船上广播响起“Core on deck”（岩芯到甲板了）的通知，总能看到李丽拿着采样瓶，迅速采好样品后，就奔到楼下的实验室。

在沉积物颗粒间孔隙中的“孔隙水”，也具有重要科学研究价值。分析其中主量和微量元素的变化，得出孔隙水“浓度－深度”曲线，就可用来“追踪”沉积物的生物地球化学过程。

在“决心”号上研究孔隙水的陈毅凤，曾经在挪威海、日本海槽、墨西哥湾等海域都做过相关研究。她说：“在国外学习工作多年，终于能将自己所学到的知识和经验，用于研究我国的南海，这是我感到最开心的事。”

与有孔虫打交道的女“教师”

作为世界最古老的生物之一，有孔虫是地球沧海桑田变化的“见证者”。

它们的身影最早出现在5亿多年前的寒武纪，在古生代的石炭纪和二叠纪，有孔虫家族进入了极盛时期；在中生代初期，一度有所衰退；但是从侏罗纪开始，又再次勃兴，白垩纪再次进入极度繁荣。第三纪则是有孔虫的全盛时期，其中有许多分支都延续到了现代。

在“决心”号上，来自北京大学地球与空间科学学院的黄宝琦副教授，每天都与有孔虫打交道，在每一管岩芯样品中寻找有孔虫的“标志性面孔”进行生物定年。

“从南海海底钻出来的岩芯样品，完全超乎想象，几乎每天都能发现新的东西。这虽然与理论的模拟有些差异，但也正因为如此，更令人感到吃惊、感到兴奋。”黄宝琦说，“截至目前，我们已经发现了生活在3 000多万年前的有孔虫属种。也就是说，这里的地层年龄至少有3 000多万年。南海的前半生到底发生了什么故事？这是最吸引

黄宝琦副教授

我们的科学魅力所在。”

黄宝琦不仅是一位优秀的海洋微体古生物学家，还是一位十分热情的科普老师。利用“决心”号上的视频传播设备，她与北京大学地球与空间科学学院、北京大学附属小学、北京北达资源中学、北京朝师附小西坝河校区、广州天河中学等10多所学校的学生们，都进行了视频连线，将正在南海开展的大洋钻探“直播”到课堂，深受学生们欢迎。

“每一个孩子都承载了家庭的梦想、国家的希望。我希望能将更多有趣的科学知识介绍给他们，引导他们有更开阔的科学视野，树立更高的人生理想。”黄宝琦说，“重视科普，这是我的恩师、同济大学汪品先院士对我们的言传身教。作为一名科学工作者，我们需要像他那样树立高度的社会责任感，才能将科学精神代代相传。”

在大海挥洒青春的中国“80后”

科考手记

神秘浩瀚的深海，是地球上人类尚未逾越的“最后疆域”。以船舶为马、以科学为缰，在这片“最后疆域”战风斗浪、驰骋纵横，是一件很“酷”的事。从一批中国“80后”年轻人身上，我欣喜地看到了中国海洋科学的未来。

从小追求“做很酷的事”“不走寻常路”的张锦昌，支过教、留过学，三十而立之际，将自己的人生目标锁定在深海。“深海里有人类太多的未知、太多的需求，我们在这里进行的每一步探索，都走在人类历史的最前沿；每一项科学研究，都是人类好奇而未知的。还有比这更酷的事情吗？”张锦昌说。

34岁的张锦昌来自中科院南海海洋研究所，到“决心”号上参加第三次南海大洋钻探，是他从美国得克萨斯农工大学留学回国后，第一次踏着南海的波涛，将研究的目光，从地球上最大的火山—西北太平洋大塔穆火山，转到了南海。

“在南海大洋钻探的大目标中，我的目标是通过研究海底岩芯样品，解释地震探测所得到的地震信号的岩石意义，为今后研究海洋岩石圈建立模型。”张锦昌说。“相对于整个地球，岩石圈在地球表面就像鸡蛋壳一样薄。了解海洋岩石圈的生老病死过程，是我的科学梦想。”

海洋在内心深处的吸引和魅力以及“建设海洋强国”目标的召唤，还使得“决心”号上的一位中国“80后”，放弃了原先从事的金融期货工作，发奋考上博士，专攻海洋地质研究。

这位年轻人名叫易亮，如今已成为同济大学海洋地质国家重点实验室的一员。他说：“与期货相比，我更喜欢科学的自由；与陆地相比，我更喜欢海洋的未知。深海里充满无数问题和挑战，一切都是方兴未艾、一切都还尘埃未定，这样的研究领域令人充满希望。”

始于1968年的国际大洋钻探，是世界地球和海洋科学领域规模最大、历时最久、影响最深远的一项国际科学合作计划。目前正在执行的国际大洋发现计划，每个航次面向国际大洋发现计划成员国的科学研究人员开放。

“当我们在美国看到中国科学家将主导第三次南海大洋钻探的消

以船舶为马、以科学为缰，在大海中挥洒青春的中国“80后”

息后，非常兴奋，第一时间提交了申请，希望能为祖国的南海研究尽点微薄之力。尽管这个航次科学目标与我们做的研究有些不同，但科学研究都是相通的，上船后收获很大。”来自美国的中国留学生赵宁和张杨都这样说。

南京大学毕业的赵宁，登上“决心”号之前，刚刚获得美国麻省理工学院和伍兹霍尔海洋研究所的联合博士学位。下船后，就将奔赴德国马普化学所进行海洋地球化学的博士后研究，此后他计划回国工作。

“与发达国家相比，我国海洋科学研究起步晚、空间大，回国更有用武之地。”赵宁说，“目前我国一些科学研究的硬件，几乎赶上了发达国家水平，但在科学视野和研究思维等软件上，还有较大差距。希望我们这一代年轻人学成归国后，能够逐渐缩小这种差距。”

28岁的张杨与赵宁是同龄人。这位河北石家庄的女孩当时正在美国普渡大学留学，跟随导师从事陆地三叠纪的古地磁研究。她说：“我的人生梦想是做自己喜欢、有意义的事。这次上船不仅获得了南海古地磁数据，可进行海陆全球对比研究，还认识了许多老师，拓宽了科学视野，非常有意义。”

到大海挥洒青春，正逢其时。来自中国地质大学（武汉）的“80后”老师雷超说：“海洋科学研究需要先进技术和大量投入，因此被称为‘贵族科学’。随着我国综合实力提高，海洋项目越来越多、投入越来越大，‘贵族科学’越来越‘平民化’，我们赶上了好时候。”

作为一名老师，雷超在“决心”号上念念不忘自己的学生。他说：“大洋钻探是国际深海研究的前沿，非常有助于开阔学生视野，美国经常有硕士生、博士生申请上船。而由于每个航次给中国的名额非常有限，中国学生很难有机会。期待我国早日建造自己的大洋钻探船，那时我一定申请带学生上船。”

最新鲜的科普课

报名参加第三次南海大洋钻探，不仅是因为对南海科学感兴趣，我更想进一步学习“决心”号大洋钻探船上的科普教育方式。

两个月的时间，“决心”号上的科普宣传专员和各国科学家们，共组织进行了 99 场科普连线活动。来自中国、美国、意大利、法国、德国等 7 个国家的 7 000 多名学生们，与“决心”号上的科学家以及科普专员进行了连线互动。 船上的科普专员互为摄像、轮流主持，积极在镜头前介绍自己的科学研究项目。

热情的意大利女教师阿莱西亚 · 西科尼（Alessia Cicconi）是 IODP367 航次的科普教育专员，时常看见她拿着用于“直播”的 IPAD 视频设备，在船上的钻探平台和岩芯实验室，给意大利、美国、德国等国家的学生们介绍各种知识，回答学生们各种有趣的问题，如：中国南海在哪里？为什么要开展大洋钻探？科学家们在船上怎么工作？为了保证“直播”线路畅通，每次讲课的时候，船上其他计算机的互联网都暂时断开。

新华网地球科学科普平台在莫克兰海沟直播的网页

船上的黄宝琦、刘志飞、苏翔等许多中国科学家，在忙碌的工作之余，都积极利用这种“船对岸”的科普方式，为国内的学校或单位连线讲课，将第三次南海大洋钻探“直播”到北京、上海、广州等地的学校课堂，深受学生们欢迎。我与上海科技馆举行的“科普大讲坛”活动也进行了视频连线互动，给观众留下深刻印象。

同济大学海洋与地球科学学院刘志飞教授经常在上完夜班后，还忙着直播船上的钻探工作和岩芯研究现场，讲解南海大洋钻探的科学背景和意义。他与同济大学进行的两场视频连线活动，连学术报告厅的过道上都坐满了人。

“同济大学对第三次南海大洋钻探的科普非常重视，不仅组织了船对岸的视频连线活动，还在上海举办了海洋科技讲坛，上船科学家也积极撰写科考日记，通过学校的网站和微信平台发布。”刘志飞说，“第三次南海大洋钻探结束之际，‘决心’号还将首次停靠上海，开展一系列海洋科普活动。”

黄宝琦将船上的科普连线消息发到朋友圈后，非常受欢迎，连线预约不断。“我曾经有机会接触美国的小学教育，他们不仅设有固定的科学课，有条件的小学，科学课里一些章节，还会由大学老师来授课，这给我很深的触动。”黄宝琦说，“作为一名老师，我想利用这次机会，让孩子们了解更多的科学领域，给他们打开观察和感受地球科学的一扇窗户。”

黄宝琦与北京大学附属中学、中关村四小等十多所学校都进行了视频连线。她的一位朋友在邮件里写道：“这种不刻意、充满亲和力的科普连线活动，润物细无声。让孩子们在不经意中进入科学家的研究和工作中，在心田里播撒科学的种子；让孩子们对海洋、地球甚至宇宙展开更多想象的同时，也让他们知道科学活动需要严谨钻研的态度。”

IODP367 航次中方首席科学家孙珍研究员也是一位热心的“科普老师”。“生动有趣的科普活动，会让学生们更加热爱科学研究，觉得科学研究是件很酷的事。甚至有时候，科普会改变一个孩子的命运。”孙珍说，“国际上海洋科普做得非常多，基本是大型科学项目必备内容。像‘决心’号‘现场讲课’这样的科普互动，花钱少、成效显著，能极大提升孩子们的素质教育水平。”

孙珍的儿子小时候很调皮，不爱学习，上课总是“溜号”，思想难以集中，她怎么教育也没有用。有一次，她邀请了我国著名海洋学家林间教授到儿子的学校举办科普讲座。林间给孩子们讲了许多深海世界的科学故事，深入浅出，生动有趣。孩子们兴奋极了，问了很多问题。儿子回来告诉妈妈：两个多小时，第一次上课没“溜号”，连眼睛都舍不得眨。海洋好有趣，海洋研究好酷，以后想好好学习，将来也当科学家。

在中科院南海海洋研究所，孙珍也带过很多学生。她深有感触：有科学目标、热爱科学的学生，动力十足，做起研究潜力无限；而没有科学理想的学生，做事总是犹豫，不舍得花力气，付出之前先问回报，做起科研也是劲头不足、创新不够。

“我国建设海洋强国之路十分漫长，需要有才有识的年轻人不断加入。如果能让孩子们尽早接触科学、接触海洋，可以帮助他们认清自己喜欢什么、想要追求什么，从而能尽早为之努力。”孙珍说。

地球是人类生存的唯一家园。美国、澳大利亚等国家在中学教育阶段都设有“地球科学”课程，教学内容相当专业，紧跟地球科学发展最前沿。

例如，美国地球科学在初中阶段，要求学生们能“用岩层和化石作为证据，分析地球历史上重大事件”，能“对某区自然灾害绘制历史图，并理解相关的地质力量作用”；澳大利亚的地球科学课程，要求学生们能了解“预测气候变化模型的可靠性，及其对未来澳大利亚及世界不断变化的天气、气候的预测”。

与此相比，我国现行中学地理课程的课时数较少、知识点偏多、教学内容简单、科学深度不够。地球科学内容和选材与现实生活联系不够紧密，探究与实验要求较少，内容设计趣味性不足，难以调动学生的学习兴趣。

2013 年，华东师范大学资源与环境学院段玉山教授带领课题组，专门就我国“地球科学基础教育”纳入中学地理课程的可行性，进行了全国调研。结论认为：在我国现行教育体系下，“地球科学基础”单独设“科”存在困难；但“地球科学基础”相关内容可纳入中学地理课程；改进教材内容设计，开发数字化的课程资源；在中学地理教学中大力

意大利女教师阿莱西亚・西科尼（左）正在船上直播讲课

IODP367 航次的中国科学家参加新华社视频连线活动

推广田野调查法、增加探索与实验等，积极调动学生的学习兴趣。

科学家们纷纷建议，借鉴“决心”号上的“船对岸”视频讲课模式，我国也可以打造几个相对固定的地球科学科普平台，面向全国“直播”讲课，作为我国中学生地球科学基础教育的一项有益补充。

黄宝琦说：“目前，我国已有很好的海洋考察设备，比如‘大洋一号’、深潜器‘蛟龙’号等。如果这些高科技的设备不只是出现在电视里、新闻中，如果有个科普预约平台，让全国的孩子们都有机会去接触、去感受，那将是一堂很有意义的科学实践课。”

“通过视频连线方式，由正在进行地球科学前沿探索的科学家们，直接在课堂上讲一节地理课，也许更能让孩子们明白：他们所有的学习，都不是枯燥乏味的文字或数字；每一个学过的知识点，将来都有可能成为他们追求理想、翱翔世界的羽翼。”孙珍说。

我国自 1998 年加入国际大洋发现计划以来，“决心”号每个钻探航次的中国名额，主要是给科学家。IODP 中国办公室每次都鼓励参加航次的中国科学家，上船后多参与科普活动，多组织与国内学生的视频连线。

但船上科学家的精力毕竟有限。而由于语言障碍，通过专门网站申请与“决心”号上科普教育专员连线的中国学校，目前也寥寥无几。

加强我国的海洋科普教育，更期盼我国的“雪龙”号极地科学考察船，“大洋一号”、“科学”号等海洋科学调查船，也借鉴“决心”号上的“船对岸”科普教育方式，将“最新鲜的”极地与海洋科学探索，“直播”进入学生们的课堂。

对于我国的一些考察船来说，这在技术上已不成问题。关键是在进行科学探索的同时，是否把对学生和公众的科普也放在同等重要地位？是否有专门预算、专门人员来做科普？

经过 30 多年发展，我国已成为极地考察大国。目前，我国的南极长城站、中山站以及北极的黄河站，均已具备了良好的网络基础设施。我国的极地科学考察也可以建立“视频直播”的科普教育和预约系统。在每年的南北极科学考察中，像遴选科学考察项目一样，全国招募遴选科普教育项目。

在每年的考察队中，专设“科普教育”岗位。从“雪龙”号或南极长城站、中山站、北极黄河站，面向全国学校，通过预约进行“点对点”的视频互动和科普讲课。在漫漫极夜，这种“科普课”还能给在南北极越冬的考察队员，搭建一座与外界沟通的桥梁。

好奇与问号，是打开科学之门的“钥匙”。

相信，来自遥远极地或神秘海洋的一堂“最新鲜的科普课”，一定能在学生们心里留下深刻印记。尤其是对于农村地区或偏僻山区的学生们来说，与正在进行前沿科学探索的科学家们一次直接对话，也许就能打开他们的视野，激发他们的无限想象力，在他们心里播下科学的种子，成为努力学习的动力。

“决心”号上“船对岸”的科普直播方式值得我国学习。回国以后，我采写的新华社相关报道得到了领导批示，推动新华网科普频道成立“流动的地球”地球科学科普平台。

这也是我参加第三次南海大洋钻探的最大收获之一。

南海“探海神针”深度达到全球第七

科考手记

两个月的钻探生活很快结束了。

在IODP367航次第二个钻探站位，“决心”号大洋钻探船插入南海海底的“探海神针”达到1 500米，这一钻井深度在国际大洋钻探历史上达到全球第七，其钻探难度也极为罕见。

这一钻井编号为U1500B。“决心”号在该孔1 380米深处，成功“触摸”到南海海底的玄武岩，此后钻取了100多米的玄武岩岩芯样品，回收率达70%以上，多个岩芯的取芯率达到甚至超过100%，亦为历史罕见。

“决心”号运营负责人史蒂夫·迈迪介绍说，U1500B钻孔难度

第二次南海大洋钻探圆满结束，标志我国大洋钻探“三步走”战略完成了第一步

IODP 367 航次全体人员合影

在于：在 3 800 多米深的海水下，钻头要穿过南海海底 1 400 米的松散沉积物，其中包括 900 多米沙层，才能钻取到坚硬的基底岩石。

在每一次更换钻头的过程中，如何确保开放的井孔不坍塌，钻杆顺利进入钻井，钻头能够多次抵达钻井最底部？

每一步在操作中都具有极大风险。为了保护钻孔，“决心”号在钻孔内安装了长达 842 米的单层保护套管，这也创下了历史纪录。

“决心”号在海底几乎被泥浆埋没的钻孔“返孔锥”上面，又叠加了一个“返孔锥”。钻探工人们通过船底的月池，将漏斗状的“返孔锥”套在钻杆上，让它顺着钻杆落到了海底的底座上。然后，再缓缓抽出 5 000 多米长的钻杆，更换了一种功能更强大的 C–9 钻头。钻头顺利抵达钻孔的最底部，并开始继续钻取岩芯样品。

“决心”号上的岩石学家、中科院广州地球化学研究所黄小龙研究员介绍说，U1500B 孔获取的玄武岩岩芯具有明显的“枕状构造”。

这是火山熔岩在水底溢出时，遇水淬冷形成形似枕状的熔岩体的一种典型构造，因此常被作为海底喷发的火山岩的一个重要标志。

从这些玄武岩的岩石学特征观察看，很可能就是洋中脊玄武岩。不过船上研究条件有限，还需要在航次后使用更多的分析手段、进行更详细的岩石地球化学工作来验证。

“如果确证获得的是洋中脊玄武岩，这将是了解南海初始打开过程的关键信息。与 2014 年 IODP349 航次在南海海盆中央钻取到的、南海最后形成的洋中脊玄武岩样品所记录的信息相结合，就可以完整地认识南海海盆的扩张历史。同时，对认识地球海陆变迁以及地球内部物质循环过程等均具有重要意义。”黄小龙说。

2017 年 6 月，美国“决心”号大洋钻探船完成第三次南海大洋钻探，停靠上海南港码头，这也是国际大洋钻探船首次停靠中国大陆港口。

第二天召开了新闻发布会。据介绍，第三次南海大洋钻探“决心”号的两个航次，共在南海北部海域钻探了 7 站位 17 个钻孔，总钻探深度达 7 669.3 米，共获取 2 542.1 米沉积物、沉积岩、玄武岩和变质岩等宝贵岩芯，为航次后续的深入研究打下坚实基础。

在新闻发布会上，同济大学汪品先院士表示，第三次南海大洋钻探的圆满结束，标志着我国大洋钻探“三步走”战略完成了第一步，第二步是进入国际大洋钻探的领导层。

今后的目标，是积极推进由我国执行的巽他陆架大洋钻探，建造国际第四个大洋钻探岩芯库和实验室；发起和主办大洋钻探新 10 年（2023—2033 年）学术目标的国际讨论，与国际学术界共同制定新 10 年大洋钻探的科学目标。

南海深潜

八旬院士三潜南海

引子

2018 年 5 月，在“南海深部计划”的最后一个航次——西沙深潜航次中，“南海深部计划”专家组组长、82 岁的汪品先，乘坐我国自主研制的 4 500 米载人深潜器“深海勇士”号，在南海三次下潜。

我跟随这位著名海洋地质学家，全程报道了他在耄耋之年深入海洋科考一线、三潜南海的壮举。系列报道在社会上引起强烈反响，也在我心里引起了深深的震动。

在船上 20 多天的朝夕相处，我对这位惜时如金的科学大家有了更深的了解、更多的钦佩。科学的追求，永无止境。汪品先院士是我学习的榜样。从采访对象那里不断汲取向上的力量，这也是记者工作最大的魅力。

在西沙深潜航次，船上共 8 名科研人员先后乘坐“深海勇士”号到甘泉海台、海马冷泉、西沙海槽和泥火山的海底，在现场进行深海过程、生物群和微地貌的观察研究，同时采集了丰富的海洋生物、岩石、沉积物以及供分析的微生物、海水等科学样品。

其中，汪品先院士 9 天里三次下潜。他说：“深海勇士号为我国海洋工作者向深海进军增添了一个先进的作业平台。深海是人类的未知

82 岁的汪品先院士离开三亚奔赴南海

我国自主研制的 4 500 米载人深潜器“深海勇士”号

世界，科学工作者一旦有机会亲历其境，就会收获意外的惊奇。乘坐深潜器到海底，亲眼观察了甘泉海台冷水珊瑚的‘慢生活’、海马冷泉动物群的‘快生活’，南海深海过程的丰富多样，给我们带来了研究的新意。”

那是我第一次目睹我国自主研制的 4 500 米载人深潜器“深海勇士”号下潜。自 2018 年正式投入试验性应用以来，“深海勇士”号性能稳健、运行高效，名不虚传。

在为“深海勇士”号大大点赞的同时，我非常钦佩“深海勇士”号所在的中科院深海科学与工程研究所丁抗所长。他是一位为我国深海科技作出重大贡献，但又极为低调的人。2020 年，“奋斗者”号万米级全海深载人潜水器成功坐底，在马里亚纳海沟留下了中国载人深潜新纪录——10 909 米。这背后，就有丁抗所长这样一位勇挑重担的无名英雄所付出的心血。

“深海勇士”号上年龄最大的乘客

科考探秘

“深海勇士”号，是在国家“863 计划”支持下、由国内近百家单位共同研制的载人深潜器。是继“蛟龙号”之后，我国深海装备的又一里程碑。

2017 年 10 月，“深海勇士”号完成全部海上试验，2018 年正式投入试验性应用。

2018 年 5 月 11 日，我们乘坐中科院深海科学与工程研究所的“探索一号”科考船，从三亚起航，执行国家自然科学基金委“南海深部计划”重大研究计划的西沙深潜航次任务。

两天后，我们抵达目标海域。

5 月 13 日，在众人关切的目光中，一位年逾八旬的耄耋老人，

耄耋之年的汪品先院士登上“深海勇士”号

汪品先院士成功下潜归来

稳步爬上扶梯，登上了不满周岁的“深海勇士”号载人深潜器，在南海的万顷波涛中，缓缓驶向海底的沉积珊瑚礁。

这位耄耋老人就是82岁的汪品先院士，他不仅是“深海勇士”号上年龄最大的乘客，应该也是世界载人深潜器上年龄最大的科学家。

“深海勇士”号每次下潜可以乘坐三人。中国科学院深海科学与工程研究所丁抗所长陪伴汪品先院士，一起乘坐“深海勇士”号下潜。13日8时10分，在潜航员的驾驶下，深潜器顺利抵达目标海底。

他们在海底进行了长达8个多小时的观察研究和采样工作，最大下潜深度1 410米。13日16时40分，红白相间的“深海勇士”号顺利浮现在蔚蓝色的海面上。

走出载人舱，汪品先精神饱满，笑容满面，像孩子般兴奋地说：“今天下潜的西沙海区获得了重要发现。深潜器刚到海底，就发现了以管状蠕虫和贻贝为主体的冷泉生物群。此后又在玄武岩区，发现了以冷水珊瑚和海绵为主体的特殊生物群，堪称西沙深海的‘冷水珊瑚林’。这非常值得今后进一步深入研究。”

“20多年来，这是我第四次参与南海科考航次，都是进行国际前沿研究。但前三次都乘坐外国的船。这次乘坐我国自己的船、自主研制的载人深潜器，亲眼观察到南海的海底，真为我国海洋科学技术发展感到骄傲。这趟海底的旅程，真像爱丽丝漫游仙境，我刚从仙境回来。”汪品先说。

谈及自己在众人眼中的深潜壮举，汪品先说：“这是我们多年来的心愿，也是我们多年前的约定。我曾计划租用美国的载人深潜器及科考母船，在南海执行综合性载人深潜科考航次，但最后因美国军方的阻挠，该航次未能执行。当深海所所长丁抗和我谈起，将建造一艘全部是中国人自己造的载人深潜器，我就与他约定，一定要乘坐这艘深潜器一同下海。”

2017年，完全由我国自主研制的“深海勇士”号4 500米载人深潜器成功完成海试，第二年投入实验性应用。汪品先第一时间决定使用“深海勇士”号及其科考母船“探索一号”，执行他领导的“南海深部计划”西沙深潜航次任务。

从第一次以中国的首席科学家身份，主持设计20年前的国际大洋钻探航次起，到推动我国大洋钻探“三步走”；从推动并主持我国“南海深部计划”，到建造我国海底观测网，他的每一次科考实践，都与国家利益紧密相连，展现了高瞻远瞩的科学大家风范。

在“探索一号”上，这位82岁的科学大家，每天参加科考讨论会，发表自己的看法，认真倾听小辈们的意见，与大家一起规划考察路线，并根据实际情形，实时修改原先计划，谦逊而随和。

但在生活上，他却像孩子一样固执，拒绝了船上所有的特殊待遇。一日三餐，他像所有的考察队员一样，在船上爬上爬下；在风浪的颠簸中，依然坐在电脑前工作，就像在陆地上一样，惜时如金。

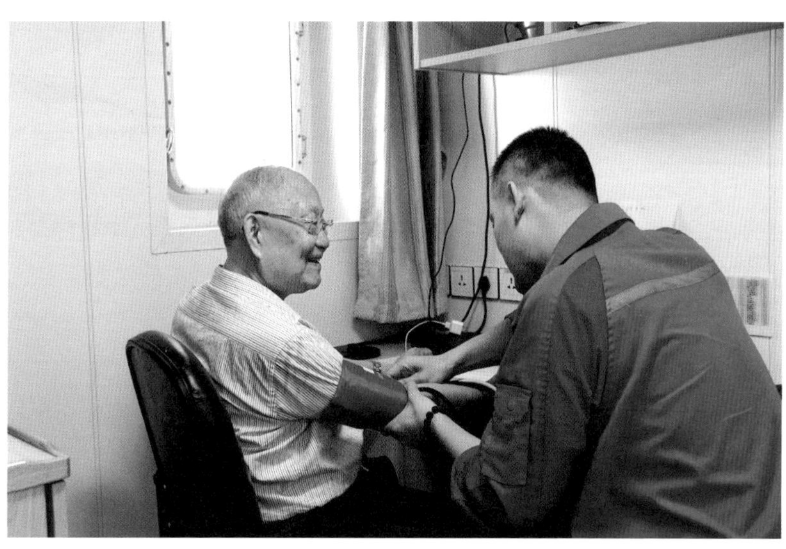

汪品先院士在“探索一号”上量血压

他还像孩子一样毫不忌讳地谈论着健康与生死。船医给他量血压，他得意地说："看，我的血压像小伙子一样棒，不过是靠药物控制的。"2017年年底，他查出了前列腺癌，医生的保守治疗方法，控制了病变指标。这次上船，他仅带了一支皮下注射的针剂。

"到了我们这把年龄，都是排着队等着'走'的，有的人还要来插队。"汪品先幽默地说，"别人是博士后，我是做院士后。我国的海洋事业迎来了郑和下西洋以来的最好时机，许多我年轻时想做而做不成的事，到了老了该谢幕的时候反而要登场，怎能不抓紧宝贵的时间？"

此后，汪品先院士九天里三次下潜，充满了旺盛精力，与年轻人比起来，也毫不逊色。

陪同汪品先一起乘坐"深海勇士"号下潜的丁抗说："他是我国海洋科学界的灵魂，是一位真正的深海勇士！"

汪品先院士在"探索一号"上工作

海阔凭“鱼”跃

科考探秘

浩瀚南海，海阔凭鱼跃，天高任鸟飞。

“深海勇士”号就像一条红白相间、身手不凡的“深海鱼”，每天出没在蔚蓝色海面上，早出晚归，从海底深处采回丰富的科学样品。

“深海勇士”号先后突破原有总体设计并作优化，采用了大厚度钛合金载人舱设计制造、大深度浮力材料、低噪声深海推力器等一系列关键技术。是继“蛟龙”号之后，我国深海装备的又一国产重器。

尽管年龄还不满周岁，但遨游在南海，探冷泉，爬海山，访沉没珊瑚礁，“深海勇士”号状态稳定，“身手”矫健，精力充沛。一天一个潜次，每次长达八九个小时，有时还需晚上加班，丝毫不见“倦怠”。

每天早上，从“探索一号”科考母船温暖的“家”出发之前，当天潜航员都要进入“深海勇士”号载人舱，对它进行全流程的通电例行“体检”。测试操作系统、生命支持系统、观通系统、电池系统、照明、摄像、液压、机械手等设备功能是否正常，指标多达 80 余项。

测试结束后，轨道车承载着浑圆的流线型“深海勇士”号，缓缓驶出机库，来到后甲板。潜器支持人员从一侧的梯子上，放下廊桥，来到潜器顶部，安装好拖曳缆绳和载人舱出口保护套之后，助理潜航员和科学家就从廊桥进入载人舱。

人员进舱后，潜器支持人员将出口保护套取出来，关闭舱门。高大的“探索一号”船尾 A 架，放下导接口与潜器连接，缓缓起吊，再外摆入海。乘坐橡皮艇等待在海面上的蛙人，爬到潜器顶部，进行脱钩和解缆。

随后，“深海勇士”号就开始了一天的遨游南海之旅。它在海底的一举一动，在母船的水面监控系统上都一目了然。除了自动读取各项数据，每隔 15 分钟，潜航员还需手动发送声学信息，报告潜器和人员状态；每下潜 500 米，也需向母船汇报。在离目标海底 40 米左右，抛载第一组压载铁，悬浮在海底上方，一边行走一边考察，并依靠两只灵活的机械手，从海底采样。

停泊在海面上的“探索一号”，则根据潜器行进的路线，随时调整自己的船位。就好像一位慈爱的母亲，确保年幼的孩子不离开自己

“深海勇士”号在海上的风采

视线。每天黄昏时分，当完成了一天下潜任务的“深海勇士”号，抛载第二组压载铁浮出海面的时候，它那小小的红色身影，总是出现在船头方向，然后被母船接回家。

每天，我在“探索一号”上观看“深海勇士”号试验性应用，运行维护团队和船员们各司其职、配合默契、高效专业、一气呵成的流畅操作，不禁令人喝彩。“把小事做细，把细节做精”是他们的共同追求。

“深海勇士”号当时已总共成功下潜 70 余次，不仅验证了优质高强的作业能力，也检验了卓有成效的运行维护能力。

在实验性应用航段中，“深海勇士”号在西沙北礁完成了我国首次载人深潜考古，新发现两个活动的冷泉发育区，首次与4 500米级无人遥控潜器“海马”号进行联合海底作业，标志着我国深海作业型潜器已具备集群作业的能力。

中国科学院依托深海科学与工程研究所，还将计划成立“深海勇士”号管理委员会，致力于打造一支载人潜水器专业运维团队，建立航次共享机制，为国内外深海科学研究、资源勘探开发、水下考古等提供先进的深海作业平台。

“深海本没有路，我们无需效仿，我们就是道路。”丁抗所长说。

“深海勇士”号深潜归来

目击南海“夜潜”

静谧的南海之夜，繁星点点，新月如钩。

“探索一号”科考船上，机器轰鸣，亮如白昼。有一天，刚刚“回家”不到 5 个小时的“深海勇士”号载人深潜器，连续作战，在近 1 400 米深的海马冷泉区，展开“夜潜”作业。

这并不是它第一次“夜潜”作业。“探索一号”科考船上，潜器运行保障人员训练有素，各司其职，有条不紊地进行着各项紧张的准备工作。

深潜部负责人杨申申介绍说，“深海勇士”号回到母船“休息”期间，需要进行充电、给潜器充高压空气、给载人舱充氧气、更换二氧化碳吸收剂、装压载铁、更换采样篮、全流程例行检查等工作。

潜器入库以后，只见运行保障人员十分麻利地打开“深海勇士”号的“腹部”舱盖，首先接上插头充电。潜器连夜加班的充沛精力，来自强大的锂电池。充一次电，能在海底遨游 10 个小时。

“深海勇士”号还打破了潜器“无动力下潜、无动力上浮”的传统，借助于锂电池的澎湃动力，快速上浮和下潜，大大节约了耗费在路上的时间，增加了深海作业的时间。

由于锂电池充电最快只需 4 个小时，其他各项“补充能量”和“体检”等工作，也需要在 4 小时内完成。

正值晚餐时间，运行保障人员紧张而忙碌，已完全顾不上吃饭。在潜器最前方的采样篮里，装满了上个潜次采集的样品。科学家们积极配合潜器保障人员，立即对样品进行处理，清空采样篮。

“由于每个潜次的科学目标不同，重点采集的样品不同，采样篮的布置也很有讲究。需要兼顾到载人舱观察窗的视角、机械手的活动范围及最佳作业区域、观通系统中摄像机及灯光的布置等，因此每次布置都不一样。”杨申申介绍说。

20 时 45 分许，一切准备就绪的“深海勇士”号缓缓驶出机库。关闭载人舱舱门、导接口连接、潜器起吊、外摆入海，一切操作顺利进行。

入水瞬间，前方的探照灯突然打开，漆黑的海面上，充满了科幻

“深海勇士”号夜里出发

般色彩。蛙人进行脱钩和解缆后，“深海勇士”号就在一团幽蓝的光晕笼罩下，开始了南海“夜潜”之行。

“其实，由于深海里本来就没有光线，对于潜器来说，白天作业和晚上作业的状态是一模一样的。但由于工作人员夜间操作比较辛苦，风险比较大，因此，即使是国外许多先进的载人深潜器，都很少安排夜潜。”杨申申说。

第二天6时10分左右，迎着初升的朝阳，“深海勇士”号红色的身影也浮出了海面。潜器支持人员顺利将它接回母船。短暂休息几个小时后，它又将投入到新一天的下潜工作中。

“深海勇士”号完全由我国自主研制，尽管年龄还不满周岁，但已经在稳定的性能和高效的作业等方面，开始“崭露头角”，显示出不凡实力。在前两次的试验性应用航段中，曾连续下潜20次，刷新了我国载人深潜连续下潜作业纪录。

“开放、高效、低成本、专业”是“深海勇士”号开展试验性应用的基本原则。中国科学院深海科学与工程研究所计划让“深海勇士”号每年下潜的次数大于50次，并逐年提高下潜次数。

“对于科考而言，在海上最没有尊严的事，莫过于在平静和良好的海况下无所事事。”丁抗说。

静谧的南海之夜，“深海勇士”号在一团幽蓝光晕笼罩下，开启“夜潜”之行

藏在海底的生命绿洲

灯光的照射下，海底幽蓝静寂、“海雪”飞扬。一串串珍珠般白色气泡，不停地从海底汩汩冒出来。气泡周边，满眼的贻贝、蛤类和蚌类等密密麻麻；半透明的阿尔文虾、白色的铠甲虾、一簇簇管状蠕虫，一片片小蛇尾等随处可见。

这片奇异的海底世界，是位于南海西沙海域的“海马冷泉”。科学家们乘坐“深海勇士”号探访了这片海底的“生命绿洲”。

冷泉系统是一种深海自然现象，由富含甲烷的流体渗漏至海底而形成。海马冷泉位于南海的西沙海域，总体呈东西向条带状展布，水深为 1 350—1 430 米。2015 年因广州海洋地质调查局利用我国自主研发的 4 500 米级“海马”号无人缆控潜器发现而得名。

根据以往调查，海马冷泉的浅表层富含天然气水合物；海底出露大量不同形貌特征的自生碳酸盐岩，主要呈结核状、结壳状和层状；部分区域因较强烈的甲烷气体渗漏，碳酸盐岩胶结了大量贻贝壳体；冷泉生物群广泛发育，管状蠕虫、蛤类及贻贝等多种冷泉生物共存，其中贻贝分布最为广泛；不同种类和不同生长期的生物，在空间上交互分布。

“尽管早就知道海马冷泉，但乘坐深潜器到海底亲眼所见，还是非常震撼，冷泉生物量之大、丰富度之高，果然名不虚传。”中国科学院海洋研究所李新正研究员说，“此次在海马冷泉系统采集到蠕虫、贻贝、蚌、海葵等丰富的冷泉生物样品，令人欣喜。我们将进一步进行分类学和群落生态学研究。”

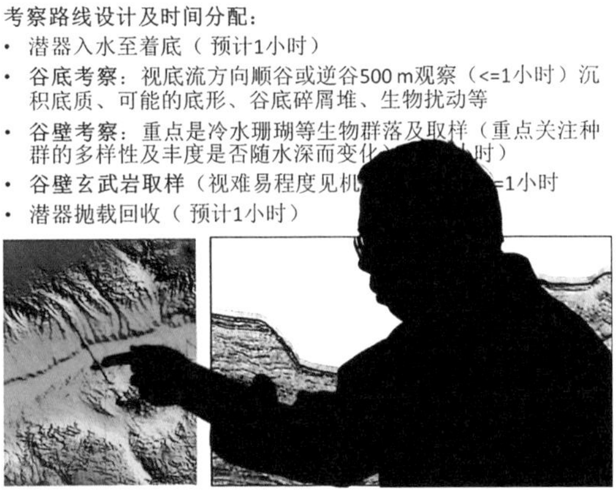

科学家正在设计深潜路线

在近 1 400 米深的海马冷泉附近海底，李新正乘坐的“深海勇士”号潜次，还首次诱捕到一只长 15 厘米的“深海水虱”。深海水虱属节肢动物门、甲壳动物亚门、软甲纲、等足目，是典型的深海肉食性物种，与陆地上的西瓜虫是“亲戚”，但体型大得多。该生物样品的获取，有助于进行海马冷泉附近

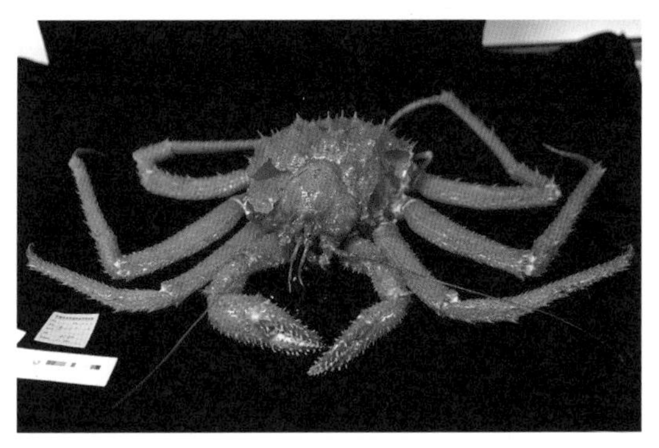

冷泉石蟹

铠甲虾

深海水虱

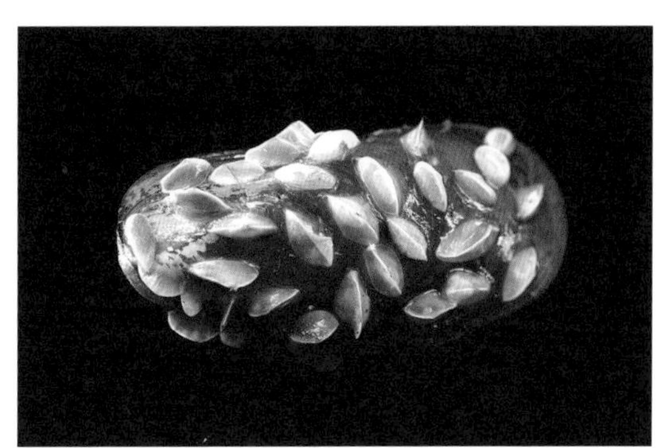

冷泉贻贝

海域的深海环境生物多样性和生态系统研究。

以往的科学研究表明，冷泉的“初级生产者”主要为甲烷氧化菌和硫酸盐还原菌。这些“初级生产者”吸引了管状蠕虫、蛤类、贻贝类、多毛类、海星、海胆、海虾等“初级消费者”，以及鱼、石蟹等“高级消费者”。这些大型生物最终会被微生物分解，从而回归自然，形成一套完整的冷泉生态系统。

“冷泉是海洋和地球科学的前沿领域，深入研究冷泉生态系统，探究冷泉生命系统的物质和能量输运机理，比较以阳光为驱动力的生态系统与以来自地球内部化学能量为驱动力的生态系统，分析两者食物网结构的不同，可望为探索地球上的生命起源带来新的机遇。”李新正说。

自 20 世纪 70 年代，科学家在海底发现热液和冷泉以来，深刻改变了人们对深海海底的看法。海底不再是地球表层物质运动的终点，海洋也不再是有下无上单向运动的世界。深海冷泉的喷出物，不仅支持了深海独特的生物群，而且可以影响气候环境的变化。5 000 万年前，

蛤类

食肉海葵

海绵

魟鱼

深海水合物的融化和甲烷喷发，就曾经引起了全球高温和生物灭绝事件。

在海马冷泉，“深海勇士”号还采集了碳酸盐岩、海底沉积物、微生物、冷泉区海水等多种样品，科学家们现场考察了冷泉活动和微地貌的关系。汪品先院士认为，对海马活动冷泉区进行现场的深入研究，是探讨南海深部运行状况的一项重要内容，能够揭示深海的生物地球化学演变过程，有助于全面理解南海的碳循环；同时对我国南海北部天然气水合物勘探，也具有重要指导意义。

首次发现冷水珊瑚林

科考探秘

乘着“深海勇士”号载人深潜器，科学家在南海的甘泉海台还首次发现了冷水珊瑚林，这也具有重要的科学研究价值。

甘泉海台位于西沙海域深处的碳酸盐台地，根据推测是沉没的古老珊瑚礁。在海下呈阶梯状分布，大体呈北东—南西向，最高顶面距离海面 700 米左右。科学家乘坐“深海勇士”号，分别在甘泉海台的西南角和东北角进行了 4 次下潜。

考察发现，甘泉海台的碳酸盐台地被大量的黑色结壳覆盖，不同于夏威夷、巴布亚新几内亚等地的现代珊瑚礁区。

在海台脚下的玄武岩基底上，科学家意外发现了冷水珊瑚林，在

冷水珊瑚林

海底诱捕

海底采样

海台边缘还发现了活动的冷泉。以大量冷水珊瑚与海绵为主要优势类群组成的生态系统，在南海海区尚属首次发现；活动冷泉的发现，在西沙海区亦属首次。

汪品先院士告诉我，此次科考发现特别有趣的是冷水珊瑚。冷水珊瑚在大西洋深水区，可以堆积成“礁”，因为生长极其缓慢，有“最高寿动物”的美名。因其钙质的干茎具有年轮状的“生长纹”，可以为几千年来海水温度变化提供高分辨率记录，对于中层海水古海洋学来说，是不可替代的珍贵研究材料。

这次深潜在南海首次发现的冷水珊瑚相当密集，不但丰富了南海深海生态系统的研究，而且为南海中层水演变的研究指出了新方向。

走进饱经沧桑的“探索一号”

科考探秘

一位作家曾经写道：“一个人生命中最大的幸运，莫过于在他的人生途中，发现了自己的人生使命。”

对于一艘船来说，同样如此。

从1984年建造于荷兰的一艘海洋工程船，漂洋过海来到中国，几经改造、涅槃重生，成为中国自主研制的4 500米载人深潜器“深海勇士”号科考母船，“探索一号”科考船如同一位壮心不已的老人，在垂暮之年，终于找到了自己最大的价值所在。

第一次登上满载排水量6 250吨的“探索一号”，参加我国“南海深部计划”西沙深潜航次，从每天船上生活中、从每一次潜器收放中、从每一个岗位人员默契配合中，都能感受到这艘船身上独特的气质——既不像新造的科考船“年轻气盛”，也不像上了年岁的老一代科考船“老成持重”，而是一种属于中年的成熟温润。内心充满了坚持与梦想，外表却低调而深沉。

“探索一号”的前身是一艘荷兰的海洋工程船，几经改造，在中国涅槃重生

“深海勇士”号和母船

5年前，当“探索一号”船长刘祝决定跟随这艘船，从原先待遇优厚的单位来到中国科学院深海科学与工程研究所，对于已过而立之年的他而言，意味着要远离天津滨海新区的家，来到远在天涯海角的三亚工作，这并不是一件容易的事。

“10多年来，这艘船就像我身体的一部分，我对船上每一个部位每一个设备都很熟悉。我们感情很深，我舍不得离开它。”刘祝说。自从2004年亲手把这艘船从挪威接回中国，刘祝就一直在船上工作。当时，这艘船的中国名字叫“海洋石油299”。

2014年，刘祝随船来到中国科学院深海科学与工程研究所。他说：“这是船的机会，也是我的梦想。船已经脱胎换骨，从海洋工程船变成了先进的载人深潜器科考母船。对于我来说，也是人生历程中全新起航。驾驶着这样一艘船出海特别自豪，我也能为人类科学探索作一点贡献了！”

“向深海深渊进军，对科考成果负责”，是中国科学院深海科学与工程研究所的使命，也是“探索一号”的职责所系。作为“深海勇士”号载人深潜器的科考母船，它如同一位慈祥的母亲，时刻为自己的孩子提供无微不至的关爱。先进的动力定位系统，可确保它在6级海况、7级风的情况下，位置误差不超过1米、方位误差不超过1度。

在本航次，“深海勇士”号每天早出晚归，有时还要晚上加班。在收放过程中，“探索一号”并非停泊在海面上原地不动，而是灵活操作，为潜器提供安全的下潜和上浮空间；并通过水声通信，与潜器保持密切联系，一路跟随着潜器航行，始终保持安全距离。

“探索一号”船上共有1 000多台（套）设备。作为一艘有34年“船龄”的老船，每天在海面上，如此频繁地走走停停、时快时慢，十分耗费能量，尤其是对船上各类机器设备的维修保养，要求高、难度大。

走进“探索一号”的机舱，一股高达四五十度的热浪扑面而来。每天，就是在这种闷热得像蒸笼一般的环境中，轮机部的船员们坚守岗位。经常为了抢修故障，连续工作，汗水轮番浸透的工作服上，汗渍几乎凝结成盐。

“探索一号”利用船艉A形架对“深海勇士”号进行布放和回收。这一过程看似简单，实则是以液压为动力、以电气来控制，包含了很多重要动作：摆幅油缸、提升绞车、提升油缸、锁紧油缸、拖曳绞车、抗衡摇油缸、抗纵摇油缸。

在上一个航段，“探索一号”A形架液压系统曾出现过“三级溢流阀”的阀芯，被油泵出口高压滤器的碎渣卡死，导致“深海勇士”号无法及时回收。事故发生后，轮机部船员们紧急抢修，查找到原因后，还写了一篇论文深入分析，本航次再也没有发生类似事故。

南海之晨

“‘深海勇士’号每次下潜，只有当它回到母船、顺利解扣，听到那美妙的‘咔嚓’声音，我们悬着的心才算真正放下来。”“探索一号”轮机长郭祚林说。除了每天与机器打交道，郭祚林还是“探索一号”船上《深海探索》的诗刊主编。

晨曦中的“探索一号”

他说：“不要惊奇，我们这些常年漂泊在海上的人，内心更多的是铁骨柔情、满怀梦想。也许我们写的诗、填的词略感生涩，但敢为人先、勇于挑战，不正是我们向深海深渊进军的精神所在吗？”

黄昏时分，“深海勇士”号深潜归来

科学大家的赤子之心

科考手记

1999 年 2 月 11 日，澳大利亚的弗里曼特尔港口。

一位精神矍铄的中国老人，带着简单的行李，登上了停靠在港口的美国“决心”号大洋钻探船。他从北半球乘坐飞机到南半球，再从南半球乘船回到北半球，目标是中国南海。

临行前，他心理压力很大，神色凝重地告诉老伴：“我这次能活着回来，就算赢了！”

20 年后，回首再看当年一幕，这位老人赢了！不仅赢得了辉煌的晚年学术生涯，更带领中国科学家赢得了南海科学研究的主导权！

这位老人，就是我国著名海洋地质学家、同济大学汪品先院士。

当年巨大的心理压力，是因为汪品先赴南海参加的“决心”号 ODP184 航次，不仅是第一次由中国人设计和主持的大洋钻探航次，也是在中国南海的第一次大洋钻探。他是该航次两位首席科学家之一，也是在国际大洋钻探历史上，第一位来自中国的首席科学家。

而当年，他已经 63 岁了。许多人在这个年龄，已经退休在家含饴弄孙。

1936 年出生的汪品先院士，知识渊博、德高望重、大气谦和。每次采访他或参加他主持的学术会议，从他讲话的语气中，我都能感受到他对地球科学的满腔热情，满满的正能量扑面而来。

这大概就是科学的初心、探寻自然的赤子之心！

现代科学的发展，原本就源于人类的好奇之心、赤子之心。从小，汪品先就喜欢遐想。他在《院士自述》里写道：“独坐静思，其实是十分有趣且有益的。我喜欢在飞机上观赏云海变幻，真想步出机舱在白花花的云毯上漫步；也喜欢在大雨声中凝视窗外，想象自己栖身水晶宫的一隅……”

世俗事务的繁杂、功名利禄的纠缠，天长日久，常常使许多人的初心蒙上一层厚厚的灰尘。

60 多年前，汪品先（后排戴眼镜者）和孙湘君（前排右一）在苏联留学时期

汪品先和孙湘君相濡以沫，在办公室里过 2020 年除夕

在 60 多年的科学生涯中，汪品先始终保持着一颗可贵的好奇之心、旺盛的求知之心。虽已是耄耋之年，丝毫不减追求地球科学奥秘的执着与热情。

早在 1991 年，汪品先已当选为中国科学院地学部学部委员，也就是现在所称的院士。人生中，他已经功成名就，原本可以急流勇退。但他执着地选择与科学为伴，他的老伴孙湘君，则选择在办公室里与他为伴。

在同济大学海洋与地球科学学院，汪品先的办公室极为普通。一排书橱占满了一面墙，堆满了资料的书桌中间摆放着一个台式电脑。每次去采访，总能看到他坐在电脑前，埋头工作。

隔壁就是孙湘君办公室。两位老人朝夕相伴、心心相印，就好像 60 多年前，他们一起在莫斯科大学留学时那样。当年，他是班长，她是党支部书记。回国结婚以后，他们为了各自事业，曾在京沪两地分居长达 30 多年。直到 2000 年孙湘君退休以后，才得以来沪团聚、长相厮守。

如今，尽管已经 84 岁了，汪品先依然像一位勤勉刻苦的学生，每天除了工作、还是工作，除夕也不例外。孙湘君也依然像他的同班同学，每天陪伴他工作、倾听他的想法、提出她的建议，并规定他每天晚上只能工作到 10 点半，必须回家。

有一次，在同济大学采访，我远远地看见了两位老人一起去吃午饭。在同济大学的梧桐树下，他俩并肩而行、边走边聊，似乎有谈不完的话题。

那是一个秋日，澄澈的阳光透过梧桐树叶，斑驳地洒落在他们身上。“执子之手、与子偕老”。目送两位老人渐渐远去的背影，一种相濡以沫的感情深深感动了我，在萧瑟的秋风中一个人站了很久。

这些年来，认识汪品先院士越久、采访他的次数越多，越能深刻感受到他的科学大家风范、爱国忧民情怀。他时刻心系国家利益，高瞻远瞩、坦荡无私。

敢于说真话，敢于做实事，是汪品先在我国科学界给人的深刻印象。

作为两届全国人大代表，三届全国政协委员，他曾代表科学家群体书面发言反对“说套话”；针对科教界的问题，提出许多建设性意见，连续两届获全国政协优秀提案奖；还曾公开“炮轰”院士制度，觉得社会上不应该过分炒作“院士”头衔，引起强烈反响和广泛认同。

有时与他闲聊，总觉得他的心里深藏了许多忧虑。

他忧虑中华民族的文化基因中，面对海洋有先天性不足，而人们对此进行的反思并不深刻；忧虑目前国内科研大部分还是为西方做“外包”，没有自己原创的科学大视野；忧虑一些科学与文化脱节现象，忧虑汉语能不能成为科学创新的载体……如此等等。

这一切都源于他深厚的爱国情怀。

当今的海洋权益之争，主要体现在军事、经济和科学活动上。其中，唯有科学活动，尤其是人类研究海洋的基础科研活动，可以不具对抗性、排他性，甚至在权益之争中还能起缓冲作用。

随着“南海深部计划”的开展，我国科学家开始掌握了南海深部研究的主动权，奠定了南海深海科研上的主导地位。随着“一带一路”科学合作的加强，今后加强与南海周边国家的科学研究国际合作，也正逢其时。

“南海深部计划”执行之前，南海的主要科学问题模糊不清，无论是南海的西部海盆年龄、还是深层海流的方向都在争论之中。从海盆成因到沉积来源，都属于海外学者的讨论题目，中国科学家没有发言权。

通过“南海深部计划”的开展，我国科学家已经获得了一系列发

丁抗所长陪同汪品先院士在“探索一号”上参观

现：从海盆形成前后大量的岩浆活动、始新世海相层，到海山上的古热液口、锰结核场和冷水珊瑚林；证实了一系列的推测：从深海的西部边界流、沉积物等深流搬运，到深古菌的有机质降解作用。

汪品先说：“19 世纪，进化论发表的时候，中国恰逢鸦片战争；20 世纪板块理论建立之际，又值‘文革’期间；21 世纪，地球系统科学正在大发展，赶上了中华民族伟大复兴的新时代。我们炎黄子孙应该有洗刷国耻、问鼎国际的雄心！”

他是这样说的，更是这样做的。

微信扫码看视频

“南海之谜”揭开神秘面纱

科考手记

2019年8月14日，“南海深部计划”成果汇报会在上海召开。经过来自全国32个单位、700多人次科学家长达8年的共同努力，诸多“南海之谜”正在被揭开神秘面纱，回答了科学界长久以来的争论和疑惑。

南海不是小大西洋

在地球漫长的历史岁月中，海洋与陆地“分久必合、合久必分”，南海是地球历史书上的一个精彩篇章。这个篇章的第一节，南海是怎样形成的，是困扰科学家的最大谜题。

诸多“南海之谜”正在揭开神秘面纱

“关于大陆裂开形成深海盆、由岩浆冷凝成玄武岩的大洋地壳，世界上的研究标准来自北大西洋。20 世纪 80 年代以来，欧美学者一直认为南海的形成过程就是大西洋的翻版，只是规模小、年代短而已。”汪品先说，“但我们的研究结果却表明，南海不是小大西洋！”

按照大西洋模式，在大洋和大陆地壳的连接处要有长期削蚀的“地幔岩”。可是在“南海深部计划”执行过程中，我国科学家主导的大洋钻探 367/368/368X 三个航次，从南海洋壳和陆壳连接处的钻井，取上来的却是“玄武岩”。这以实物证据否定了原先的假说。

我国科学家还发现，早在南海的大陆岩石圈张裂之初，就有玄武岩涌出，很快就转到海底扩张，形成大洋地壳。而与此不同的是，大西洋是经过长期拉张，使得地幔岩变弱，才破裂出现玄武岩。

“我们研究发现这是两种不同的岩石圈：大西洋张裂的是超级大陆内部坚固的岩石圈，南海形成却是在太平洋板块俯冲带相对软弱的岩石圈。”汪品先说，“表面看来有所相似，其实这是两种根本不同的海盆形成机制，前者是‘板内裂谷’，后者是‘板缘裂谷’。”

专家们认为，我国关于南海形成之谜的研究，指出了国际文献和产业部门实践中将两者混淆的错误，提出西太平洋边缘海是“板缘裂谷”形成的系列，有待采用新视角、新技术加以重新认识，而这将改写教科书。

南海的海底是什么样？

现代南海深层水的唯一来源是太平洋。位于菲律宾巴坦群岛（Batan Islands）和中国台湾岛之间的巴士海峡，是南海与太平洋之间的唯一通道。太平洋水越过 2 600 米深的海槛进入南海，形成“深水瀑布”，混合后再从中层深度返回太平洋。

在“南海深部计划”中，我国科学家在南海布放了数以百计的深海观测潜标，经过长达 8 年的海下实测，证明南海深海存在逆时针方向的西部深边界流，整个南海的海水呈三层结构。通过用放射性碳测量 2 000 米深处的海水，发现海水的滞留时间不过百余年。

此外，我国科学家从南海提出的微生物碳泵，已成为全球大洋碳循环研究的热点之一；碳、氮循环相互关系的研究成果，取得了重要国际影响。

在巨厚的海水下方，一片漆黑的南海海底是个怎样的世界呢？

南海一派生机勃勃

在“南海深部计划”中，我国科学家通过多次深潜，在南海的西沙深处和深水海山上，发现了大片茂密丰美的冷水珊瑚林，这在东南亚海域尚属首次；在南海的深海海山上，还看到成片的锰结核；残余的洋脊上，还有古热液矿，这说明南海海底曾有热液活动。

汪品先说：“结合近年来海底高分辨率地形制图揭示的泥火山、麻坑、海沟等复杂地形，展现在我们面前的南海深部，是一派生机勃勃的活跃景象：在这漆黑的深海底，既有自上而下、又有自下而上的物质和能量流，既有沉积矿物、又有生命活动的相互作用。”

南海在气候演变中的作用被低估

地球运行轨道的微小变化，就能造成冰期旋回，是20世纪地球科学的重大发现。

这一理论的核心在于：用北半球高纬度地区接收到的太阳辐射量变化，可以成功解释近百万年来冰盖涨缩的周期性；然后冰盖变化又通过北大西洋深层水的形成，引领着全球的气候变化。由此产生的海洋沉积氧同位素曲线，已成为全大洋地层年龄对比的标准。

然而，1999 年，由汪品先院士设计主持的大洋钻探 184 航次，在南海沉积速率最高的一口钻井，却发现氧同位素曲线偏离了全球的“标准”。

“按传统观点，那就是地层记录不全。但我们经过多项测试的精确分析，并与其他钻孔进行反复比较，发现这种偏离是季风区域的共同特点，地层并不缺失。”汪品先说，“这种季风区气候周期的特色，其实在陆地石笋、冰芯记录中早已发现，反映了太阳辐射量在低纬地区的周期变化。”

通过对南海深入研究，我国科学家提出了气候演变“低纬驱动”的观点，认为高纬区冰盖大小的变化和低纬区季风降雨的变化，驱动力的周期性有所不同。也就是说，低纬降水周期的变化，并不就是由高纬冰盖决定。

“其实，太阳辐射量集中在低纬区，低纬过程是气候干湿、旱涝灾害的源头，但长期以来不受重视，大部分科学家注意力集中在北半球的高纬冰盖上。”汪品先说。

我国科学家的研究进一步表明：低纬海区更大的变化不在表层，

南海在气候演变中的作用被低估

而在于次表层水；轨道周期不但有万年等级的冰期旋回，还有40万年季风气候的长周期；当前的地球就处在低谷期，在全球气候变化的长期预测中，应予以足够重视。

中国科学家取得南海研究主导权

“南海深部计划”执行以来，点燃了我国科学家研究南海的极大热情。一系列新发现表明：我国科学家在南海深部重大科学问题上，取得了南海深部研究的科学主导权。同时也向世界表明：中国的深海科学已经进入国际前沿，南海正成为世界深海研究程度最高的边缘海。

“长期以来，世界上的深海研究以欧美为主，南海也不例外。南海深部计划基于大量的实地观测和原位探索，从源头上追溯了一些‘普适性’认识的出处；根据西太平洋和低纬海域的特色，提出了不同于

南海西沙深潜航次队员在“探索一号”合影

与“深海勇士”号合影

前人的新认识。但随着科学研究的深入，又带来了许多新的科学问题。”汪品先说。

例如，南海深海盆地张裂机制的新假说，引出了西太平洋边缘海系列的共同成因问题；南海深部构造探索的深入，揭示出深海盆四周边缘的多样性，每个都可以成为被动边缘剖析的典型；低纬过程驱动全球气候的研究，提出了水文循环和碳循环一整套新课题，进一步的研究方兴未艾。

又如，巴士海峡是南海与太平洋唯一的深水通道，加上深海底部崎岖不平的地形，为深层海水运动机理提供了试验场；已有的观测和研究基础，又为太平洋和大陆相互作用下，生物泵和微生物泵的结合、碳循环和氮循环的结合，提供了深入研究的基地。

他表示，由于“南海深部计划”8 年来的工作，主要集中在南海北部，南部的研究尚待开展。只有南北结合，才能取得南海深部完整的图景。期待我国今后组织更强的队伍、以更大的投入，推进南海深部的研究；同时，加强与南海周边的国家合作，争取使南海深部成为国际海洋科学的天然实验室！

欢迎“深海勇士”号回家

CSIC
深海勇士
SHEN HAI YONG SHI
Sanya

东海篇

在我国绵长的海岸线之外，分布着灿如珍珠的海岛。其中，东海的岛屿数量最多。作为海洋记者，我曾踏上一些海岛，采访海岛上的科学家、观测员、灯塔守护工等海洋工作者。

开篇的话

浩瀚东海，北连黄海，南接南海，东濒太平洋，地处亚热带和温带，岸线漫长、曲折，港湾、岛屿众多，流系复杂，海洋资源丰富；沿岸分布着江苏、上海、浙江、福建三省一市，海洋经济发展迅速，海洋开发利用强度高，海洋生态环境压力大。

为实时了解我国东海区海洋环境的“健康状况”及其变化趋势，国家海洋局东海分局（现自然资源部东海局）在每年的春、夏、秋、冬 4 个季节，开展 4 次海洋环境“大监测”。

监察队员对东海区的海洋水质环境、海洋生物多样性、海洋倾倒区、长江口入海污染物总量、涉海工程、海滨浴场、海洋保护区等进行综合性、全方位的监测。这种常态化、业务化的监测，相当于每年给东海区做 4 次“例行体检”。

自 2009 年以来，每年的“体检报告”——《东海区海洋环境公报》都公开发表。详细报告海洋环境各项指标，评估海洋灾害与风险，汇报海洋监管举措，让公众及时了解东海的“身体状况”。

2016 年 5 月，我跟随东海监测中心队员乘坐“向阳红 28”号，采访报道了东海区“春季体检”过程。当年，东海区共设立 1 个海区

东海赤潮警示海洋生态环境保护刻不容缓

钓鱼岛日落，令人惊叹的大美山河

监测中心、6 个海洋环境监测中心站、4 个省级监测中心、17 个地级监测中心。

“向阳红 28”号在那次春季“大监测”活动中，共在黄海南部和东海北部海域布设 209 个监测站。位于厦门、宁德、温州、宁波、南通的 5 个海洋环境监测中心站，也都派船出海，共同执行东海区相关海域的大监测任务，总共监测站位达到 416 个。

事非经过不知难。那次采访让我深刻体会到，薄薄的一份《东海区海洋环境公报》，背后不知凝聚了多少人的艰辛……

在我国绵长的海岸线之外，分布着灿如珍珠的海岛。其中，东海的岛屿数量最多。作为海洋记者，我曾踏上一些海岛，采访海岛上的科学家、观测员、灯塔守护工等海洋工作者。

最令我难忘、最感骄傲和自豪的，是自己曾经采访报道过我国的钓鱼岛巡航。2012—2013 年，我曾经跟随中国海监船、中国渔政船和中国海警船，先后 5 次前往钓鱼岛海域，采访报道我国海疆卫士坚守在海洋一线，维护祖国海洋权益的真实状况。

给东海『体检』有多难？

监测“污染因子”

科考探秘

2016年5月，暮春时节，春的脚步渐行渐远、夏的脚步越来越近。

在一声雄浑的汽笛声中，白色的“向阳红28”号科考船缓缓驶出国家海洋局东海分局（现自然资源部东海局）码头，赴东海区执行例行的海洋环境“大监测”任务。

在我乘坐过的考察船中，“向阳红28”号体量不大，体形瘦长。她的前身是一艘海道测量船，船长74米，型宽10米，最大吃水3.5米，满载排水量1 216吨，续航力4 000海里，最大航速16节。经过适应性维修改造后，2014年底正式入列国家海洋调查船队。

“向阳红28”号装配了先进的水样自动采集与分配系统，船底

“向阳红28”号船前身是一艘海道测量船，2014年入列国家海洋调查船队

和上部甲板分别装有 ADCP 测流系统和气象观测系统，可随时掌握实时水文气象现状；船艉安装了多种专业绞车，可开展地球物理勘测、磁力检测、生物调查、水质取样、海流观测和地质调查等工作；为尽快分析和处理调查样品，船上还建有生物、化学、地质和水文实验室，可同时进行多种海洋环境调查项目的现场测试与分析。

东海区春季“大监测”领队李阳介绍长江口

“向阳红 28”号从上海起航后，我们一路前往江苏徐六泾。

徐六泾传统上是我国江与海的交界处，“长江万里东注”。自江苏省徐六泾以后，浩荡一统的江水被崇明岛分为南支和北支。此后，南支又被长兴岛和横沙岛分为南港和北港，九段沙再将南港分为南槽和北槽，最终形成长江“三级分汊、四口入海”的恢弘格局。

乘坐“向阳红 28”号抵达徐六泾的时候，正值中午时分，江面浓雾刚消散不久。近在咫尺的苏通大桥还淹没在雾气里，宽阔的黄色江面上，大大小小的船只来来往往。高大壮观的港口设备，沿江而立，影影绰绰。

每年的春夏秋冬 4 个季节，东海监测中心的队员都会来到徐六泾，监测这里的长江污染物入海通量。春季监测，他们在约 5 000 米宽的江面共设置了 7 个站位，组成一个两边浅、中间深的凹型监测断面。在每个站位采集水样，重点监测其中的油类、亚硝酸盐、化学需氧量、总氮、总磷、重金属（铜、铅、锌、镉、汞）等“污染因子”。

将这些“污染因子”乘以长江的平均径流量，就可以大体测算出长江每年“捎带”给东海多少污染物。

“向阳红 28”号抵达徐六泾监测断面后，等了近一个小时后才开始进行站位作业。这是为了等海水落潮，确保采集的水样是最新入海的长江水。巨大的温盐深自动采水设备悬挂在船尾的白色绞车上，牵着缆绳缓缓沉入江中。

这是一个测量海水温度、盐度（电导率）、压力、溶解氧的自动记录系统，由 12 个自动采水瓶组成。每下降到一定的深度，采水瓶就会自动打开采集水样。不同深度的水所表示的多项“身体指标”也会实时在实验室电脑上显示，如同人们检查身体的“超声波”。

采集的水样上船后，“向阳红28”号船尾小小的实验室里忙成一片。

监测队员张勇负责现场处理水样里的油类。他首先用硫酸将水样固定，再用正己烷进行萃取，将水相与有机相分离，收集有机相并用无水硫酸钠吸走水分，最后倒出有机相带回陆地实验室详细研究。监测队员杨涛负责水样的抽滤，将过滤掉悬浮物的水样分层分装，经固定保存后带回陆地实验室，进一步检测营养盐（硝酸盐、亚硝酸盐、氨、硅酸盐、磷酸盐）、总氮、总磷、重金属（铜、铅、锌、镉、铬、砷、汞）、硫化物、总有机碳等指标。

34岁的李阳是此次东海区春季“大监测”的领队，负责海上总协调。他的电脑里，事无巨细，样样记录在案。“向阳红28”号这趟出海共监测209个站位，预计可获得上万个监测数据和样品。每一个站位、每一份样品都需要一丝不苟，不能出任何差错。

自2012年以来，国家海洋局组织对东海区的长江、闽江、钱塘江、瓯江、椒江、黄浦江等37条主要入海河流的污染物入海通量进行了监测。结果显示2012年入海主要污染物总量为1 220万吨，2013年为1 148万吨，2014年为1 233万吨。

监测队员在长江口采集水样

监测队员在长江口采集生物样品

根据国家海洋局海洋生态文明建设实施方案，今后将组织沿海省市开展陆源污染物入海调查，摸清来源和种类，确定海域水质管理目标、减排指标和减排方案，实施污染物入海总量控制；并将在辽宁、天津、山东、浙江、福建、广东等地开展污染物入海总量控制试点，形成可复制、可推广的总量控制模式。

“为了保证身体健康，人们需要经常体检，海洋环境也一样。只有持续进行监测，我们才能获得河流污染物入海的知情权，才能为节能减排、实施污染物总量入海控制提供科学的决策依据。”李阳说。

“号脉”长江口“贫氧区”

科考探秘

一个人，如果身体不健康，可能会“贫血”；

一片海域，如果生态不健康，可能会“贫氧”。

受人类活动加剧、全球气候变暖等因素影响，世界一些河口或近海生态系统普遍发现了贫氧区，其中包括我国的长江口。

据《东海区海洋环境公报》，2014 年 8 月，在长江口外海域发现贫氧区位于南汇嘴以东约 105 千米，距嵊山岛约 20 千米；贫氧水团分布于 30—50 米水层处，面积达 3 253 平方千米，是崇明岛面积的 2.5 倍。

在东海区“春季体检”中，水体中的溶解氧是一项重要监测指标。正如人类的生存离不开氧气，溶解氧也是海洋生物赖以生存的物质基础，是维持海洋生态系统健康的关键因子。溶解氧的高低不仅直接影响着海洋生物的新陈代谢，还直接影响着水体中有机物质的分解速率

一片海域，如果生态不健康，可能会“贫氧”

和正常物质循环。

研究表明，当水体中的溶解氧含量低于 4 毫克／升时，养殖鱼类就会受到影响；当溶解氧含量低于 3 毫克／升时，底栖动物数量会大大减少；当出现持续低氧（溶解氧含量小于 2 毫克／升）时，海洋生态中的各种动植物就会受到致命伤害。严重的缺氧还会造成海洋生态系统和渔业资源的崩溃，导致“死亡区”。

“向阳红 28”号启程以后，抵达每一个监测站位的时候，监测队员都对水体中的溶解氧进行监测。由于溶解氧接触空气后容易变性，因此每一个水样必须在船上及时进行固定处理。

每到一个站位，监测队员祁国荣用专用的碘量瓶采集水样后，先加氯化锰溶液固定，再加碘化钾溶液析出等量碘，最后再用硫代硫酸钠进行滴定分析，就可以得知水样中溶解氧的含量。整个航次，这样的实验要进行上千次，采集上千个溶解氧数据。

监测队长李阳介绍说：“长江口的贫氧区主要出现在 8 月份，11 月份左右消失，每年的贫氧范围和地理位置都有变化，核心区域位于东经 123°附近海域。东海区在每年的夏季监测中，都有专门项目加密监测贫氧区。此次春季监测中采集溶解氧数据，相当于给贫氧区号一号脉，为深入研究贫氧区的溶解氧季节变化积累第一手资料。”

贫氧，又称为“低氧”，目前已成为影响世界河口和近海生态系统的一种普遍现象。尤其是近几十年来，随着人口增长和土地利用变

长江沿岸的化工区

监测队员刘守海在船上工作

化、生活和工业污染物的排放、海岸线开发以及全球气候变暖等因素影响，使得低氧对河口近海海洋生态系统的影响更加严重。全球海洋低氧／缺氧的面积日渐增大、持续时间增长、爆发频率增加，严重破坏海洋生态环境，成为威胁海洋生态系统安全的重要因素之一。

我国河口海岸的低氧问题也日益受到关注。早在20世纪50年代，在全国海洋普查中，专家就发现长江口及其邻近海域的底层区域溶解氧很低；80年代，中美专家合作在长江口及其邻近海域进行沉积动力学研究，再次发现长江口外底层存在一个面积很大的低氧区；90年代以来，长江口低氧区面积不断扩大，程度越来越严重。

专家们研究认为，长江口的低氧现象是自然演变过程和人类活动双重作用的结果。每年夏季是长江的丰水季节，水量大、水温高。大量长江冲淡水的注入，导致高温的淡水浮在高盐的低温海水之上，形成温度和盐度双跃层，从而阻隔了深层海水与表层水的氧气交换，底层耗氧来不及补充，形成低氧区。

随着经济发展，人类活动造成了长江入海污染物增加，近海海域水富营养化，使水体表层大量浮游植物暴长，并随着营养盐耗尽而亡，形成大量有机物质碎屑沉入海底；在分解的过程中消耗大量氧气，进一步加剧了温盐跃层造成的海底氧亏损。这是近年来长江口低氧区范围迅速扩大、严重程度急剧攀升的主要原因。

长江口越来越严重的低氧现象，对长江口生态系统、乃至东海陆架区生源物质的生物地球化学循环，都将产生较严重影响。我国应进一步予以重视，深入研究低氧区的时空分布特征、形成原因机制以及对生态系统造成的影响等问题。同时，更重要的是要增强海洋环境保护意识，进行源头治理，加大节能减排力度，减少乃至彻底杜绝污染物排入长江。

海面上惊现“红褐色幽灵”

科考探秘

春季，不仅是陆地上百花盛开、万物复苏的季节，也是海洋里微藻、原生动物、细菌等生命勃发、欣欣向荣的季节。

历史上，长江口及其附近海域就是赤潮高发区。因为这里地处亚热带和北温带交界处，在长江巨量径流和泥沙入海、复杂流系结构和特殊地形的共同作用下，呈现出独特的“冲淡水转向”“上升流”“锋面迁移”等自然现象，形成了极易发生赤潮的环境条件。

海洋中某一种或某几种浮游生物在一定环境条件下，暴发性繁殖或高度聚集，引起海水变色，影响和危害其他海洋生物正常生存的“生态异常”现象，就是赤潮，目前已成为一种世界性的海洋公害。

“向阳红 28”号航经上海东海大桥

近年来，随着经济快速发展，人类活动增加了长江口水体的富营养化，更为赤潮生物大量繁殖提供了丰富的物质基础。赤潮爆发频次增多、规模不断扩大，不仅破坏了海洋生态平衡，也对人类健康造成危害。

海洋是一种生物与环境、生物与生物之间相互依存、相互制约的复杂生态系统，系统中的物质循环、能量流动处于相对稳定、动态平衡中。而赤潮生物毫无节制地肆意繁殖，无疑干扰破坏了这种平衡，成为海洋生态的“破坏分子”。有些赤潮生物还能分泌赤潮毒素，导致野生和养殖的鱼类贝类大量死亡，或通过食物链的传递，使食用它们的人类、鸟类或海洋动物中毒死亡，堪称海洋中的“恐怖分子”。

在每年的东海大监测中，赤潮都被列为重点监测对象。

连日阴雨，天气终于转晴。海面静如湖水，微微泛蓝。疾驰的“向阳红 28”号科考船乘风破浪，从浙江嵊泗锚地奔赴东北方向 40 多海

“向阳红 28”号航经浙江西堠门大桥

里的一个监测站位。淡蓝色丝绸般平滑的海面上，随着船的航行，劈开了一道道深深的裂纹。

“快看，快看！好像不对劲，海水看上去怎么有些红褐色？”

站在“向阳红28”号后甲板的监测队长李阳，指着船尾的航迹大声说。就在同一时间，站在他身边的监测队员刘守海和安全监督员秦榜辉也注意到了这个情况。

当时，船正航行在北纬30° 50′、东经123° 00′ 浙江舟山的花鸟山以东海域。三人赶紧来到船舷边仔细观察。果然，在船边劈开的白色浪花里，“红褐色幽灵”正随波逐流、时隐时现，令人触目惊心。

“发现赤潮，发现赤潮！请立即停船，全体队员进入赤潮应急监测状态。”拿起对讲机，李阳毫不犹豫地呼叫船长。他同时拨通了电话，将现场情况报告给东海监测中心赤潮应急小组。

作为一名监测老兵，他对这片海域太熟悉了。这里是赤潮高发区，眼下又是赤潮高发季节。只是，谁都没有想到，今年赤潮来得这么早，情况来得这么突然，一名正在打瞌睡的队员还以为是在演习。

船很快停了下来。李阳拿起一个长柱形的多参数水质仪，从船舷边放进海水里。不到两分钟，仪器实时监测的海水数据就在电脑里显示：PH值8.5（正常值只有8.1），叶绿素9.1微克/升（正常值只有3—5微克/升），溶解氧122%，高出正常值22%。

船上的CTD自动采水系统也很快采集到水样。负责生物监测的

在船边劈开的白色浪花里，赤潮犹如一个“红褐色幽灵”，随波逐流、时隐时现

长江口及其附近海域是赤潮高发区

刘守海取出 0.5 毫升水样，放在一个长方形薄片般的计数框里，拿到显微镜下仔细观察，判断赤潮的藻种和密度。

我也好奇地看了一眼显微镜，简直惊呆了。

天哪！那些小小的、链条般的赤潮生物清清楚楚、赫然在目，甚至还在不停地运动着。有的“链条”单独运动，有的“链条”连在一起运动，好像一列列小火车，在计数框里环游着。

“这种赤潮生物叫东海原甲藻，又称具齿原甲藻，是一种常见的无毒赤潮生物，在低温带至暖温带的水域都能生存，在世界范围内分布很广。”刘守海介绍道，“不过，东海原甲藻本身虽然无毒，但经常和其他有毒赤潮生物形成复合型赤潮，需要密切关注。”

在赤潮形成的不同阶段，海水里的营养盐成分将会发生什么变化？利用可见分光光度计，监测队员还在现场采集了水样里的三氮盐、磷酸盐、硅酸盐等一系列数据。这些第一手数据是深入研究赤潮的基础资料，长期积累，有珍贵的科研价值。

在首次发现赤潮的海域进行了应急监测后，“向阳红 28”号继续前进，扩大赤潮监测范围。此后，又选择了四个站位进行监测。结果表明：海水里各项“身体指标”更加异常，赤潮生物浓度已经突破了基准阈值，完全可以断定这片海域暴发了赤潮，影响面积约470平方千米。

根据国家海洋局赤潮灾害应急预案，无毒赤潮面积8 000平方千米以上、或有毒赤潮面积5 000平方千米以上，启动一级响应；无毒赤潮面积3 000平方千米以上、或有毒赤潮面积1 000平方千米以上，启动二级响应；发生1 000平方千米以上、3 000平方千米以下的无毒赤潮、或500平方千米以上、1 000平方千米以下的有毒赤潮，启动三级响应。

在第一时间，东海监测中心按照四级响应程序，将赤潮消息上报给东海分局。东海分局在第一时间上报给国家海洋局，并向浙江省海洋与渔业局、舟山市海洋与渔业局、东海监测、预报中心、宁波中心站、舟山工作站、东海航空支队等单位，发出赤潮通报，提醒相关单位采取防范措施，减少赤潮危害。

2011年国家“863计划”启动了“重大海洋赤潮灾害实时监测与预警系统”项目，国家海洋局东海环境监测中心、第二海洋研究所等单位对赤潮遥感技术、现场快速监测与检测技术、监测与预警系统集成与示范、应急及损害评估等课题，进行持续深入研究，取得丰硕成果。

在这片发现赤潮的海域，国家海洋局东海分局已建成面积约2 500平方千米的赤潮监测海上示范区，在嵊泗海产品原产地和上海市海产品市场，也分别建立了赤潮毒素检测陆上示范区，可在赤潮发现或赤潮毒素检出的3小时内向相关部门发送监测报告。

第二天，在茫茫东海，“向阳红28”号上的监测队员圆满完成了预定任务，共进行了14个站位的监测工作。整整一天，一站接着一站，争分夺秒，没有片刻停歇。入夜时分，完成最后一项工作后，一些队员疲惫地坐在椅子上睡着了……

据“上海市近海海洋综合调查与评价”专项调查，21世纪以来，长江口监测到的赤潮生物种类不断增多。

在最常见的赤潮生物中，除了“土生土长”的中肋骨条藻、具齿原甲藻、夜光藻，还多了一种米氏凯伦藻。这种赤潮生物可分泌鱼毒和溶血性毒素，破坏鱼的鳃细胞，使鱼鳃出血产生黏液，窒息而亡。

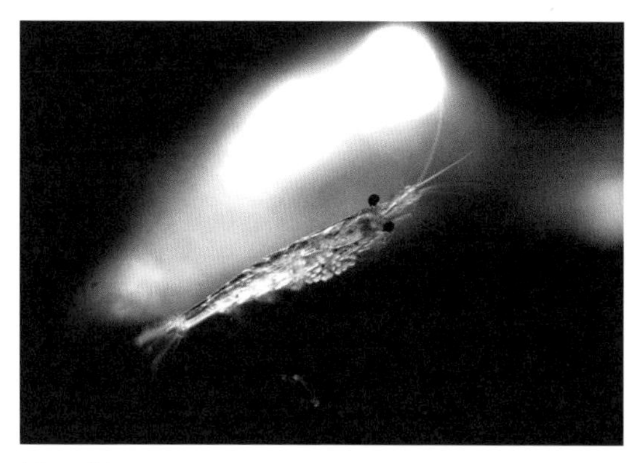
长江口的虾

长江口的蟹

这个“鱼类杀手”在我国历史文献中从未见记载，很可能就是通过外国船舶的压舱水带入长江口，存活并繁殖。自2000年以来，长江口海域已记录到7次米氏凯伦藻赤潮。

近年来，由外来种入侵引起的突发性灾害在我国海域已频繁发生。

国家海洋局东海分局与国家海洋环境监测中心、海洋一所、海洋三所、大连海事大学等多家单位，还联合开展了“外来种风险评估项目”研究。计划通过掌握外来种入侵风险评估方法、建立多项外来种快速检测技术，研制可移动的压载水生物入侵风险应急防控技术装置，将海洋里的外来生物阻挡在我国国门之外。

微信扫码看视频

东海区“体检报告”是怎样写成的？

东海区管辖海域北起江苏赣榆，南至福建诏安，包括黄海南部和东海海域。

自2009年以来，国家海洋局东海分局（现自然资源部东海局）每年公开发布东海区的“体检报告”——《东海区海洋环境公报》。浩瀚的东海“性格”多面，春夏秋冬的“脾气”变化也大。因此，东海区体检每年要进行4次，“体检报告”是在4次基础上综合而成。

在报道东海监测中心队员对东海进行“春季体检”的日日夜夜，我十分感慨。事非经过不知难，薄薄的一份《东海区海洋环境公报》，背后不知凝聚了多少人的艰辛？

东海区的“体检报告”是在风吹浪打里写成的。

给大海检查身体，最好途径是乘船到海里去“抽血化验”。一路上，在大风大浪中顶风冒雨作业是家常便饭。再大的风浪，只要船能承受，

“向阳红28”号实验室一片忙碌

队长李阳在海面上瞭望

监测队员在船上工作

人就一定能承受。东海“体检”的项目很多，海水质量、海洋环境、海洋生物多样性、大气污染物沉降、海洋二氧化碳汇源等，每一个项目监测指标多达几十项。仅“向阳红 28”号一艘船在一次春季体检中，就设置了两百多个监测站位，共需采集上万份样品。每一份样品，无不是监测队员踏着东海万顷波涛采集而来，回去后，还需在实验室进行缜密分析。

东海区的“体检报告”是在团结协作的集体中写成的。

“船长：开始进行拖网作业，请匀速前进。”每天，都能听到在后甲板的领队李阳和在驾驶台的船长杨凯在对讲机里频繁沟通对话，调查船与监测队之间的配合十分默契。2014 年底入列的“向阳红 28”号，是东海分局调查船队中的“新兵”，当年 32 岁的杨凯也是东海分局最年轻的船长。仅仅一年多，“向阳红 28”号就挑起了东海区海洋环境监测的大梁。船上船员平均年龄仅 30 岁刚出头，在杨凯的带领下朝气蓬勃，尽职尽责。

东海区的“体检报告”是用长年累月的寂寞和坚守写成的。

“百年修得同船渡。只要上了船，大家都是一家人。”这是“向阳红 28”号大厨郑世君常说的一句话。在船上工作了 30 多年的郑大厨很热爱生活，注重生活品质，他把这些讲究也带到了厨房里，让大家尽量只吃当季菜，千方百计把大锅菜炒出饭店小锅菜的风味。“我们监测大海的身体健康，也要注重自己的身体健康。”郑大厨说。“向阳红 28”号政委应顺德也与大海打了 30 多年交道，把最美好的青春岁月献给了大海。他说：“长年累月的海上生活非常寂寞，只有把后勤保障工作做好了，才不会想家。坚守在大海，是我们一辈子的事。”

东海区的“体检报告”是海洋人用责任与爱心写成的。

为了保证东海监测的各项指标精确，自2012年以来，东海监测中心在每次出海监测队伍中，专门设立了质量监督员岗位。担任此次“春季体检”质量监督员的秦榜辉，在每一个站位的每一个采样细节，处处把关，确保按照国家规范进行。“虽然海洋能为人类经济可持续发展提供巨大空间，但前提是我们要确保她的身体健康。对海洋监测工作的负责，是我们海洋人对海洋应尽的一份爱心。”秦榜辉说。

根据多年监测，东海区的“身体健康”状况已不容乐观。尤其是近岸海域，水体中的无机氮和活性磷酸盐严重超标；大型围填海工程、电厂温排水等人类活动，已使杭州湾等近岸典型生态系统“健康”受损，海洋生境退化；目前，东海区不仅赤潮、绿潮等环境灾害频发，同时面临岸滩侵蚀、海水入侵、土壤盐渍化等严峻挑战。

目前，我国沿海许多地方均亟待推进海洋生态整治修复。“十三五”期间，我国围绕湿地、岸滩、海湾、海岛、河口、珊瑚礁等典型生态系统，重点实施“南红北柳”湿地修复、“银色海滩”岸滩整治、“蓝色海湾”

东海春季“大监测”队员合影

在“向阳红 28”号工作留影

综合治理和“生态海岛”保护修复等工程。到 2030 年，基本实现“水清、岸绿、滩净、湾美、物丰”的海洋生态文明建设目标。

其中，“蓝色海湾”综合治理工程计划到 2020 年重点推进 16 个海湾（杭州湾、钦州湾、象山湾、汕头湾、三门湾、诏安湾、厦门湾、罗源湾、湛江湾、三沙湾、泉州湾、莱州湾、渤海湾、福清湾、胶州湾、辽宁湾）综合治理取得成效，完成 50 个沿海城市毗邻重点小海湾的整治修复。

为保护海洋生态环境，上海也建立了海洋生态保护红线制度。以海洋功能区划为基础，以生态敏感区和生态脆弱区为保护重点，划定海洋生态红线区；研究制定差别化管控措施，实现海洋资源的科学合理开发利用；建立海洋生态赔偿补偿机制，确保遭受破坏的资源和生态得到相应补偿和有效修复。

微信扫码看视频

海岛故事知多少？

花鸟岛：大海的眼睛

科考手记

“忽闻海上有仙山，山在虚无缥缈间。”白居易在《长恨歌》诗中写到的那座仙山，说不定就是东海的舟山花鸟岛。

从上海洋山深水港乘船约40海里，就看到一座仙境般的小岛，隐隐约约，镶嵌在茫茫海天尽头。小岛从空中俯瞰形如飞鸟，岛上鸟语花香，故名曰“花鸟岛”。

一座黑色的巨大灯塔，矗立在岛的西北角山嘴上，极为醒目。这就是被誉为“远东第一灯塔”的花鸟灯塔。圆柱形塔身，高达16.5米；灯塔顶部装有一个直径1.84米的牛眼透镜，射程可达24海里。

清同治九年（1870年），花鸟灯塔由英国人建造。据史料记载：当年，英国殖民者开辟了上海至太平洋的航线，将该线航海权占为己有，并把持了上海江海关税权。为保障航道安全，防“鸡骨礁”之险，英国人用上海江海关税银，建造了花鸟灯塔。

忽闻海上有仙山，山在虚无缥缈间

近一个半世纪以来，灯塔里牛眼透镜一片片闪亮的聚光晶片，见证了翻天覆地的历史变迁。如今，在这条远东和中国沿海南北航线进入上海港的重要航线上，花鸟灯塔仍然是重要的航行标志。

东海航海保障中心宁波航标处的守塔人，日夜守护着古老的花鸟灯塔，为船只在黑夜中航行给予指引。生命在发怒的大海面前，脆弱得不堪一击。而灯塔的光亮，却能给大海中航行的人带来光明。每天，孤寂的守塔人与责任为伴。他们就像爱护着自己的眼睛一样，爱护着这只“大海的眼睛”。

缥缈若仙的花鸟岛别称“雾岛”，即使在阳光灿烂的日子里，也时常有雾。对于生活在岛上的人来说，花鸟灯塔还是他们夜行的路灯。漆黑的夜晚，不带手电筒，就可以找到回家的路。在一位老人的记忆中，当年借助灯塔光，还曾找到了一根掉在地上的绣花针。

每逢大雾，花鸟灯塔还为航行的船只声波导航。每 80 秒连续鸣

花鸟灯塔远眺

灯塔文化

亮灯仪式

岛上民居

荧光海浪

笛 2 次，每次声长 1.5 秒，声音传播范围 4 海里以内。这是当年传音最远的气雾喇叭，当地人形象地说：“听，老黄牛又叫了。”

随着数字化时代的到来，导航技术不断进步。花鸟灯塔也从最初依靠光、声定位，发展到现在的 AIS 航标、北斗遥测、E 航海导航。安装在灯塔上的北斗连续运行参考站，通过光缆和微波，每天都将观测到的各类卫星运行数据，实时传输到上海的数据中心。

花鸟灯塔上这套先进的系统，是我国“海上北斗”网络建设的一个点。“海上北斗”网络是以我国北斗卫星导航系统（BDS）为核心的海上高精度定位导航网络，主要由无线电指向标 – 差分北斗卫星导航系统（RBN–DBDS）和北斗连续运行参考站系统（BD–CORS）两套系统组成。

经过多年建设，我国“海上北斗”网络已初具规模。到 2017 年，我国沿海地区已布设 22 套差分北斗卫星导航系统、70 多座北斗连续运行参考站。这一海上基础设施项目的建设，使我国沿海海域实现“米

在缥缈的花鸟岛，可以享受“煮酒、煮茶、煮时光”的悠闲慢生活

美味海鲜

级”、重要海域实现“厘米级”的精确定位，极大提升海上定位导航水平。

根据计划，我国“海上北斗”高精度导航定位网络，可广泛应用于船舶进出港及狭窄水道导航定位，水上交通安全管理，海洋、港口、航道的测绘，海上的救助打捞、石油勘探、渔业等领域，为各类海上活动提供坚实的水上交通保障。

近一个半世纪过去了，花鸟灯塔所在的花鸟岛，也早已旧貌换新颜。昔日与世隔绝的小渔村，已发展成为海岛旅游的胜地。一批又一批来自大城市的游客，来到这座缥缈的小岛，享受着阳光、沙滩、垂钓、露营、海鲜，以及“煮酒、煮茶、煮时光”的悠闲慢生活。花鸟岛，还是国内少有的能够看到“荧光海滩”的地方。入夜时分，大海闪烁着神奇的荧光，令人感觉十分浪漫。

花鸟灯塔，是人们必去的一个旅游景点。灯塔脚下的陈列馆，成为游客了解灯塔文化的爱国主义教育基地。每天，日落点亮、日出熄灯，花鸟灯塔的守塔人严格遵守着时刻表。他们还尝试将日常的灯塔点灯、熄灯工作，进行标准化、精细化、科学化管理，将花鸟灯塔的点灯流程，打造成一套点灯礼仪，宣传灯塔文化、航标文化，弘扬博大精深的海洋文化。

微信扫码看视频

北麂岛：最浪漫的志愿者

科考手记

“亲，你想体验海岛灯塔的生活吗？你想远离尘嚣，远离雾霾，寻找拥有漫天繁星的净土吗？机会来了，位于瑞安北麂岛的北麂山灯塔需要灯塔值守志愿者，欢迎加入志愿服务队伍中来吧，开启你的心灵安静之旅（包食宿），不要犹豫，不要等待，快来加入吧！”

东海航海保障中心温州航标处一则新颖的招募启事，在我国开创了一份被网友称为“最浪漫的志愿工作”——守护灯塔，自 2014 年 2 月以来，吸引了几千人踊跃报名参加。

自从人类有航海历史以来，守护为船只指引方向的灯塔，就是一份古老而神圣的职业。如今现代化助航手段虽然很多，但有人值守的灯塔依然必不可少，正如北麂山灯塔。

北麂山灯塔位于东海北麂岛的主峰仙人山。从温州市洞头区乘船

北麂岛上浪漫的灯塔志愿者

杜忠良（右一）在指导志愿者维护灯塔

航行一个多小时，茫茫大海尽头，远远就能看到这座红色的圆柱形灯塔，孤傲地耸立在北麂岛的山顶。岛屿的山坡上散落着渔民的石头房子，三三两两的渔船正进出渔港。沿着野萝卜花铺满的山路拾级而上，就来到雄伟的北麂山灯塔脚下。

137 米高的北麂山灯塔，是我国于 1992 年自行设计建造的现代化大型灯塔之一。北麂岛附近海域暗礁多、风浪大、雾气浓、台风频繁，北麂山灯塔是引导中外船舶进出温州港、飞云港和敖江港的重要标志。

自从灯塔建成以来，43 岁的杜忠良就与灯塔相守相伴。

“在一望无际的大海，我们的职责是做好船舶助航的明灯。灯塔的灯光不仅在 20 多海里外就能看到，灯塔上的 AIS 船舶自动识别系统还会发出无线电信号，为船舶提供准确的坐标位置；对每艘经过的船舶发出的雷达信号，灯塔上的雷达应答器都会回复特定的莫尔斯代码，为船舶判断自身坐标提供多重保障。”杜忠良介绍说。

“人在，灯亮。”是杜忠良 20 多年来的执著和坚守。作为从小在北麂岛长大的渔村人，他深知灯塔对渔民的重要性，每天像看护着自己的孩子一样精心看护着灯塔。以至从小不在杜忠良身边长大的女儿，曾经对陌生的他叫过“叔叔”。

孤独和寂寞，是每一位灯塔守护人 20 多年纠结于心底的最深的愁绪。2014 年 4 月 1 日，第一批志愿者的到来打破了灯塔上的孤寂生活。那天，是灯塔建成以来最热闹的一天。回忆此事，杜忠良和几位灯塔工的眼眶里都有些湿润。

2015 年“五一”假期，两位“90 后”吴昊和孙毅作为第 23 批志愿者在守护北麂山灯塔中度过。来自中国传媒大学的吴昊，目前还是一名大三学生。他说：“志愿者每天的工作就是协助灯塔工维护清洁灯器、太阳能电池板，检查各类器材等，此外就是买菜做饭、喂养小动物。工作很简单，生活也很有规律。”

曾经在一家银行工作的孙毅，辞职后选择先到北麂岛守护一段时间灯塔。他说：“与许多人一样，我原先也以为这份志愿工作面朝大海，充满了诗意，一定很浪漫。谁知道没过几天，诗意浪漫就变成了琐碎平凡，长年累月守护灯塔非常不易。今后无论从事什么工作，这种执著和坚守都值得我学习，也是我守护灯塔最重要的人生收获。”

“燃烧自己，照亮别人”的灯塔精神，是我国航标人世代相传的古老传统。在我国东海区，共设有 72 座灯塔、1 623 座灯桩，其中有

北麂岛风光

醒目的北麂山灯塔

人值守的灯塔 22 座。传统的灯塔与现代化的视觉航标、无线电航标和数字航标一起，共同构成了我国东海综合助导航服务体系。

“灯塔是我国航标人的象征。他们用双手建设航标，用心灵点亮航标，用生命守护航标，奉献的是平安，留下的却只有背影，他们是航海中的无名英雄。我们希望通过志愿者活动传播航标文化、将灯塔精神发扬光大。”温州市灯塔值守志愿者协会会长林健说。

微信扫码看视频

佘山岛：“上海第一哨”

科考手记

“在这个面积不足两个足球场大的海岛上，每天最高兴的事就是有事情做。”眺望着无边无际的蔚蓝色大海，陆焕欣缓缓地说。

陆焕欣所在的这个海岛名叫“佘山岛”。在上海，人人都知道佘山，但很少有人知道还有一个佘山岛。佘山岛距离上海吴淞口以东75千米。

佘山海洋环境监测站是我国东海环境监测网的组成部分之一。每天，国家海洋环境预报中心播报的我国东海海区海况，第一手最基础的部分数据就来自佘山岛。作为佘山海洋环境监测站的一名海洋监测员，陆焕欣每年大约有5个月时间在岛上度过。

伫立在茫茫的大海中央，佘山岛显得分外渺小。这是一座无居民、无淡水、无供电的岩石岛屿，呈东西向展布，面积约0.037平方千米。

“佘山岛虽小，地理位置却十分重要，这里是中国领海基点之一，被称为‘上海第一哨’。”陆焕欣说，“在东海海区，佘山岛是海洋气象地震信息的采集点、民航客机进出上海空港的航空定位点、船舶进出上海港的重要导航标志。”

2000年，国家海洋局东海分局正式在佘山岛建立海洋环境监测站。

佘山岛上的中国领海基点方位点碑

佘山岛是海洋气象地震信息的采集点，民航客机进出上海空港的航空定位点、船舶进出上海港的重要导航标志

自那以后，陆焕欣就成为岛上常客。

每天，他最重要的工作是查看仪器、采集海水、观测海浪、向外发报。岛上安放的水温气象自动观测仪，能将岛上的风向、风速、温度、气压等要素，每分钟实时传输到国家海洋局东海预报中心和国家海洋环境预报中心。

“虽然现在大多是自动化仪器监测，还是不能掉以轻心，除了经常检查设备是否正常，还要采集一些人工观测的气象数据进行比对。”陆焕欣说。

由于岛周水深流急，自动化的海浪观测浮标无法进行工作，海浪现在还全靠人工观测。从学校毕业就一直做海洋监测员的陆焕欣，20年来积累了丰富的经验。掐着手里的秒表，对海浪周期算得十分精确；站在山顶瞄一眼礁石，就估算得出海浪高度。

每天，陆焕欣要通过陡峭的台阶，来到岛边采集海水样品，在实验室里进行分析。同时将自己观测的潮涨潮落、海浪周期、波高等海洋要素数据，分4次定时向国家海洋局东海预报中心和国家海洋环境预报中心报告。每遇到恶劣天气，要启动加密观测，一小时报告一次。

海浪波高与风向密切相关，陆焕欣需要走出观测站，在岛上寻找合适的观测地点。这点，在天气寻常的日子里不是一件难事，但在恶劣天气里就充满了危险。

“印象最深的是台风‘麦莎’登陆的那次，加密观测了三天三夜，每隔一小时就出去观测海浪，狂风暴雨吹得人无法站立，岛上房子之间都拉起了绳子，人就拽着绳子走，以免被风吹走。”陆焕欣说。

还有一次寒潮来袭，巨大的海浪将设在海岛山脚下的水位计传输数据线打断了，陆焕欣披起雨衣就冲到山下准备抢修，只见海面上掀起了3米多高的海浪，波涛汹涌地拍打着岸边，人一旦下去立即有被吞没卷走之危险。

“那次，足足等了好几个小时，心里真是焦急万分啊，却又束手无策。”陆焕欣说，“越

陆焕欣在佘山岛工作

美丽的佘山岛落日

是恶劣天气，海况气象等要素的数据越是珍贵。但往往越是恶劣天气，仪器设备越容易出故障。”

在佘山岛最东端，面向大海矗立了一块中国领海基点的碑石。那里，是陆焕欣最喜欢去的地方。“从这个基点向外延伸 12 海里是中国领海，延伸 200 海里是中国专属经济区，每天守护着这个基点进行海洋监测，好像在守护自家的大门口。”陆焕欣自豪地说。

崇明岛：保护生态艰辛知多少？

科考手记

位于长江入海口和东海交汇处的崇明岛，是中国第三大岛和最大沙岛，被誉为“长江门户、东海瀛洲”。2021 年 5 月，第十届中国花卉博览会在上海市崇明区举行。踏上美丽的崇明岛，处处可见农田果园、鸟语花香。以花博会为契机，崇明岛建设世界级生态岛的步伐进一步向纵深推进。

人与“入侵草”斗争的故事

崇明岛最东端是一片广袤的滩涂湿地，在长江泥沙的淤积作用下，形成了大片淡水到微咸水的沼泽地、潮沟和潮间带滩涂。沼生植被繁茂，底栖动物丰富，因此成为亚太地区春秋季节候鸟迁徙极好的停歇地和驿站，也是候鸟的重要越冬地。1998 年，经上海市人民政府批准，成立了上海崇明东滩鸟类自然保护区。

记得当年保护区成立以后，人们的生态保护意识一时没有跟上。我印象最深的一件事，是 2004 年“五一”假期，为了吸引游客前来观鸟，当地农民开发了一种名为“牛舢板”的旅游车，招徕游客到东滩湿地深处观光。并出租雨靴供游客到湿地采拾螺蛳、蛏子等底栖动物，把保护区变成了旅游区，“牛舢板”生意火爆，据说还累死了一头老牛。

时任崇明东滩鸟类自然保护区管理处主任颜海威痛心疾首，万般无奈之下，给我打来紧急电话，希望媒体呼吁一下。当年，崇明岛的交通十分不便，我几乎花了一天时间，乘坐轮渡赶到东滩。采写的报道引起了很大社会反响。当地政府雷厉风行进行整治，“牛舢板”从此销声匿迹。

10 多年过去了，崇明岛的生态环境得到不断改善，生态环境保护意识深入人心。如今，沿着保护区的木栈道，一路走进去，可以看到成片“潇潇多姿”的芦苇荡，一直绵延到长江口，满眼“蒹葭苍苍、白露为霜”的诗情画意。曲水弯环的芦苇丛中，成群结队的越冬候鸟时而悠闲觅食，时而群鸟欢飞，蔚为壮观。

资料显示，崇明东滩记录到的鸟类有 18 目 54 科 265 种。其中，

伯劳鸟

白骨顶鸡

苍鹭

黑脸琵鹭

国家一级保护的鸟类有白头鹤、东方白鹳、黑鹳、白尾海雕等4种；国家二级保护的鸟类有小天鹅、黑脸琵鹭等32种；列入《中国濒危动物红皮书》的鸟类20种；列入中日、中澳政府间候鸟及其栖息地保护协定的鸟类分别为156种和54种。每年，在崇明东滩过境中转和越冬的水鸟总量逾百万只。

鲜为人知的是，为了恢复崇明东滩的芦苇荡、保护湿地生物多样性，这里的人们与外来入侵植物互花米草进行了长达10多年、耗资数亿元的“斗争”。

原产于美洲大西洋沿岸和墨西哥湾的互花米草，是一种多年生草本植物，适宜生活在潮间带，植株密集粗壮、地下根茎发达，能够促进泥沙的快速沉降和淤积。20世纪初，许多国家和地区为了保滩护堤、促淤造陆，先后加以引进。90年代中期，上海也在崇明东滩引种。

然而没过几年，人们发现互花米草超强的繁殖力令本土植物“节节败退”。强势入侵的互花米草令本土植物一步步失去家园，也威胁

崇明东滩湿地满眼“蒹葭苍苍，白露为霜”的诗情画意风光，来之不易

到鸟类的生存环境。2001 年以来，上海有关部门高度重视互花米草的快速扩散及其造成的生态问题，组织高校和科研单位开展专题研究。

研究人员先后试验了化学药剂法、人工拔除、火烧等方法，治理效果都不理想。生命力极为顽强的互花米草不怕化学药剂，更拔不胜拔，"野火烧不尽，春风吹又生"，令人头痛不已。

2005 年 7 月，崇明东滩保护区被国务院批准晋升为鸟类国家级自然保护区以后，为了给鸟类提供更好的栖息环境，灭除互花米草成为头等大事。在国家环保部门、林业部门和上海市政府支持下，有关高校研究单位与保护区管理处推出了"物理－生物替代集成技术"治理模式，对互花米草采取"围、割、淹、晒、种、调"等一套人工强干预的综合治理方案。

这一方案首先需在互花米草集中分布的区域外围，修筑围堰，将互花米草"分片包围"，形成物理隔离；然后修建调控水位的引排水闸，将互花米草刈割后，在"包围圈"内至少保持 40 厘米水位半年以上，使互花米草的残留根系完全"淹死"后，再补种芦苇等本地植物，并适度进行生境改造，逐步修复湿地生态环境。

从 2010 年开始，保护区管理处开展了互花米草生态治理中试示范项目，形成了近 4 000 亩环境相对封闭、水位可调控管理的优化区，成功"围剿"了区域内的互花米草，灭除率达 95% 以上。

此后，保护区管理处又在近 25 平方千米范围内全面实施互花米草生态控制和鸟类栖息地优化项目，建成约 26 千米长的围堰，修建 4 座引排水涵闸。这一工程项目投资不菲，生态治理成效显著。

记得 2014 年去东滩实地采访的时候，沿途看到，经过治理的优化区和尚待治理的入侵地，虽仅是一"堰"之隔，却是两个天地。一边是候鸟越冬的天堂，黑脸琵鹭、白琵鹭、鸳鸯等国家级保护鸟类时常可见，管理人员还曾发现大量的夏候鸟须浮鸥前来聚集繁殖。而尚待治理修复"受损"的滩涂湿地，则密密麻麻长满了互花米草，难觅鸟的踪迹。

资料显示，目前我国外来入侵植物有 515 种，其中像互花米草这样的一级恶性入侵植物有 34 种。防范与治理外来入侵植物，成为保护我国生物多样性的当务之急。

崇明东滩湿地人与草斗争的故事，无疑为我国海滨湿地类型的自然保护区控制外来种入侵提供了示范。

长江口水下长出 147 千米的“人工鱼礁”

崇明岛外一望无际的长江口，不仅是日本鳗鲡、中华绒螯蟹、松江鲈鱼、鲥鱼等名优水产生物的繁衍栖息地，也是中华鲟、白鲟、白暨豚、江豚、胭脂鱼等国家级保护动物的栖息地和洄游通道。

然而，随着工业发展、环境污染、过度捕捞以及各种海岸工程的建设，长江口生态环境逐渐失去平衡，河口生态系统衰退，生物多样性指数明显降低，生物物种减少，有的几近荒芜。

近 20 年来，中国水产科学研究院东海水产研究所陈亚瞿教授一直致力于长江口生态修复。其中，长江口深水航道治理工程的生态修复是他长期关注的一个项目。

长江口深水航道治理工程位于长江口南港和北槽河段，全长 92.2 千米、底宽 350—400 米、深 12.5 米。该项工程于 1998 年开始建设，是 20 世纪 90 年代我国最大的一项水运工程。2011 年 5 月，通过国家竣工验收，并进入常态化维护管理。

团队人员乘船抵达长江口深水航道导堤

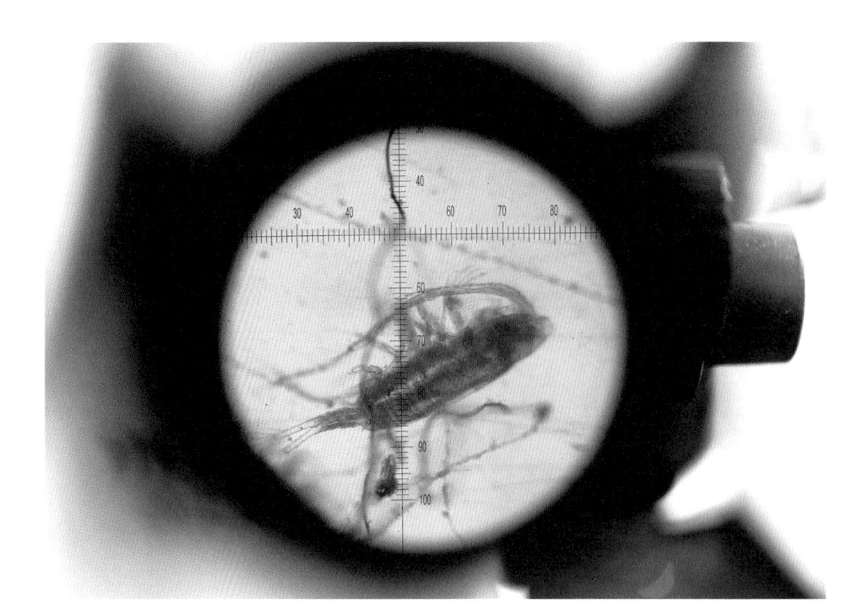

长江口深水航道导堤附近的水生动物

当年，长江口深水航道工程堪称世界上最大、最复杂的河口航道整治工程，建设之初就非常重视生态保护与修复。2001 年，我第一次听说“生态修复”这个词，凭直觉判断是一个值得报道的好新闻，于是采访了陈亚瞿教授。

2001 年，陈亚瞿带领团队率先在长江口放流了 3 080 尾中华鲟幼鱼，用于生态修复；2002—2004 年，先后两次利用长江口深水航道整治工程的导堤和丁坝混凝土构件作为硬底物，通过人工补充成年牡蛎及底栖动物群落增殖等手段，建成我国河口第一个人工牡蛎礁系统。

长江口地区是中华绒螯蟹的主要繁殖场，每年秋冬之交，在淡水里长大成年的亲蟹，就降海洄游到长江口咸淡水的交汇区交配繁殖。到来年五六月份，孵化而成的蟹苗，又随潮溯江而上，入湖泊河汊穴居生长。然而，受水利工程影响、河口污染以及“竭泽而渔”式捕捞，长江口的天然蟹苗资源当时已几近枯竭。

2004 年，陈亚瞿率先在长江口开展了 2.5 万只中华绒螯蟹试验性增殖放流，这在当年也是一件新鲜事，吸引了众多媒体前往报道。为了保证存活率，放流的 2.5 万只成年亲蟹，都是在江苏阳澄湖里选种进行人工培育的。放归长江口之前都经过了严格体检，此外雄雌也进行了合理搭配。

经过深入研究，增殖放流的物种都是经过精心选择的，体现了生态系统立体结构的层次性。既有低营养层次的物种，如鲢、鳙，也有肉食性鱼类，如黄颡鱼、翘嘴鲌；既有中上层鱼类，也有底栖性鱼类。同时，针对长江口底栖动物生物量较低、鱼类饵料资源贫乏的状况，生态补偿品种还配置了河蚬、沙蚕等底栖动物。

截至到 2019 年，长江口深水航道治理工程项目共增殖放流了 149.6 万尾鱼类、2.15 吨虾类、11 万只中华绒螯蟹、171 吨贝类。这种立体的、多层次的增殖放流，极大利于生物多样性的恢复、调控水生生态系统结构，从而达到修复长江口水生生态系统的效果。

如今，年过八旬的陈亚瞿教授，白发苍苍，依然精神矍铄地带领团队，坚守在长江口生态修复一线。2020 年 12 月，我和岑志连、李海伟两位同事前往长江口实地采访拍摄。冬日长江口风浪极大，我们乘坐一艘小船在风浪中颠簸了好几个小时，抵达长江口深水航道的南导堤已是黄昏时分。顶风冒浪，从船上放下一个小艇登上导堤，相当危险。

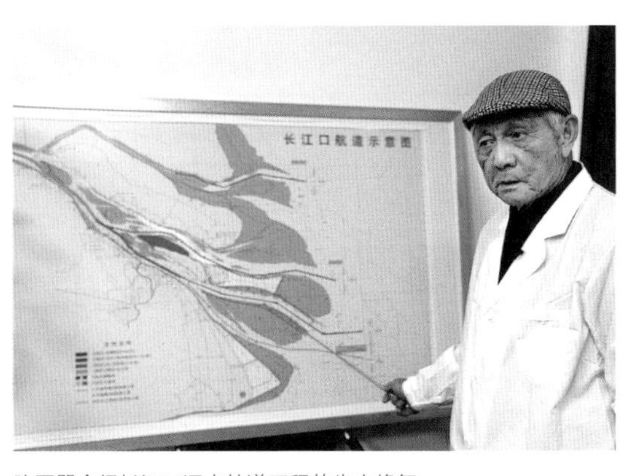

陈亚瞿介绍长江口深水航道工程的生态修复

陈亚瞿（右一）指导团队成员观察分析样品

对于陈亚瞿团队的执着与实干精神，大自然给予了丰厚回报。滔滔江水之下的生态修复，取得了令人鼓舞的成效。科研监测结果显示：通过增殖放流活动，长江口导堤及附近水域底栖动物种类和生物量都有显著提高，表明该生态系统已明显得到修复和改善。

最令人欣喜的是，航道工程中的南北导堤，已逐步长成一个长达 147 千米、面积约 14.5 平方千米的“人工鱼礁”，成为经济水生动物和珍稀鱼类的重要产卵场和栖息地。中华鲟的回捕率达到 1%，中华绒螯蟹的汛期捕捞量更增加了 20 多倍。

随着我国经济社会发展，生态文明建设积极推进，从自然资源管理到生态环境保护，“修复”已逐步成为生态文明建设的一个新的关键词。长江口深水航道的生态修复工程，为我国大型工程建设的生态修复树立了榜样。

后记

我们都是地球的“岛民”

张建松

2021年元旦假期。

从西伯利亚远道而来的“霸王级”寒潮，脚步已渐行渐远，上海气温逐步回升。冬日和煦的阳光，透过洁白的纱帘洒进屋内。刚刚入住几个月的新家，温暖而明亮。

小院里，一棵遒劲的乌桕树上结满了乌桕籽，寒潮过后还剩不少，时常有小鸟飞到枝头啄食；经得起风霜的墨竹、耐得住冰冻的桂花也都平安无事，婆娑一如往昔；只有两棵曾经枝繁叶茂的黄角兰，寒潮过后面目全非，满树的叶子全都变得蔫黄。期待春天到来的时候，她们又能恢复勃勃生机。

“老去又逢新岁月，春来更有好花枝。”岁末年初，终于从忙忙碌碌的日常工作中抽身出来，静下心来处理这本《深海探秘——换一个角度看地球》的校样，心里充满了感慨，也充满了感恩。感慨的是岁月匆匆，往事历历在目，转眼间已过经年。感恩的是，匆匆岁月中，有一些朋友却是一辈子的，比如上海辞书出版社的朱志凌老师。

从我第一本书《最接近天堂的地方——新华社女记者238天的南极、北极之旅》的初版及再版，到因故未能付梓的《亲历钓鱼岛巡航》，再到这第三本书，我都放心地交给朱志凌和他的编辑团队。

朱志凌老师在新闻出版界浸淫数十年，曾被巢峰、徐庆凯、邓明等老一辈出版家、编辑家“钦点”担任其著作的责任编辑。结识这位资深编辑，还是十多年前经上海辞书出版社时任总编辑潘涛先生的引荐。当时朱老师是辞书社的总编办公室主任、大辞海办公室副主任，虽然做的是管理工作，但朱老师是懂书之人，对做书有极大的悟性。多年的交往中，朱志凌和他的编辑团队严谨认真的专业态度、一丝不苟的敬业精神十分令我感佩。

这本《深海探秘——换一个角度看地球》，真实地记录了我自

2012 年 9 月 14 日，在我国的钓鱼岛领海留影

2015 年 7 月至 2019 年 1 月历时三年半 9 次赴深海大洋的科考过程和重要事件。在西南印度洋亲历大洋钻探，在北印度洋目睹神秘的荧光海，在南太平洋畅游“玻璃海”，在西太平洋探访海山“奇花异草”……换一个角度看地球，地球上 71% 的面积都是海洋，我们所有人都生活在地球的大大小小的岛上，都是“岛民”。

这些年，从南极到北极、从太平洋到印度洋、从中国船到美国船，我执着追求自己的理想和梦想。在浩瀚无际的大海一路闯荡的过程中，我越来越明白自己的责任与担当，越来越感悟到个人理想与国家发展密不可分，越来越深切体会到人类命运共同体的真谛。

近年来，在我国海洋发展的历程中，还有许多重大事件，我没有机会参与报道，因此没法在本书里写出来。刚刚过去的 2020 年，极不平凡；令人憧憬的 2021 年，正迎面而来。建设海洋强国，犹如一幅波澜壮阔的画卷，在我们面前徐徐展开。在新闻之海，我的记录只是沧海一粟。

为了让读者对深海有更真切的认识，在本书写作和编辑过程中，我坚持多放图片并全彩印刷，这大大增加了出版成本，给出版社带来很大的经济压力。所幸的是，上海科普教育发展基金会及时伸出了援助之手，给本书予以资助，稍解“燃眉之急”。也真有缘，我的第一本书《最接近天堂的地方——新华社女记者 238 天的南极、北极之旅》，

2015年亦曾获得该基金会的上海科普教育创新奖“科普成果奖”一等奖。在此，谨对上海科普教育基金会表达由衷的感谢！

同时，还要感谢新华社给我提供的广阔舞台、新华社上海分社领导的大力支持，感谢上海分社岑志连、李海伟两位同事为我的书中篇章专门制作短视频。今年已56岁的岑志连老师，不仅是我出海采访的一位老搭档，更像一位老大哥，在船上的生活中处处关心我。年龄比我小一轮的李海伟，不仅与我的属相相同，而且与我有着相同的新闻理念和追求。在此一并深表谢意。

换一个角度看地球，我们都是地球的“岛民”！

海洋并不遥远，地球就是“水球”，我们只是生活在一些大大小小的岛屿上的“岛民”。北半球有两个连在一起的大岛叫“欧亚大陆”，南半球有一个孤独的大岛叫“澳大利亚”，西半球有两个手牵手的大岛叫“北美洲”和“南美洲”，东半球有一个大岛名叫“非洲”，地球最南端还有一个冰雪覆盖的大岛叫“南极洲”。诸多大岛的边缘散落了许多小岛，如此而已。

换一个角度看地球，怎不令人猛然警醒：人类赖以生存的空间如此狭小，地球母亲如此脆弱，我们还有什么理由不爱护、保护地球母亲？如果你读完我的书，也深有同感，这是我最大的欣慰。

最后，深谢汪品先院士为本书撰写了高度肯定、热情洋溢的序言！

2021年1月2日

微信扫码看视频

图书在版编目(CIP)数据

深海探秘：换一个角度看地球 / 张建松著. —上海：上海辞书出版社，2021(2022.11 重印)
ISBN 978-7-5326-5674-5

Ⅰ.①深… Ⅱ.①张… Ⅲ.①海洋-普及读物 Ⅳ.①P7-49

中国版本图书馆 CIP 数据核字(2020)第 211951 号

SHENHAI TANMI —— HUAN YI GE JIAODU KAN DIQIU

深海探秘——换一个角度看地球

张建松 著

策划统筹 朱志凌
责任编辑 朱志凌
见习编辑 张攸蔚
技术编辑 楼微雯
篆　　刻 潘方尔
装帧设计 零贰壹肆设计工作室
图片视频 均由作者提供

出版发行 上海世纪出版集团
上海辞书出版社(www.cishu.com.cn)
地　　址 上海市闵行区号景路 159 弄 B 座 9F-10F(邮编 201101)
印　　刷 浙江经纬印业股份有限公司
开　　本 787×1092 毫米 1/16
印　　张 24 插页 2
字　　数 410 000
版　　次 2021 年 6 月第 1 版 2022 年 11 月第 5 次印刷
书　　号 ISBN 978-7-5326-5674-5/P・31
定　　价 128.00 元

本书如有质量问题，请与承印厂联系。电话：0576-83170033